OS SENHORES DO CLIMA

Tim Flannery

OS SENHORES DO CLIMA

Tradução de
JORGE CALIFE

Revisão técnica de
JOSÉ RICARDO DE A. FRANÇA

3ª EDIÇÃO

EDITORA RECORD
RIO DE JANEIRO • SÃO PAULO
2010

CIP-Brasil. Catalogação-na-fonte
Sindicato Nacional dos Editores de Livros, RJ.

F611s Flannery, Tim F., 1956-
3ª ed. Os senhores do clima / Tim Flannery; tradução de Jorge Calife. – 3ª ed. – Rio de Janeiro: Record, 2010.

Tradução de: The weather makers: the history and future impact of climate change
ISBN 978-85-01-07504-8

1. Mudanças climáticas. 2. Aquecimento global. I. Título.

06-4415 CDD – 551.6
CDU – 551.583

Título original em inglês:
THE WEATHER MAKERS

Direitos exclusivos de publicação em língua portuguesa para o Brasil adquiridos pela
EDITORA RECORD LTDA.
Rua Argentina, 171 – Rio de Janeiro, RJ – 20921-380 – Tel.: 2585-2000
que se reserva a propriedade literária desta tradução

Impresso no Brasil

ISBN 978-85-01-07504-8

EDITORA AFILIADA

Seja um leitor preferencial Record
Cadastre-se e receba informações sobre nossos lançamentos e nossas promoções.

Atendimento e venda direta ao leitor
mdireto@record.com.br ou (21) 2585-2002

Para David e Emma, Tim e Nick, Noriko e Naomi,
Puffin e Galen, Will, Alice, Julia e Anna, e, é claro, Kris,
com amor e esperança; e a toda a sua geração, que terá
que viver com as consequências de nossas decisões.

SUMÁRIO

PARTE 3

A CIÊNCIA DA PREVISÃO

PARTE 5

A SOLUÇÃO

PREFÁCIO

Nos últimos quatro anos, tive o prazer de trabalhar com Tim Flannery como parte do Grupo Wentworth de Cientistas Conscientes. Essa união de cientistas eminentes foi criada para fornecer soluções viáveis para questões ambientais importantes da Austrália, relacionadas à gestão da terra e da água. O grupo colocou essas questões na agenda nacional e ajudou a conseguir resultados sem precedentes. Mas todo o nosso trabalho, e dos conservacionistas do mundo inteiro, pode se tornar redundante em face do impacto da mudança climática.

Encontramo-nos agora num patamar e enfrentamos dois futuros alternativos: um demasiado terrível para contemplarmos e outro em que poderemos continuar a crescer e prosperar, mas dentro dos limites ecológicos do mundo onde vivemos. *Os senhores do clima* deixa claro que temos apenas o tempo suficiente para escolher qual desses futuros desejamos.

Este livro também deixa claro que as consequências da mudança climática são tão profundas e extensas que vão afetar todos os aspectos de nossas vidas, de nossas economias e sociedades. Trocando em miúdos, a mudança climática é uma ameaça à civilização como a conhecemos. Trata-se de um problema para todos, não apenas para um pequeno grupo de ativistas do meio ambiente ou para a elite que molda a política internacional: em especial governos e indústrias terão que assumir um papel de liderança corajoso e vital. As soluções contudo não se encontram apenas no domínio das medidas políticas e técnicas. Se vamos ganhar a guerra da mudança climática, temos todos que tomar parte na luta.

Os senhores do clima vai desafiá-lo a pensar nas mudanças que você pode fazer em sua própria vida. Não acredito que alguém possa ler este livro e não ser motivado a agir. Ainda temos tempo de evitar o desastre, mas não há um minuto a perder.

Robert Purves
Presidente do WWF da Austrália
Julho de 2005

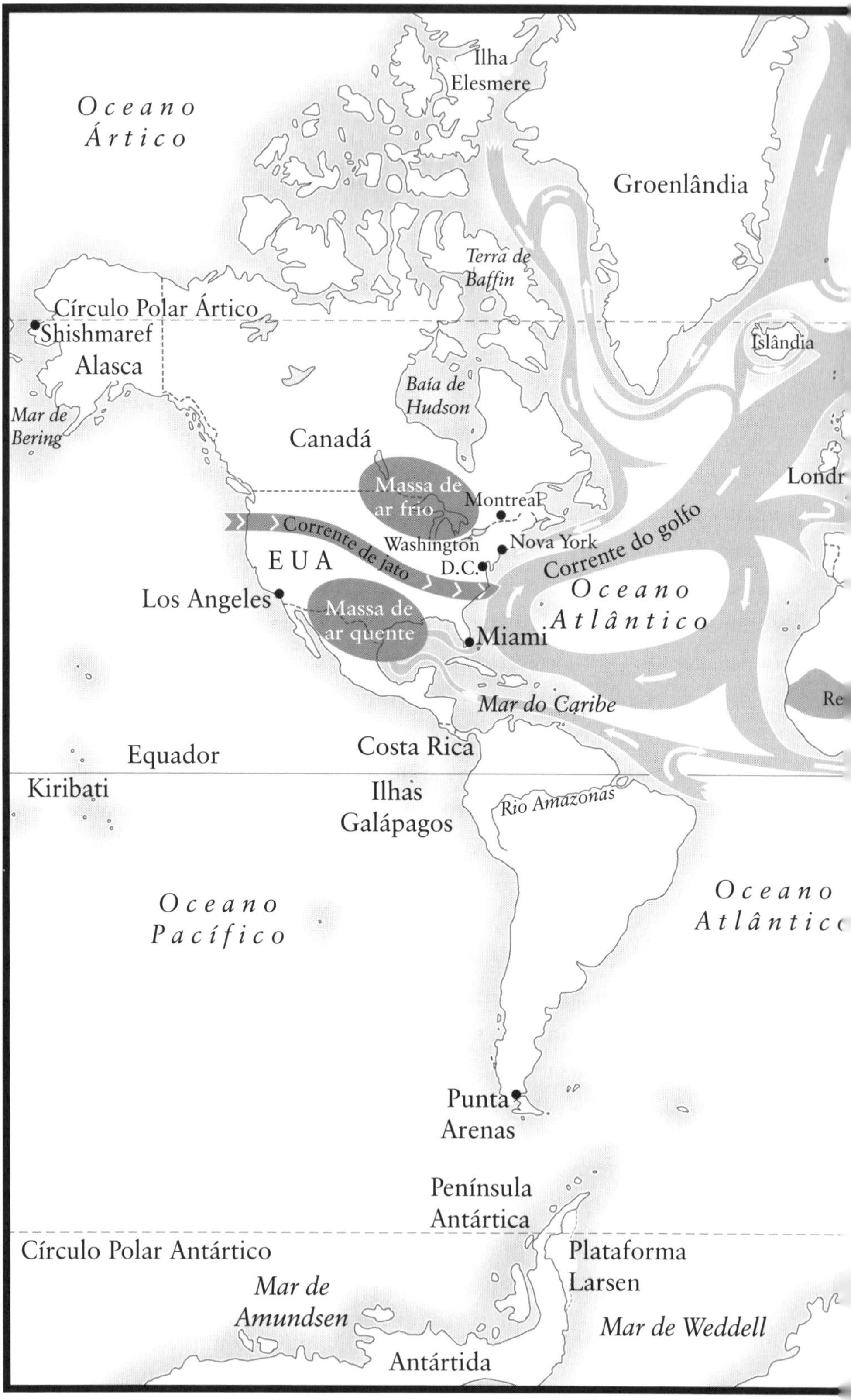

Oceano Ártico
Ilha Elesmere
Groenlândia
Terra de Baffin
Círculo Polar Ártico
Shishmaref
Alasca
Islândia
Baía de Hudson
Mar de Bering
Canadá
Londr
Massa de ar frio
Montreal
Corrente de jato
Washington D.C.
Nova York
Corrente do golfo
EUA
Oceano Atlântico
Los Angeles
Massa de ar quente
Miami
Mar do Caribe
Re
Equador
Costa Rica
Kiribati
Ilhas Galápagos
Rio Amazonas
Oceano Pacífico
Oceano Atlântic
Punta Arenas
Península Antártica
Círculo Polar Antártico
Plataforma Larsen
Mar de Amundsen
Mar de Weddell
Antártida

Oceano Ártico
Círculo Polar Ártico
Finlândia
Mar de Bering
China
Coreia do Sul
Kyoto
Paquistão
Índia
Bangladesh
Oceano Pacífico
Mar da Arábia
Baía de Bengala
Mar do Sul da China
Filipinas
Papua-Nova Guiné
Equador
Bornéu
Indonésia
Kiribati
Lago
anganica
Linha de Wallace
Grande Barreira de Recifes
Oceano Índico
Perth
Sydney
Melbourne
Oceanos do Sul
Círculo Polar Antártico
Antártida
0
3.000
6.000 km
N

O LENTO DESPERTAR

Em 1981, quando eu estava nos meus 25 anos, escalei o monte Albert Edward, um dos picos mais altos da verdejante ilha da Nova Guiné. Embora fique a apenas 120 quilômetros da capital de Papua-Nova Guiné, Port Moresby, a região em torno do monte Albert Edward é tão acidentada que a última pesquisa biológica significativa realizada por lá foi uma expedição do Museu Americano de História Natural, no início da década de 1930.

A região coberta pelo capim cor de bronze fazia um contraste notável com a vigorosa floresta ao redor, e entre as touceiras cresciam bosques de samambaias gigantes cujas copas rendadas oscilavam sobre minha cabeça. Trilhas deixadas pelos pequenos cangurus, chamados de *wallabies*, iam da floresta até os campos de arbustos que cresciam nas ravinas úmidas. Por toda parte havia marcas e buracos deixados por roedores de um metro de comprimento e vestígios nos lugares onde as equidmas, de focinhos longos, tinham procurado por minhocas. Muitas dessas criaturas, descobri mais tarde, eram únicas nessas regiões alpinas.

Descendo a encosta, a região coberta de capim terminava abruptamente na floresta úmida e atrofiada. Com um único passo você podia passar da luz do sol para a sombra úmida, onde os ramos, da espessura de um lápis, situados na margem, estavam tão cobertos de musgos, liquens e pequenas samambaias que ficavam com o diâmetro da minha cintura. Em meio à cobertura de folhas do solo da floresta, fiquei surpreso de encontrar troncos mortos de samambaias gigantes. Elas só crescem na região de capim; assim, ali havia um claro sinal de que a floresta estava colonizando a encosta de baixo para cima. A julgar pela distribuição de troncos desses fetos arbóreos, a floresta tinha engolido pelo menos trinta metros de capinzal em menos tempo do que o necessário para um tronco apodrecer no solo úmido da floresta — uma década ou duas, no máximo.

Por que a floresta estava se expandindo? Enquanto olhava para aqueles troncos mofados, lembrei-me de ter lido que as geleiras da Nova Guiné estavam derretendo. Será que a temperatura no monte Albert Edward subira tanto a ponto de permitir que árvores crescessem onde antes somente as gramíneas podiam se enraizar? E, se esse fosse o caso, seria um indício de mudança no clima? Meus estudos de doutorado foram em paleontologia, assim eu sabia como mudanças importantes no clima podem decidir o destino das espécies. Mas aquele era o primeiro indício visto por mim de que poderiam afetar a Terra durante o meu tempo de vida. A experiência deixou-me preocupado; eu sabia que havia alguma coisa errada, mas não exatamente o quê.

A despeito de estar em boa posição para entender o significado dessas observações, logo me esqueci delas. Isso se deu em parte porque, à medida que eu estudava os vários ecossistemas antigos que nossa geração herdara, questões aparentemente maiores e mais urgentes exigiam a minha atenção. E algumas dessas crises pareciam terríveis: as florestas tropicais que eu estudava estavam sendo derrubadas para a produção de madeira e para abrir espaço para a agricultura. As grandes espécies de animais que nelas viviam estavam sendo caçadas até a extinção. Em meu próprio país, a Austrália, a crescente salinidade ameaçava destruir os solos mais férteis, enquanto a exploração excessiva dos pastos, a degradação dos cursos de água e a derrubada das florestas ameaçavam a biodiversidade e ecossistemas preciosos. Para mim, essas eram questões realmente urgentes.

Se estivermos atravessando uma rua, ou pagando contas, são as coisas grandes e rápidas que dominam nossa atenção. Mas questões aparentemente grandes às vezes se revelam secundárias. O chamado *bug* do milênio é um bom exemplo. Em todo o mundo muitos governos e empresas gastaram bilhões se preparando contra a ameaça, enquanto outros não fizeram nada. E, no entanto, 1999 deu lugar a 2000 com pouco mais do que um soluço, e não um apocalipse. Uma visão cética é o melhor que podemos ter para lidar com esse tipo de "problema". E um profundo ceticismo tem um papel importante a desempenhar na ciência, pois uma teoria só é válida enquanto não for desmentida. De fato, os cientistas são céticos treinados, e em seu eterno questionamento, de seu trabalho e do trabalho dos outros, dão a impressão de que podemos sempre encontrar um especialista capaz de defender qualquer ponto de vista concebível.

Embora seja o fluido vital da ciência, esse ceticismo pode ser desvantajoso quando a sociedade é chamada para combater perigos reais. Durante décadas as indústrias do cigarro e do amianto encontraram cientistas dispostos a duvidar publicamente das descobertas que ligavam seus produtos ao câncer. Uma vez que leigos não têm como saber se determinada opinião representa a visão geral ou a de uma minoria, com isso podemos ser levados a acreditar que existe uma verdadeira divisão na comunidade científica em relação a essas questões. E, no caso do tabaco e do amianto, a situação foi piorada, porque frequentemente o câncer só aparece anos depois da exposição aos produtos cancerígenos, e ninguém pode afirmar com certeza quem, entre as muitas pessoas expostas, vai ser atingido. Ao levantar dúvidas a respeito da ligação entre seus produtos e o câncer, as companhias de cigarros e asbestos desfrutaram décadas de gordos lucros enquanto milhões de pessoas sofriam mortes terríveis.

E muitos reagem com compreensível cautela às notícias sobre mudança climática. Afinal, já chegamos a conclusões erradas no passado.

Em 1972, a publicação dos *Limites do crescimento*, pelo Clube de Roma, nos dizia que o mundo estava esgotando seus recursos e previa uma catástrofe dentro de algumas décadas. Em uma era de consumo excessivo, essa imaginária escassez de matérias-primas tomou conta da imaginação do público, ainda que ninguém soubesse, com certeza, qual o volume de recursos ainda oculto pela Terra. A exploração geológica subsequente revelou como estavam erradas nossas estimativas de recursos minerais naquela época, e mesmo hoje em dia ninguém pode prever com certeza o volume de petróleo, ouro e outros materiais debaixo de nossos pés.

Mas a questão da mudança climática é diferente — é o resultado da poluição do ar, do tamanho da nossa atmosfera. E o volume de poluentes que estão sendo lançados nela é conhecido com grande precisão. O debate agora, e a história que eu quero explorar aqui, se relaciona com os impactos que alguns desses poluentes (conhecidos como gases do efeito estufa) têm sobre toda a vida na Terra.

Será a mudança climática uma terrível ameaça ou apenas um alarme falso? Um estrondo ou um gemido? Talvez seja alguma coisa no meio — uma questão que a humanidade acabará tendo de enfrentar, mas não agora. Os meios de comunicação mundiais estão cheios de indícios respaldando quaisquer desses pontos de vista. E, no entanto, ao pesquisar essa mesma mídia, uma coisa fica clara: a mudança climática é algo difícil de se avaliar imparcialmente, porque tem profundas implicações políticas e industriais e porque surge dos processos que estão no âmago do sucesso de nossa civilização. Isso significa que, à medida que enfrentarmos esse problema, surgirão vencedores e perdedores. Há muitos interesses em jogo e isso tem levado a uma proliferação de matérias enganadoras à medida que cada grupo defende suas opiniões.

Além disso, a mudança climática é uma novidade. Há apenas trinta anos os especialistas discutiam se a Terra estava esquentando ou esfriando — incapazes de decidir se o nosso futuro seria uma estufa ou uma geladeira. Em 1975, contudo, os primeiros modelos de computadores sofisticados sugeriam que a duplicação do volume de dióxido de carbono (CO_2) na atmosfera levaria a um aumento de três graus Celsius na temperatura global. Ainda assim, a preocupação entre os cientistas e a comunidade não foi significativa. Houve até mesmo um período de otimismo quando alguns pesquisadores acreditaram que o CO_2 extra na atmosfera fertilizaria as terras cultiváveis do mundo, produzindo uma fonte de riqueza para os fazendeiros.

Mas em 1988 os cientistas do clima estavam preocupados com o CO_2 a ponto de criar um painel com os principais especialistas do mundo, incumbidos de produzir relatórios sobre o problema duas vezes a cada década. O terceiro relatório, divulgado em 2001, soava como uma nota sombria de alarme — e, no entanto, muitos líderes de governos e da indústria custaram a mostrar interesse. Como a preocupação com a mudança climática é uma novidade e a questão é bastante multidisciplinar, existem poucos especialistas de fato nesse campo, e um número menor ainda com a capacidade de explicar o que o problema pode significar para o público ou o que podemos fazer a respeito.

Durante anos resisti ao impulso de dedicar tempo de pesquisa à mudança climática. Estava ocupado com outras coisas e queria esperar para ver. Uma questão tão grande talvez se resolvesse sozinha. Quem sabe ainda levasse séculos antes de precisarmos nos preocupar muito com isso. Mas em 2001 os trabalhos em revistas científicas indicavam que os ambientes alpinos do mundo se encontravam sob severa ameaça. Enquanto lia esses artigos, eu me lembrava daqueles troncos de samambaias gigantes apodrecendo na floresta do monte Albert Edward e sabia que precisava aprender mais. Isso significava inteirar-me sobre os gases do efeito estufa, a estrutura de nossa atmosfera e como o mundo industrializado impulsiona sua máquina de crescimento.

Durante os últimos 10 mil anos, o termostato da Terra tem se regulado para uma temperatura superficial média em torno de 14 graus Celsius. De modo geral, isso foi esplêndido para nossa espécie, e conseguimos nos organizar de um modo impressionante — plantando colheitas, domesticando animais e construindo cidades. Por fim, durante o século passado, criamos uma civilização verdadeiramente global. E levando-se em conta que, durante toda a história da Terra, as únicas criaturas capazes de se organizar em uma escala semelhante foram as formigas, abelhas e cupins — que são minúsculos em comparação e exigem recursos igualmente pequenos —, trata-se de uma conquista notável.

O termostato da Terra é um mecanismo complexo e delicado. Em seu cerne encontra-se o dióxido de carbono, um gás inodoro e sem cor. O CO_2

desempenha um papel crítico na manutenção do equilíbrio necessário para toda a vida. É também um produto residual de todos os combustíveis fósseis que quase todo mundo no nosso planeta usa para aquecimento, transporte e outras necessidades energéticas. Em planetas mortos, como Vênus e Marte, o CO_2 forma a maior parte da atmosfera, e o mesmo aconteceria aqui se os seres vivos e a marcha da Terra não o mantivessem sob controle. As rochas e as águas de nosso planeta estão cheias de carbono esperando uma chance de ir para a atmosfera e se oxidar. No momento, o CO_2 representa três partes em 10 mil na atmosfera da Terra. É uma quantidade modesta e no entanto exerce uma influência desproporcional na temperatura do nosso planeta. E, como criamos CO_2 cada vez que dirigimos um carro, cozinhamos ou acendemos a luz, e como esse gás subsiste durante um século na atmosfera, a proporção de CO_2 no ar que respiramos está aumentando significativamente.

As instituições na vanguarda da pesquisa da mudança climática estão situadas a meio mundo de distância do lugar onde eu vivo, em Adelaide. Assim, houve uma época em que eu voava com frequência de um canto a outro do mundo. Uma noite, viajando de Cingapura para Londres, enquanto atravessávamos a grande massa de terra eurasiana, olhei pela janela da cabine e vi abaixo as luzes de uma cidade. Sua teia de luzes se estendia de horizonte a horizonte, e as luzes brilhavam tão forte — com tanta energia — que eu fiquei alarmado. De uma altura de 10 mil metros, a atmosfera parecia tão fina e frágil — sua parte respirável estava 5 mil metros abaixo de nosso avião. Perguntei à comissária de bordo onde estávamos. Ela disse o nome de uma cidade que eu não conhecia. E subitamente percebi que o mundo estava cheio de cidades como aquela, em que as luzes alimentadas por combustíveis fósseis fazem o nosso planeta brilhar no céu noturno.

No final de 2004, o meu interesse se transformara em ansiedade. As principais publicações científicas do mundo estavam cheias de relatórios sobre geleiras se derretendo dez vezes mais rápido do que se esperava, sobre gases do efeito estufa na atmosfera chegando a níveis que não eram vistos há milhões de anos e sobre espécies desaparecendo como resultado da mudança climática. Havia também relatos sobre eventos climáticos extremos, secas prolongadas e aumento no nível dos mares.

Por meses tentei encontrar falhas nas novas pesquisas, e as debati longamente com amigos e colegas. Poucos pareciam cientes das grandes mudanças em curso na nossa atmosfera. E algumas pessoas a quem amo e respeito continuavam a fazer coisas — como comprar carros grandes e condicionadores de ar — que agora suspeito serem muito erradas.

No final do ano, contudo, sinais de esperança começaram a surgir, pois quase todos os chefes de Estado do mundo desenvolvido mostraram-se preocupados com a questão. Mas nós não podemos esperar que o problema seja resolvido para nós. O mais importante é percebermos que podemos fazer toda a diferença e ajudar a combater a mudança climática a um custo mínimo para o nosso estilo de vida. E, nesse aspecto, a mudança climática é muito diferente de outras questões ambientais, como a perda da biodiversidade e o buraco na camada de ozônio.

Os melhores indícios são de que precisamos reduzir nossas emissões de CO_2 em 70% até 2050. Se você tem um carro com tração nas quatro rodas e o substitui por um carro de combustível híbrido, pode conseguir uma redução dessa magnitude em um dia, em vez de em meio século. Se o seu fornecedor de eletricidade oferece uma opção "verde", ao custo de uma xícara diária de café, você conseguirá fazer cortes semelhantes nas emissões de sua casa. E, se votar num político que milite pela redução das emissões de CO_2, você poderá mudar o mundo. E, se você pode fazer isso, assim também todos os indivíduos e, com o tempo, as indústrias e os governos da Terra poderão.

A transição para uma economia sem carbono é possível porque já temos toda a tecnologia necessária para fazê-la. É apenas a falta de entendimento, o pessimismo e a confusão gerados por grupos de interesses que continuam a nos impedir de prosseguir.

Uma coisa que já ouvi várias vezes, enquanto debatia a mudança climática com amigos, familiares e colegas, é que se trata de algo que pode afetar a espécie humana nas décadas futuras, mas que não constitui uma ameaça imediata para nós. Eu estou longe de ter certeza de que isso é verdade, nem tenho convicção de que seja relevante. Se uma mudança séria, ou os efeitos de uma mudança séria, ainda estão a décadas de acontecer, é apenas uma questão de tempo. Quando minha família se reúne para algum acontecimento especial, a verdadeira escala da mudança climática nunca está longe de minha mente. Minha mãe, que nasceu durante a Grande Depressão — quando os veículos motorizados e as luzes elétricas ainda eram novidade —, certamente brilha na companhia de seus netos, alguns dos quais ainda não chegaram aos dez anos. Vê-los juntos é ver uma corrente de amor profundo que abrange um espaço de 150 anos, pois aqueles netos só atingirão a idade atual de minha mãe no final deste século. Para mim, para ela e para seus pais, o bem-estar deles é tão importante quanto o nosso. Em uma escala mais ampla, 70% das pessoas que vivem hoje ainda estarão vivas no ano 2050; assim, a mudança climática afeta quase todas as famílias do nosso planeta.

Uma questão final, levantada em todas as discussões, é a da certeza. Quatro países ainda não assinaram o Protocolo de Kyoto, que limita as emissões de CO_2: Estados Unidos, Austrália, Mônaco e Liechtenstein. O presidente George W. Bush diz que precisa de "mais convicção" antes de agir em relação à mudança climática. Mas a ciência é feita de hipóteses, não de verdades, e ninguém pode estar absolutamente certo em relação ao futuro. Mas isto não nos impede de fazer previsões e de modificar nosso comportamento com base nelas. Se, por exemplo, esperarmos para ver se uma doença é mesmo fatal, não faremos nada até estarmos mortos. Em vez disso tomamos remédios e o que mais o médico indicar, embora possamos sobreviver a despeito disso. E, quando se trata de questões mais mundanas, a incerteza raramente nos detém: gastamos rios de dinheiro com a educação de nossos filhos sem nenhuma garantia de um bom retorno, e compramos ações sem nenhuma garantia de lucro. Com exceção da morte e dos impostos, a convicção simplesmente não existe em nosso mundo, e, no entanto, com frequência gerenciamos nossas vidas do modo mais eficiente. Não vejo motivo para que nossa reação em relação à mudança climática seja diferente.

Um dos maiores obstáculos para se começar a agir em relação à mudança climática é que ela se tornou um clichê antes mesmo de ser entendida. O que precisamos agora é de boa informação e de um planejamento cuidadoso, porque nos próximos anos essa questão vai eclipsar todas as outras. Vai se tornar a *única* questão. Precisamos reexaminá-la com um espírito verdadeiramente cético — para ver sua magnitude e com que rapidez está avançando — e priorizar nossos esforços e recursos para potencializar sua eficiência.

O que se segue é o meu melhor esforço, baseado no trabalho de milhares de colegas, para delinear a história da mudança climática, como ela vai se desenvolver até o próximo século e o que podemos fazer a respeito. Com grandes avanços científicos sendo alcançados a cada mês, este livro é necessariamente incompleto. Isto, entretanto, não deve ser usado como desculpa para a inação. Já sabemos o suficiente para agir com sabedoria.

PARTE 1

AS FERRAMENTAS DE GAIA

1

GAIA

> Deve existir um intrincado sistema de segurança para garantir que espécies exóticas de fora da lei não se tornem sindicatos do crime descontrolados [...]
>
> Quando uma espécie [...] produz uma substância venenosa, pode muito bem matar a si própria. Contudo, se o veneno for mais mortífero para seus competidores, ela pode sobreviver e, com o tempo, adaptar-se à sua própria toxicidade, produzindo formas ainda mais letais de poluentes.
>
> James Lovelock, *Gaia*, 1979.

Enquanto não fica de mau humor, e ruge sobre nossas cabeças, a atmosfera passa despercebida para a maioria de nós. A "atmosfera" — que nome monótono para uma coisa tão maravilhosa. Lembro-me, quando criança, de ouvir minha tia falando com minha mãe, na mesa da cozinha, com uma xícara de chá na mão: "A atmosfera estava tão pesada que você poderia cortá-la com uma faca." Se adotarmos a mesma abordagem linguística para as coisas marítimas, poderemos usar a palavra "água" para substituir "mar" e "oceano", deixando o ouvinte sem meios de saber se estamos falando de um copo de água ou de metade do óxido de hidrogênio do planeta, que é como o H_2O é adequadamente conhecido.

Foi Alfred Russel Wallace, o cocriador, junto com Charles Darwin, da teoria da evolução pela seleção natural, que cunhou a expressão "o grande oceano aéreo" para descrever a atmosfera. É um nome muito melhor, porque traz à mente a imagem de correntezas, redemoinhos e camadas que criam as intempéries bem acima de nossas cabeças, e que é tudo o que se coloca entre nós e a vastidão do espaço. A expressão de Wallace nasceu numa era romântica de descobertas científicas, quando amadores e profissionais faziam contribuições significativas para entender por que os ciclones se desencadeiam em certas regiões do globo e como o "ácido carbônico", como o dióxido de carbono às vezes era descrito, afeta a distribuição de plantas e animais.

Ao ler seus trabalhos, temos a impressão de que suas descobertas causaram tanta empolgação quanto a pesca de monstros das profundezas ou, mais recentemente, as fotografias enviadas de Marte. Cientistas sérios escreviam textos arrebatados sobre a poeira atmosférica: que coisa espantosa ela era, meditava Wallace, sem a poeira o pôr do sol seria tão sem graça quanto a água da pia e nosso glorioso céu azul seria tão preto e uniforme quanto tinta, e as sombras seriam tão escuras e de bordas definidas a ponto de serem impenetráveis como o concreto à nossa visão.

Hoje em dia as maravilhas da atmosfera são frequentemente reduzidas a fatos aborrecidos que, quando chegam a ser conhecidos, são decorados por crianças entediadas no colégio. E, apesar de ter sido forçado a engoli-lo, na escola, eu ainda acho fascinante o funcionamento da atmosfera. Ela interconecta todas as coisas e assim realiza muitas funções que achamos tão naturais.

É em nossos pulmões que nos ligamos à grande corrente sanguínea aérea do planeta Terra, e desse modo a atmosfera nos inspira, do nosso primeiro ao último sopro de vida. Os antigos costumes de bater nas nádegas dos recém-nascidos, para fazê-los inspirar, e de colocar um espelho nos lábios dos moribundos são marcos da nossa existência. E é o oxigênio da atmosfera que incendeia nosso fogo interno, que nos permite andar, comer e nos reproduzirmos, ou seja, viver. Ar limpo e fresco, engolido diretamente do grande oceano aéreo, não é apenas um antigo tônico para a saúde humana, é a essência da própria vida, e são necessários 13,5 quilogramas de ar para cada adulto, a cada dia de nossas vidas.

O grande oceano aéreo, indivisível e onipresente, tem mantido tão bem a temperatura do nosso planeta, durante quase 4 bilhões de anos, que a Terra permanece como o único berço conhecido da vida em meio a uma infinidade de gases, rochas e poeira mortos. Tal façanha é quase tão improvável quanto o desenvolvimento da própria vida, mas os dois não podem ser separados, pois o grande oceano aéreo é a efusão cumulativa de tudo o que já respirou, cresceu e apodreceu. Talvez seja o meio pelo qual a vida perpetua as condições necessárias para a nossa existência. E, se for assim, surgem duas questões viscerais: como os componentes individuais que formam a vida podem coordenar seus esforços e (o que é mais imediatamente relevante para nós), o que acontece com as espécies que ameaçam este equilíbrio?

Em 1979, o matemático James Lovelock publicou um livro, *Gaia*, que mergulhava nessas questões.[116] Lovelock afirmava que a Terra era um único organismo do tamanho de um planeta, ao qual ele deu o nome de Gaia, em homenagem à antiga deusa grega da terra. Qualquer um que já tenha vivido em contato com a natureza vai reconhecer o que Lovelock descrevia, mas, como pareciam místicos, seus argumentos incomodaram muitos cientistas.

A atmosfera, concluía Lovelock, é o grande órgão de interconexão e manutenção de temperatura de Gaia. Ele a descreve como "não apenas um produto biológico, mas ao que tudo indica uma construção biológica: não viva, mas como o pelo de um gato, as penas de um pássaro ou o ninho de papel de uma vespa, ela é uma extensão de um sistema vivo projetada para manter um ambiente escolhido".[116] Essa noção foi considerada heresia por muitos, e até Carl Sagan aceitar o manuscrito de Lovelock para publicação, na revista *Icarus*, ele enfrentou a perspectiva de permanecer inédito. Na verdade Lovelock tinha poucos exemplos para explicar como a vida agia para manter a temperatura da Terra. O melhor que ele podia oferecer era o caso de alguns micro-organismos que habitam pântanos salgados onde cristais de sal, ao refletir a luz de volta para o espaço, os mantêm frios. Esses micro-organismos tornam-se negros à medida que o inverno se aproxima, absorvendo o calor e aquecendo a Terra.

Mais importante para esse argumento do que seus débeis pontos de apoio é um paradoxo profundo. O Sol, como todas as estrelas, tem se tornado mais intenso à medida que envelhece. Desde que a vida surgiu, seus raios aumentaram de intensidade em 30%, e no entanto a temperatura na superfície do nosso planeta tem permanecido relativamente constante. Uma queda de 0,1% na radiação solar que chega à Terra pode iniciar uma era do gelo, assim, a estabilidade a longo prazo do clima da Terra, afirmava Lovelock, não pode resultar de mero acaso.

Um motivo de os biólogos serem tão resistentes ao conceito de Gaia era que eles não podiam imaginar espécies cooperando globalmente para obter tal resultado. De fato, impulsionada pela teoria do gene egoísta de Richard Dawkins, a maior parte da biologia seguia na direção oposta — em direção a um mundo onde até mesmo os genes individuais estavam em guerra uns com os outros. A mais devastadora crítica à hipótese de Gaia é que ela era teleológica. Lovelock tinha afirmado que a probabilidade de a temperatura superficial da Terra resultar do acaso era a mesma de uma pessoa sobreviver dirigindo de olhos vendados no tráfego da hora do *rush*. O biólogo W. Ford Doolittle então respondeu:

> Eu acho que ele está certo; a sobrevivência prolongada da vida é um evento de probabilidade extremamente baixa. É contudo um evento que é o pré-requisito para a existência de Jim Lovelock e assim para a formação da hipótese de Gaia... Certamente, se um número bem grande de motoristas vendados se lançar no tráfego da hora do *rush*, um deles pode sobreviver, e, com certeza, desconhecendo a existência de seus colegas menos afortunados, irá sugerir que a causa foi algo além da boa sorte. [216]

É um ponto de vista razoável, mas antes de aceitá-lo vamos dar uma olhada nas indicações a favor de Lovelock que foram produzidas desde 1979.

A prova mais convincente tem a ver com a ideia de que, à medida que a vida se diversificava, Gaia passava a manter melhor a temperatura da Terra. Durante quase metade de sua existência — de 4 bilhões de anos até cerca de 2,2 bilhões de anos atrás —, a atmosfera da Terra teria sido mortal para criaturas como nós. Naquela época toda a vida era microscópica — algas e bactérias — e seu domínio sobre o planeta, muito tênue. Cerca de 600 milhões de anos atrás, os níveis de oxigênio tinham aumentado o suficiente para permitir a sobrevivência de criaturas maiores — aquelas cujos fósseis podem ser vistos a olho nu. Esses primeiros organismos viveram durante um período de mudanças climáticas drásticas, quando quatro grandes eras glaciais tomaram conta do planeta, indicando que, naquela época, a manutenção térmica da Terra não era tão eficiente quanto hoje em dia. Carbonatos se depositaram nas rochas (retirando assim o CO_2 da atmosfera), o que indica que havia alguma coisa estranha no ciclo do carbono naquele tempo. Matéria orgânica estava sendo enterrada em um nível sem precedentes. Talvez a fragmentação dos primeiros continentes tenha aberto valas no fundo do oceano que se encheram rapidamente com sedimentos organicamente ricos, o que levou a uma refrigeração descontrolada do planeta. Seja qual for o caso, com menos CO_2 na atmosfera, a Terra começou a ficar muito fria. Por duas vezes — por volta de 710 milhões de anos atrás e de novo há 600 milhões de anos — a Terra cruzou um limite que quase exterminou toda a vida, congelando o planeta até o equador.[61]

Qualquer que tenha sido a causa definitiva, esse congelamento profundo da Terra deve ter sido ajudado por um poderoso mecanismo conhecido como albedo. *Albedo* é a palavra em latim para "brancura", e é claro que uma Terra coberta de neve fica muito mais branca. A importância disso pode ser notada pelo fato de que um terço de toda a energia que chega à Terra, vinda do Sol, é refletida de volta para o espaço por superfícies mais claras. A neve fresca reflete mais luz (80% a 90%), mas todas as formas de gelo e neve refletem muito mais luz solar do que a água (5% a 10%). Já que uma certa proporção da superfície do planeta é de gelo ou neve brilhantes, perde-se tanta luz solar que chega a ser criado um efeito resfriante descontrolado que congela o planeta inteiro. Esse limite é atingido quando as calotas de gelo chegam em torno dos 30 graus de latitude.

Por volta de 540 milhões de anos atrás, os seres vivos começaram a construir esqueletos de carbonato e, ao fazer isso, absorviam CO_2 da água do mar. Isso afetou os níveis de CO_2 na atmosfera e, desde então, as eras do gelo tornaram-se raras. Só duas vezes — entre 355 e 280 milhões de anos atrás, e há 33 milhões de anos, elas prevaleceram. Uma teoria engenhosa para explicar isso foi apresentada por Andy Ridgwell e seus colegas da Universidade de Riverside, Califórnia.[100] Eles afirmam que a evolução do minúsculo plâncton, formador de conchas, há mais de 300 milhões de anos, foi um passo crucial para a estabilização do termostato de Gaia. Antes disso, se a temperatura da Terra caía por algum motivo, o gelo se formava e o nível dos oceanos baixava, expondo as plataformas continentais. Isso descontrolava o ciclo do carbono, permitindo que os oceanos retirassem ainda mais CO_2 da atmosfera, o que fazia as temperaturas baixarem ainda mais. Os calcificadores planctônicos mudaram tudo isso, porque não estavam ligados às plataformas continentais. Eles flutuavam no mar aberto, de modo que o ciclo do carbono, através de seus corpos e para os sedimentos oceânicos, não era mudado pela exposição das plataformas continentais. E, como resultado disso, os oceanos eram impedidos de absorver demasiado dióxido de carbono da atmosfera, quebrando o ciclo autorreforçador que antes transformava um leve resfriamento em uma era do gelo completa.

Se já houve um único grande avanço na criação de Gaia, certamente foi a evolução dos calcificadores planctônicos. Mas, na época em que eles proliferavam, ocorriam também outras mudanças que teriam um impacto profundo no termostato da Terra. Isso se deu durante o Período Carbonífero, quando as florestas cobriram as terras pela primeira vez e a maior parte dos depósitos de carvão, que agora alimenta nossas indústrias, se formou. Todo o carbono preso naquele carvão já esteve ligado ao CO_2 flutuante na atmosfera; assim, aquelas florestas primitivas tiveram uma enorme influência no ciclo do carbono.

Outros eventos evolutivos provavelmente influenciaram o ciclo do carbono, mas, como a maioria não foi estudada em detalhe, não podemos ter certeza se eles aprimoraram o termostato de Gaia ou não. A evolução e a dispersão dos modernos recifes de coral, há cerca de 55 milhões de anos, tiraram volumes inimagináveis de CO_2 da atmosfera, alterando Gaia ainda mais. A evolução e propagação das gramíneas, há 6-8 milhões de anos, podem ter mudado as coisas de um modo diferente. Simulações em computadores revelam que as florestas teriam se espalhado bem mais se não fossem o capim e os incêndios que este provoca. As florestas contêm muito mais carbono do que o capim, e também absorvem mais luz solar (possuindo um albedo diferente) e produzem mais vapor de água, o que influi na formação de nuvens. Todas essas coisas agem sobre a capacidade de Gaia de manter a temperatura.[206] Outra provável influência no termostato de Gaia foi o elefante, um grande destruidor de florestas. Como no caso dos seres humanos, sua terra de origem é a África e, à medida que se espalhava pelo planeta, há 20 milhões de anos (só a Austrália escapou da colonização), ele também deve ter afetado o ciclo do carbono.

Apesar da crescente sofisticação em nossa compreensão de como a vida afeta a temperatura e a química da Terra, ainda há muito debate sobre a hipótese de Gaia. Mas será que tem alguma importância o fato de Gaia existir ou não? Eu acho que sim, porque isso afeta o modo como vemos nosso lugar na natureza. Alguém que acredita em Gaia vê tudo na Terra como intimamente conectado a tudo o mais, tal como os órgãos no corpo. Em tal sistema, os poluentes não podem ser simplesmente jogados em algum lugar distante e esquecidos, e cada extinção é vista como um ato de automutilação. Como resultado disso, uma visão de mundo gaiana predispõe seus defensores a modos de vida sustentáveis. Em nosso mundo moderno, contudo, a visão reducionista da vida está em ascensão e seus defensores com frequência veem os atos humanos isoladamente. E foi essa visão reducionista de mundo que lançou sobre nós o estado atual de mudança climática.

Isso não quer dizer que a filosofia de Gaia conduz, inevitavelmente, a boas práticas ambientais. Costumo ouvir as pessoas dizerem que não há problema com a mudança climática porque "Gaia vai dar um jeito". Quando Lovelock afirmou que "deve existir um intrincado sistema de segurança para garantir que espécies exóticas de fora da lei não se tornem sindicatos do crime descontrolados", desregulando o termostato de Gaia, ele parece estar concordando com isso. E, no entanto, mesmo que a civilização humana seja destruída pela ação da mudança climática, é difícil imaginar como Gaia poderá "dar um jeito". Mesmo que ela consiga se livrar de nós, levaremos conosco tantas espécies que o conserto dos danos à biodiversidade da Terra levaria dezenas de milhões de anos.

O eminente biólogo John Maynard Smith, ao comentar o debate entre os reducionistas e os defensores de Gaia, disse que "seria tão tolo perguntar qual desses pontos de vista é correto quanto argumentar se a álgebra ou a geometria são o modo correto de resolver problemas científicos. Tudo depende do problema que você está tentando resolver".[216] E é esse ponto de vista que eu defendo aqui, pois as questões com que quero lidar são mais fáceis de abordar por intermédio de Gaia do que pelo modo reducionista. Assim, vamos usar o termo Gaia como uma abreviação para o sistema complexo que torna a vida possível, embora reconhecendo, o tempo todo, que ele pode ser o produto do acaso.

2

O GRANDE OCEANO AÉREO

> O grande oceano aéreo que nos cerca tem a propriedade maravilhosa de permitir que os raios de calor do sol passem através dele sem aquecê-lo; mas, quando a terra é aquecida, o ar fica quente pelo contato com ela, e também, numa quantidade considerável, pelo calor irradiado da terra quente. Isso acontece porque, embora o ar puro e seco permita que esses raios escuros de calor passem por ele livremente, o vapor de água e o ácido carbônico [CO_2] no ar os interceptam e absorvem.
>
> Alfred Russel Wallace, *Man's place in the universe*, 1903.

Se vamos entender a mudança climática, precisamos conhecer três termos importantes mas pouco compreendidos. Os termos são gases do efeito estufa, aquecimento global e mudança climática. Gases do efeito estufa são uma classe de gases que podem aprisionar o calor próximo da superfície da Terra. À medida que aumenta sua concentração na atmosfera, o calor extra que eles capturam leva ao aquecimento global. Esse aquecimento, por sua vez, exerce uma pressão sobre o sistema climático da Terra e pode levar a uma mudança climática. De modo semelhante, é importante saber a diferença entre condições meteorológicas e clima. Condições meteorológicas são o que experimentamos todos os dias. O clima é a soma de todas as condições meteorológicas ao longo de certo período, para uma região ou para o planeta como um todo. E todos, é claro, são gerados pela atmosfera.

A atmosfera tem quatro camadas distintas, que são definidas com base em sua temperatura e na direção do seu gradiente de temperatura. A parte mais baixa da atmosfera é conhecida como troposfera. O nome significa a região onde o ar gira, e é assim chamada devido à mistura vertical de ar que a caracteriza.

A troposfera se estende, em média, até 12 quilômetros acima da superfície da Terra e contém 80% de todos os gases da atmosfera. Um terço dela, que forma a camada mais baixa (e que contém a metade de todos os gases na atmosfera), é a única parte respirável de toda a atmosfera. O aspecto singular da troposfera é que seu gradiente de temperatura está de "cabeça para baixo" — é mais quente no fundo, e esfria 6,5°C por quilômetro vertical que se suba. À primeira vista isso parece contrário ao bom-senso, pois era de se esperar que o ar mais próximo do Sol (a fonte fundamental de calor) fosse mais quente, mas essa peculiaridade é responsável pela natureza bem misturada da troposfera — afinal, o ar quente sobe. Outra peculiaridade é que a troposfera é a única porção da atmosfera cujas metades norte e sul (divididas pelo equador) dificilmente se misturam, uma característica que poupa os habitantes do hemisfério Sul do ar poluído que limita o horizonte e embaça os panoramas no Norte mais povoado.

A camada seguinte da atmosfera, conhecida como estratosfera, encontra a troposfera na tropopausa. Em contraste com a troposfera, a estratosfera fica mais quente à medida que se sobe. Isso acontece porque a estratosfera superior é rica em ozônio, e o ozônio capta a energia dos raios ultravioleta, reirradiando-a como calor. E, como não é perturbada pelo ar quente ascendente, a estratosfera tem camadas distintas, e ventos violentos que através dela circulam.

Cerca de cinquenta quilômetros acima da superfície terrestre fica a mesosfera. A -90°C, é a parte mais fria de toda a atmosfera, e acima dela fica a camada final, a termosfera, que é um tênue resíduo de gás que se estende longe no espaço. Aqui as temperaturas podem chegar a 1.000°C, e no entanto, como o gás está finamente disperso, não pareceria quente ao toque.

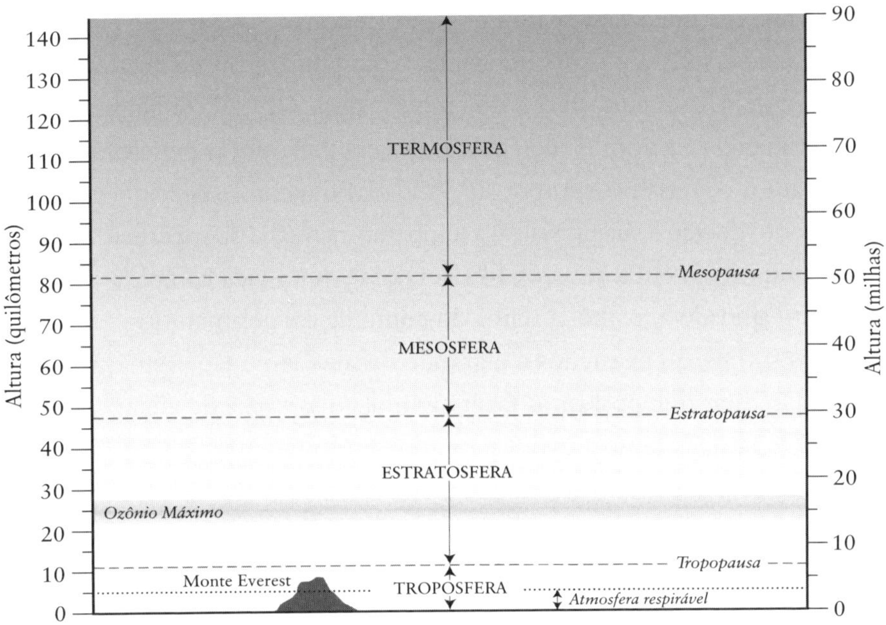

As três partes principais da atmosfera e suas fronteiras associadas. Somente uma pequena parte da troposfera apresenta ar respirável.

O grande oceano aéreo é composto de nitrogênio (78%), oxigênio (20,9%) e argônio (0,9%). Esses três gases formam a maior parte — mais de 99,95% — do ar que respiramos.[117] E o interessante é que sua capacidade de reter o H_2O depende de sua temperatura: a 25°C o vapor de água forma 3% do que inalamos. Mas, como acontece com o oceano aquático, são os elementos menores — os restantes 0,05% — que temperam a mistura, e alguns deles são vitais para a vida neste planeta. Tome como exemplo o ozônio. Suas moléculas, formadas por três átomos de oxigênio, são escassas mesmo dentro dessa minúscula minoria de gases de tempero, que os cientistas chamam de gases traço. O ozônio responde por apenas dez moléculas de cada milhão sacudido pelas correntes do grande oceano aéreo. E, no entanto, sem o efeito protetor dessas dez em 1 milhão, logo ficaríamos cegos, morreríamos de câncer ou sucumbiríamos a uma variedade de outros problemas.

Igualmente importante para a nossa existência são os gases do efeito estufa, dos quais o CO_2 é o mais abundante. Com pouco mais de quatro em cada 10 mil moléculas da atmosfera sendo moléculas de CO_2, ele dificilmente pode ser considerado comum. E no entanto desempenha um papel vital, evitando que sejamos congelados, ou (por sua raridade) fiquemos superaquecidos. Até certo ponto devido à sua presença, a temperatura média da superfície do nosso planeta está agora em torno dos 14ºC e, desde que a vida complexa surgiu, o CO_2 tem ajudado a mantê-la acima do ponto de congelamento.

Nós somos tão pequenos e o grande oceano aéreo tão vasto que parece difícil acreditar que possamos fazer alguma coisa capaz de afetar seu equilíbrio. De fato, durante a maior parte do século passado os seres humanos mantiveram a crença de que o clima era bastante estável e de que a pulga no traseiro do elefante, que representa a humanidade, não teria nenhum efeito. E, no entanto, se imaginarmos a Terra como uma cebola, sua atmosfera não seria mais espessa do que aquela casca externa seca. Sua porção respirável nem mesmo cobre completamente a superfície do planeta — motivo pelo qual os alpinistas precisam usar máscaras de oxigênio no monte Everest. E os gases que a compõem são tão insubstanciais que existe mais gás dissolvido nos oceanos do que flutuando na atmosfera. E mais energia calórica está armazenada perto da superfície do oceano do que em todo o oceano aéreo.

Para compreender a vulnerabilidade da atmosfera, precisamos compreender não apenas seu tamanho e sua substância tênue, mas seu dinamismo. O ar que você acabou de exalar já se espalhou amplamente. E o CO_2 que saiu da sua respiração na semana passada pode estar agora alimentando uma planta num continente distante, ou o plâncton de um mar congelado. Em questão de meses todo o CO_2 que você acabou de exalar terá se dispersado por todo o planeta.[70] Devido ao seu dinamismo, a atmosfera encontra-se numa relação íntima com cada aspecto da nossa Terra, do manto para cima. Nenhum vulcão explode, nenhum oceano se agita — de fato nenhuma criatura respira — sem que isso seja registrado pelo grande oceano aéreo.

Existe um aspecto notável desse oceano de ar que só recentemente foi apreciado, que é a sua telecinese. A última vez que você ouviu falar em telecinese foi, provavelmente, quando Uri Geller andava entortando colheres, mas o termo tem uma definição científica válida. Significa "movimento à distância sem uma ligação material" e, no caso da atmosfera, a telecinese permite que mudanças se manifestem simultaneamente em regiões distantes. Assim, em resposta ao aquecimento ou ao resfriamento, por exemplo, a nossa atmosfera pode de uma vez se transformar de um estado climático para outro bem diferente. Isso permite que tempestades, secas, inundações ou padrões de ventos se modifiquem num nível global e o façam mais ou menos simultaneamente. Entidades telecinéticas são poderosas, mas muito vulneráveis a rupturas. Nossa civilização global é telecinética, motivo pelo qual exerce tanta força sobre a biosfera, mas sua telecinese também explica por que rupturas regionais — como guerras, fomes e doenças — podem ter sérias consequências sobre a humanidade como um todo.

A atmosfera é opaca para a maioria das formas de energia radiante. Muitos pensam que a luz do dia é a única energia que recebemos do Sol, mas a luz do Sol — luz visível — é apenas uma pequena faixa em um vasto espectro de comprimentos de onda que o Sol lança sobre nós. A luz é importante para nós, claro, pois somos criaturas do dia, cujos olhos evoluíram para detectar comprimentos de onda naquela parte exata do espectro. Para outros comprimentos de onda, a atmosfera é tão impenetrável quanto um muro de tijolos, e são os gases que formam essa barreira que constituem o foco deste livro: especificamente os gases do efeito estufa, uma coleção de moléculas diferentes que compartilham a capacidade de bloquear os comprimentos de onda mais longos da energia. Estamos mais familiarizados com comprimentos de onda longos sob o nome de "energia térmica", e o calor é o que os gases aprisionam. Mas, ao fazê-lo, eles se tornam instáveis e, por fim, liberam o calor, uma parte do qual se irradia de volta para a Terra. Os gases do efeito estufa podem ser raros, mas seu impacto é maciço, pois, ao aprisionar o calor perto da superfície do planeta, eles, ao mesmo tempo, aquecem o nosso mundo e respondem pela troposfera "de cabeça para baixo".

Uma ideia do poder dos gases do efeito estufa de influenciar a temperatura pode ser obtida com o estudo de outros planetas. A atmosfera de Vênus é 98% CO_2 e a temperatura na sua superfície é de 477ºC. Se o CO_2 chegar até mesmo a 1% da atmosfera da Terra — todas as outras coisas continuando iguais —, a temperatura da superfície do nosso planeta subiria até o ponto da fervura.[116]

Se você quiser sentir na pele como os gases do efeito estufa atuam, visite Nova York no mês de agosto. É a época do ano em que o calor e a umidade deixam aqueles que ainda andam pelas ruas banhados em suor. E o calor parece tão desagradável — preso num ambiente superpovoado de concreto, contornos rígidos, asfalto fervente e corpos humanos pegajosos — que é quase insuportável. E o pior acontece de noite, quando a umidade e uma camada espessa de nuvens aprisionam o calor. Eu me lembro de rolar na cama entre lençóis ensopados de suor num quarto perto da esquina da rua 9 com a avenida C. À medida que meus olhos começavam a ficar irritados e a pele a endurecer, eu podia sentir a sordidez dos 8 milhões de corpos humanos naquela cidade, junto com seus dejetos e resíduos.

E de repente eu queria estar num deserto — num deserto seco e claro, onde, a despeito do calor do dia, o céu claro da noite traz um alívio abençoado. A diferença entre um deserto e a cidade de Nova York à noite reside num único gás do efeito estufa — o mais poderoso de todos —, o vapor d'água. Pensando no fato de que o vapor d'água retém dois terços de todo o calor preso pelos gases do efeito estufa, eu amaldiçoei as nuvens acima de mim.[58] Mas ele também tem um lado bom. Diferente dos outros gases do efeito estufa, o vapor d'água na forma de nuvens bloqueia parte da radiação do Sol durante o dia, abaixando as temperaturas.

É um testemunho da ignorância humana que, até trinta anos atrás, menos da metade dos gases do efeito estufa tinham sido identificados, e os cientistas ainda estavam divididos quanto à Terra estar esquentando ou esfriando. E, no entanto, sem essas moléculas o nosso planeta seria mortalmente frio — uma esfera frígida com uma temperatura superficial média de –20ºC. Mas nós então *sabíamos*, e fazia algum tempo, que esses gases estavam se acumulando.

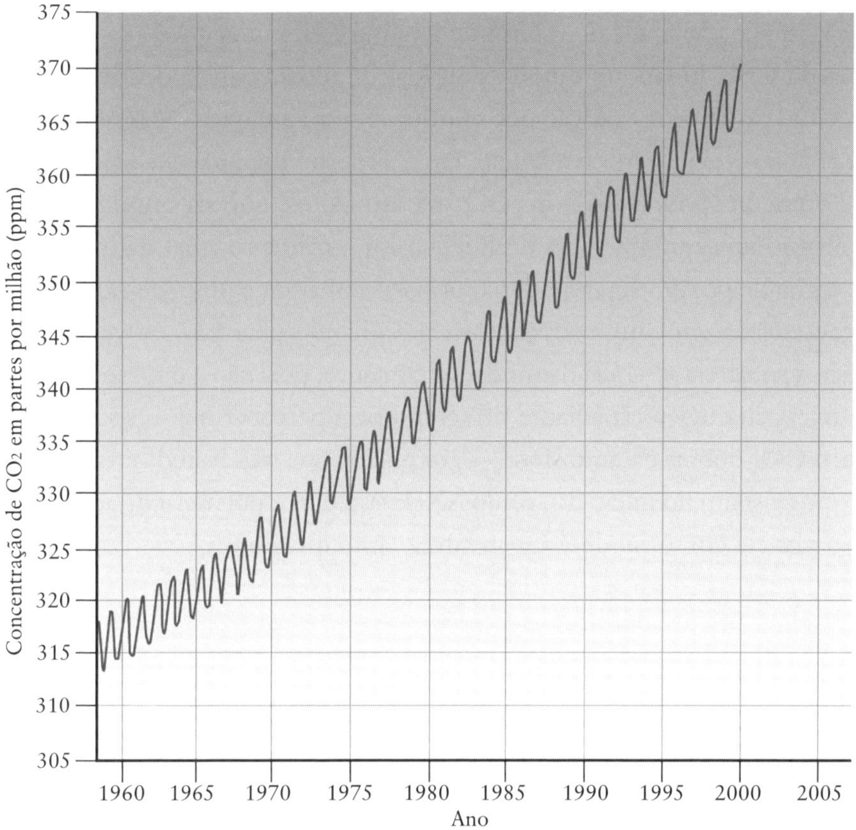

A curva de Keeling mostra as concentrações de CO_2 na atmosfera como medidas no topo do monte Mauna Loa, no Havaí, entre 1958 e 2000. O efeito serrilhado resulta das mudanças sazonais nas florestas do norte, mas a subida inexorável deve-se à queima de combustíveis fósseis.

O CO_2 é o mais abundante dos tênues gases do efeito estufa e é produzido sempre que queimamos alguma coisa ou quando algo se decompõe. Na década de 1950, o climatologista Charles Keeling subiu o monte Mauna Loa, no Havaí, para registrar as concentrações de CO_2 na atmosfera. Com isso ele criou um gráfico, conhecido como curva de Keeling, que é uma das coisas mais maravilhosas que já vi, pois nele é possível ver o nosso planeta respirando. A cada primavera no hemisfério Norte, enquanto as plantas brotando extraem CO_2 do grande oceano aéreo, nossa Terra começa uma grande inspiração, que é registrada no gráfico de Keeling como uma queda na concentração do CO_2. Então, no outono do Norte, à medida que a decomposição gera CO_2, existe uma exalação que enriquece o ar com o gás. Mas o trabalho de Keeling revelou outra tendência. Ele descobriu que cada exalação terminava com um pouco mais de CO_2 na atmosfera que na anterior. Essa empinação inocente na curva de Keeling foi o primeiro sinal definitivo de que o grande oceano aéreo poderia ser o calcanhar de aquiles de nossa civilização viciada em combustíveis fósseis. Olhando para trás, eu vejo nesse gráfico a *primavera silenciosa* da mudança climática, pois não é preciso mais do que traçar sua trajetória adiante no tempo para perceber que o século XXI veria o CO_2 dobrar na atmosfera — em relação aos três átomos em cada 10 mil que existiam no início do século XX. E isso tem o potencial de aquecer o nosso planeta em torno de 3°C, ou talvez tanto quanto 6°C.

3

A ESTUFA GASOSA

> Prevalece um equilíbrio entre a temperatura da Terra e de sua atmosfera... A Terra perde justamente tanto calor por irradiação para o espaço quanto ganha por absorção dos raios do sol... Eu calculei a alteração média de temperatura que se seguiria se a quantidade de ácido carbônico [CO_2] variasse de seu presente valor médio.
>
> Svante Arrhenius, *Sobre a influência do ácido carbônico do ar na temperatura do solo*, 1896.

Quando os cientistas perceberam que os níveis de CO_2 na atmosfera estavam ligados à mudança climática, alguns ficaram intrigados. Eles sabiam que o CO_2 só absorve radiação em comprimentos de onda mais longos que 12 micrômetros (um fio de cabelo humano tem em torno de 70 micrômetros de espessura), e que uma pequena quantidade de gás capta toda a radiação disponível nesses comprimentos de onda. Aumentar a sua concentração em experiências parece não fazer uma diferença real na quantidade de calor aprisionado.[70] Além disso, havia tão pouco gás que parecia inconcebível que o CO_2 pudesse mudar o clima de um planeta inteiro. O que os cientistas não percebiam então é que, em temperaturas muito baixas — como as que existem sobre os polos e a grande altitude na atmosfera —, mais calor se propaga em comprimentos de onda onde o CO_2 é mais efetivo. E, o que é mais importante, descobriu-se que, no lugar de ser o único agente responsável pela mudança climática, o CO_2 age como um gatilho para um potente gás do efeito estufa, o vapor d'água. Ele faz isso ao aquecer a atmosfera apenas um pouco, permitindo que ela capte e retenha mais umidade, que então aquece a atmosfera ainda mais. Assim, um elo de retroalimentação positiva é criado, forçando a temperatura do nosso planeta a níveis ainda mais elevados.[70]

Embora seja um gás do efeito estufa, o vapor d'água também é um enigma na arena de mudança climática, já que forma nuvens e as nuvens podem ao mesmo tempo refletir a energia luminosa e reter o calor. Ao reter mais calor do que refletem luz, as nuvens altas e finas tendem a aquecer o planeta, enquanto as nuvens baixas, espessas, exercem um efeito contrário. Nenhum outro fator único contribui mais para a nossa incerteza quanto ao futuro das previsões de mudança climática.

Muitos gases do efeito estufa são gerados, de um modo ou de outro, pela atividade humana. Embora escasso e fraco em sua capacidade de captar calor, o CO_2 tem uma vida muito longa na atmosfera: em torno de 56% de todo o CO_2 que os seres humanos liberaram pela queima de combustíveis fósseis ainda permanecem no ar, o que é a causa — direta e indireta — de cerca de 80% de todo o aquecimento global.[58]

O fato de uma proporção conhecida de CO_2 permanecer na atmosfera nos permite calcular, em números arredondados, a produção de carbono da humanidade. Antes de 1800 (o começo da Revolução Industrial), existiam cerca de 280 partes por milhão de CO_2 na atmosfera, o que equivale a 586 gigatoneladas (bilhões de toneladas) de CO_2. (Para tornar as comparações mais fáceis, números como este representam apenas o carbono na molécula de CO_2. O peso real do CO_2 seria 3,7 vezes maior.) Hoje em dia, o número está em torno de 380 partes por milhão, ou em torno de 790 gigatoneladas. Se quiséssemos estabilizar as emissões de CO_2 num nível duas vezes maior que o existente antes da Revolução Industrial (que se considera no limite para uma mudança perigosa), teríamos que limitar todas as emissões humanas futuras a cerca de 600 gigatoneladas. Pouco mais da metade disso ficaria na atmosfera, elevando os níveis de CO_2 para cerca de 1.100 gigatoneladas, ou 550 partes por milhão, em 2100. Essa, aliás, seria uma meta dura para a humanidade manter, pois, se usarmos os combustíveis fósseis por apenas mais um século, ele equivalerá à produção de 6 gigatoneladas por ano. Compare isso com a média de 13,3 gigatoneladas de CO_2 que se acumularam a cada ano durante a década de 1990 (metade disso oriunda da queima de combustíveis fósseis) e com a projeção de que a população humana deve chegar a 9 bilhões no meio do século e você perceberá o problema.

Mesmo a longo prazo, esse aumento não tem precedente. A concentração de CO_2 na atmosfera, em épocas passadas, pode ser medida através das bolhas de ar preservadas no gelo. Perfurando mais de 3 quilômetros na calota de gelo da Antártida, os cientistas retiraram uma coluna de gelo que abrange quase 1 milhão de anos da história da Terra. Esse registro único mostra que, durante épocas frias, os níveis de CO_2 caíram para cerca de 160 partes por milhão, e que, até recentemente, eles nunca tinham passado de 280 partes por milhão. A Revolução Industrial mudou isso, ainda que lentamente, pois mesmo em 1958 — quando Keeling começou suas medições de CO_2 no topo do Mauna Loa — elas chegavam a apenas 315 partes por milhão.

Cientistas australianos determinaram recentemente que em 2002 e 2003 os níveis de CO_2 subiram em 2,54 partes por milhão por ano em comparação com o aumento médio de 1,8 parte por milhão por ano durante a década anterior.[176] Não está claro se isso foi apenas um "soluço" na tendência ou se as taxas de acumulação estão aumentando.

Foram nossos servos — os bilhões de motores que construímos para funcionar com combustíveis fósseis, tais como carvão, gasolina e combustíveis baseados no petróleo e no gás — que desempenharam o papel principal na produção de CO_2. As mais perigosas são as usinas que usam o carvão para gerar eletricidade. O carvão negro (antracito) é formado por 92% de carbono, enquanto o carvão marrom seco tem em torno de 70% de carbono e 5% de hidrogênio.[127] Carbono e oxigênio — os componentes do CO_2 — são vizinhos na tabela periódica, o que significa que têm pesos atômicos semelhantes. E, como dois átomos de oxigênio se combinam com um átomo de carbono para formar o CO_2, cerca de 3,5 toneladas de gás são criadas para cada tonelada de antracito consumida. Algumas usinas geradoras de energia queimam 500 toneladas de carvão por hora e são tão ineficientes que cerca de dois terços da energia gerada são perdidos. E com que propósito funcionam? Simplesmente para ferver água, que gera o vapor para mover as turbinas colossais que criam a eletricidade para nossas casas e fábricas. Como o grande oceano aéreo essas máquinas dickensenianas são invisíveis para a maioria de nós, que não tem ideia de que a tecnologia do século XIX é usada para movimentar as engenhocas do século XXI.

Existem em torno de trinta gases do efeito estufa na atmosfera, todos presentes em pequenas proporções e cujo efeito, para a maioria dos propósitos, é medido tendo o CO_2 como referência (ou seja, sendo convertidos em "unidades de CO_2" nas equações científicas). A maioria é tão rara que parece desprezível, e no entanto, como absorvem calor em diferentes comprimentos de onda, qualquer aumento no volume é significativo. Pense neles como claraboias de vidro em um telhado, cada gás representando uma claraboia diferente. E à medida que essas janelas aumentam, mais energia luminosa é admitida na sala, para ser aprisionada como calor.[70]

Depois do CO_2, o metano é o gás do efeito estufa mais significativo. Embora aparecendo em apenas 1,5 parte por milhão na atmosfera, sua concentração dobrou nos últimos séculos. Quando medido em uma escala de tempo de um século, o metano é sessenta vezes mais poderoso para captar a energia do calor do que o CO_2, mas felizmente dura poucos anos na atmosfera. O metano é criado por micróbios que vivem em ambientes sem oxigênio, como lagoas estagnadas e intestinos, motivo pelo qual é abundante em pântanos, gases intestinais e arrotos. Estima-se que o metano será responsável por entre 15% e 17% de todo o aquecimento global a ser experimentado neste século. Como tem vida curta, mas às vezes é liberado em grandes quantidades, o metano tem cumprido uma importante função na criação de processos que às vezes aquecem o nosso planeta.

O óxido nitroso (gás do riso) é 270 vezes mais eficaz que o CO_2 na captura do calor e, embora seja muito mais raro que o metano, permanece 150 anos na atmosfera. Em torno de um terço de nossas emissões vem da queima de combustíveis fósseis e o resto, da queima de biomassa e do uso de fertilizantes que contêm nitrogênio. Embora existam fontes naturais de óxido nitroso, as emissões de origem humana agora as superam muito em volume, e como resultado disso existe 20% mais óxido nitroso na atmosfera do que no começo da Revolução Industrial.

Os mais raros entre todos os gases do efeito estufa são os membros da família dos HFC e CFC. Esses filhos da engenhosidade humana não existiam antes que os químicos industriais começassem a manufaturá-los. Alguns, como o diclorotrifluoretano, já foram usados em refrigeração e são mil vezes mais potentes para captar a energia calórica do que o CO_2, podendo permanecer séculos na atmosfera. Conheceremos essa classe de gases mais tarde, quando abordarmos o buraco na camada de ozônio.

Por enquanto, devido à sua importância primária para a mudança climática, precisamos conhecer mais sobre o carbono no CO_2. Os diamantes e a fuligem são formas puras de carbono, com a única diferença sendo a forma de disposição de seus átomos. O carbono se liga a quase tudo que não seja metálico, motivo pelo qual a vida é baseada no carbono. (Os compostos de carbono são variados o bastante para permitir a ocorrência dos processos complexos que acontecem dentro do corpo.) O carbono é onipresente na superfície do planeta Terra. Entra e sai constantemente de nossos corpos, assim como das rochas, do mar e do solo, e de lá vai para a atmosfera e volta. Seus movimentos são extraordinariamente complexos e regidos pela temperatura, pela disponibilidade de outros elementos e pelas atividades de espécies como a nossa.

Se não fosse pela ação das plantas e das algas, nós logo sufocaríamos no CO_2 e ficaríamos sem oxigênio. Através da fotossíntese (processo pelo qual as plantas criam açúcares usando água e luz solar), as plantas retiram o CO_2 que produzimos e o utilizam para gerar sua própria energia, criando oxigênio como resíduo desse processo. É esse ciclo simples e autossustentável que forma a base para a vida na Terra. O volume de carbono circulante em nosso planeta é enorme. Em torno de 1 trilhão de toneladas de carbono está associado aos seres vivos, enquanto a quantidade enterrada no solo é ainda maior.[69] E, para cada molécula de CO_2 na atmosfera, existem cinquenta nos oceanos.[70]

Os lugares para onde o carbono vai quando deixa a atmosfera são conhecidos como sumidouros de carbono. Você, eu e todas as coisas vivas somos sumidouros de carbono, assim como os oceanos e algumas das rochas sob nossos pés. Alguns desses sumidouros são muito grandes, mas não são infinitos nem seus tamanhos permanecem constantes ao longo do tempo. Ao longo das eras, muito CO_2 tem sido armazenado na crosta da Terra. Isso ocorre à medida que as plantas mortas são enterradas e carregadas para o subsolo, onde se transformam em combustíveis fósseis. É esse carbono enterrado que permite a existência do oxigênio na nossa atmosfera. Se os homens, de algum modo, fossem capazes de extrair todo o carbono fóssil e restituí-lo à atmosfera, queimando-o, consumiríamos todo o oxigênio de nossa atmosfera.[69] Em uma escala de tempo mais curta, um bocado de carbono pode ser armazenado nos solos, na forma daquela terra preta de que os jardineiros tanto gostam. Mesmo as erupções dos vulcões (que contêm muito CO_2) podem perturbar o clima por longos períodos de tempo. E os corpos celestes também produzem um impacto, pois meteoritos e outros objetos colidem com a Terra periodicamente, perturbando os oceanos, a atmosfera e a crosta da Terra de modo tão intenso que podem desorganizar o ciclo do carbono.

Nas últimas duas décadas, os cientistas têm monitorado o rumo tomado pelo CO_2 que os seres humanos produzem com a queima dos combustíveis fósseis. Podem fazer isso porque o gás derivado dos combustíveis fósseis tem uma assinatura química única e pode ser rastreado enquanto circula pelo planeta. Em números aproximados, 2 gigatoneladas são absorvidas pelos oceanos e outra 1,5 gigatonelada é absorvida anualmente pela vida existente na Terra.[73] A contribuição feita pela terra resulta parcialmente de um acidente na história — a fase de expansão das fronteiras na América —, que entregou uma parte do continente para plantas ávidas por carbono. As florestas maduras não retiram muito CO_2 do ar porque se encontram num estado de equilíbrio, liberando CO_2 à medida que a vegetação mais velha apodrece e então a absorvendo conforme a nova cresce. Por esse motivo, as maiores florestas do mundo — as florestas de coníferas da Sibéria e do Canadá — e as florestas tropicais não são bons sumidouros de carbono, mas as florestas novas, que crescem vigorosamente, são.

Durante o século XIX e o início do século XX, os pioneiros da América do Norte cortaram e queimaram as grandes florestas da Costa Leste e roçaram as planícies e desertos do Oeste. Então, mudanças no uso da terra permitiram que a vegetação crescesse de volta. Como resultado disso, a maioria das florestas da América do Norte tem menos de sessenta anos de idade e estão crescendo vigorosamente, absorvendo em torno de meio bilhão de toneladas de CO_2 da atmosfera por ano. E florestas recém-plantadas na China e na Europa podem estar absorvendo uma quantidade igual. Durante algumas décadas cruciais, essas florestas jovens ajudaram a esfriar nosso planeta ao absorverem o excesso de CO_2. Mas, à medida que as florestas e prados se recuperam dos maus-tratos que sofreram nas mãos dos pioneiros, extraem cada vez menos CO_2 da atmosfera, exatamente na ocasião em que os seres humanos estão bombeando mais gás na atmosfera.

A perspectiva a longo prazo da ajuda das florestas na nossa luta contra o aquecimento global foi mostrada num estudo recente que examinou a produção de carbono no nosso planeta ao longo de dois séculos.[74] Este estudo demonstrou que existe realmente apenas um grande sumidouro de carbono em nosso planeta, e ela está nos oceanos, que absorveram 48% de todo o carbono emitido pelo homem entre 1800 e 1994, enquanto durante esses dois séculos a vida nos continentes de fato jogava mais carbono na atmosfera.

Os oceanos do mundo, contudo, variam em sua capacidade de absorver carbono. Somente uma bacia oceânica, a do Atlântico Norte — que corresponde a apenas 15% de toda a superfície oceânica —, contém um quarto de quase todo o carbono emitido pelo homem desde 1800.[74] E o mais curioso é que parece que o CO_2 não foi absorvido pela bacia do Atlântico Norte, e sim jogado lá depois de ser absorvido em "outro lugar". Este "outro lugar" revelou ser o mar do Norte, uma bacia marinha rasa confinada entre a Grã-Bretanha e o norte da Europa, na qual uma curiosa estratificação das águas permite que o CO_2 se acumule nas camadas subsuperficiais onde ele é transportado para o Atlântico Norte. Tão potente é esse "rim" de carbono que ele removeu 20% de todo o dióxido de carbono já emitido pelos seres humanos.[76]

Tendo acabado de descobrir o "rim do carbono" de nosso planeta, os cientistas estão preocupados com a possibilidade de que mudanças na circulação dos oceanos ocasionadas pela mudança climática venham a degradar sua eficácia. Existem muitos modos pelos quais isso poderia acontecer, e um deles pode ser visualizado quando abrimos uma lata de refrigerante que não foi colocada na geladeira. O intenso chiado da abertura da lata é seguido por um silêncio completo — indicando que o líquido liberou rapidamente o dióxido de carbono que o faz borbulhar. Se a bebida estiver gelada, o borbulhar dura mais tempo, e o que é verdade para a sua lata de refrigerante também é verdadeiro para os oceanos. A água do mar fria pode conter mais carbono do que a água do mar morna, assim, à medida que o oceano se aquece, ele se torna menos capaz de absorver o gás.

Outro aspecto crítico da água do mar em relação à sua capacidade de absorver CO_2 é a quantidade de carbonato que ela contém. O carbonato chega aos oceanos vindo dos rios que fluíram sobre pedra calcária ou sobre rochas que contêm calcário e reage com o CO_2 absorvido pelo oceano. Atualmente existe um equilíbrio entre a concentração de carbonato e o CO_2 absorvido. À medida que a concentração de CO_2 aumenta nos oceanos, contudo, o carbonato vai se esgotando. E, como resultado disso, os oceanos estão se tornando mais ácidos, e, quanto mais ácido for um oceano, menos CO_2 poderá absorver.

Em julho de 2004, dois pesquisadores, Peter Raymond, da universidade de Yale, e Jonathan Cole, do Instituto de Estudos de Ecossistemas, em Millbrook, publicaram descobertas que pareciam oferecer boas notícias nesse front.[65] Eles descobriram que, devido ao aumento na degradação da terra e das chuvas em seu curso, o rio Mississippi estava transportando cada vez mais carbonato para o oceano. "Essas observações têm importantes implicações para o controle potencial da absorção de carbono nos Estados Unidos", anunciaram os autores.[65] Mas embora possa parecer que um ambiente terrestre mais degradado seja a salvação para os nossos problemas climáticos, uma resposta, publicada alguns meses depois por Klaus Lackner, colocou as coisas em perspectiva.[66] O carbonato extra carregado pelo rio doente, nos diz Lackner, será suficiente para absorver as emissões de CO_2 da América do

Norte durante apenas 36 horas de cada ano. E, se o mesmo fenômeno acontecesse em todos os rios do mundo, seria suficiente para cobrir apenas dez dias das emissões anuais do mundo.

O dióxido de carbono nos oceanos também é absorvido por seres vivos que morrem e afundam, carregando no processo o carbono para o fundo oceânico. Enquanto estão vivas, algumas dessas criaturas são vulneráveis aos efeitos de um oceano acidificado, pois não conseguirão fazer as conchas carbonadas de que dependem. Tudo isso significa que, antes do fim deste século, se prevê que os oceanos estejam absorvendo 10% menos CO_2 do que hoje em dia. De fato os cientistas já descobriram que a fração de CO_2 produzida pelo homem absorvida pelos oceanos está diminuindo.[74] Durante a década de 1980, o oceano retirava 1,8 gigatonelada de carbono por ano, mas nos anos 1990 esse valor tinha caído para menos de 1,6 gigatonelada.[136]

Tendo visto um pouco do funcionamento da atmosfera, seus gases do efeito estufa e o ciclo do carbono, vamos agora analisar o que tudo isso significa, e não há meio melhor para fazer isso do que nos voltarmos para o trabalho daqueles cientistas engenhosos do passado, que, sem o benefício de computadores, satélites ou espectrômetros de massa, combinaram observações simples com raciocínio puro para deduzir que a nossa interferência na atmosfera ia criar um problema para o mundo.

4

OS SÁBIOS E A CASCA DA CEBOLA

Um cálculo simples mostra que a temperatura das regiões árticas subiria de 8 a 9°C se o ácido carbônico [CO_2] aumentar de 2,5 a três vezes o seu valor atual... A produção atual mundial de carvão chega, em números redondos, a 500 milhões de toneladas por ano, ou 1 tonelada por quilômetro quadrado da superfície da Terra.

Arvid Gustav Högbom, "Om Sannolikheton FöSekulära Forandringar I Atmosfärens Kolsyrehalt", 1894.

O século XX começou com um mundo muito alterado. Charles Darwin estava na tumba havia 18 anos, os estudos pioneiros de Gregor Mendel sobre a herança genética estavam a ponto de ser redescobertos e o cavalo chegava ao fim de seu mandato como principal meio de transporte da humanidade. E, no entanto, restava ainda uma relíquia de uma época mais heroica. Em sua oitava década de vida, Alfred Russel Wallace continuava a escrever com tanta energia e visão quanto antes. De fato, quando ele morreu na véspera da Grande Guerra, aos noventa anos, seu obituário anunciou que "ele tinha deixado a pena de lado somente na hora da morte".[77] De toda a produção de seus últimos anos, nada se compara ao trabalho monumental que marcou seu octogésimo aniversário. *Man's place in the universe* é um livro lúcido e, no entanto, idiossincrático, que tenta demonstrar que a humanidade é o centro, o cume — literalmente a razão da existência de todas as coisas. Essa ênfase central — junto com uma ligação ao espiritualismo e uma rejeição determinada aos benefícios da imunização — fez com que Wallace passasse a ser visto como um herege num mundo científico cada vez mais ortodoxo. E no entanto, apesar de todos os seus defeitos, *Man's place in the universe* é pleno de uma visão que está de acordo com a consciência ecológica do século XXI.

E o que torna o livro tão visionário é o modo de pensar integrado, holístico do autor. Uma abordagem semelhante à de James Lovelock e sua teoria de Gaia, e, como no caso de Lovelock, Wallace ficou impressionado com a constatação de que até mesmo pequenas variações nas condições existentes poderiam tornar a Terra inabitável. Essas observações tornaram-se um refrão do livro — que os resíduos fétidos da Revolução Industrial ameaçavam a humanidade. E, à medida que o octogenário advertia sobre esta questão, o sangue parecia corar sua face. "Vamos encarar dessa maneira", diz ele enquanto conclama toda a humanidade a lutar contra os poluidores. "Como numa guerra de conquista ou agressão nada deve ficar no caminho da vitória."[5]

Wallace não foi o primeiro a condenar a poluição do ar, nem o primeiro a antever seus muitos perigos. *Fumifugium, or the inconvenience of aer and smoak of London dissipated, together with some remidies humbly proposed* foi publicado pelo escritor e mandachuva inglês John Evelyn em 1661.[80] Como Evelyn lembra no livro, mesmo naquela época, era tão ruim a fumaça da queima de carvão que seu cheiro podia ser sentido a quilômetros de distância. Londres, escreve ele, parecia um "subúrbio do inferno". Algumas décadas depois, Timothy Nourse publicou um ensaio sobre o ar de Londres no qual diz que aqueles vapores estavam devorando a cidade viva, deixando seus prédios mais antigos descascados e esfolados até os ossos por aquele fumo infernal e subterrâneo. John Graunt, um comerciante de tecidos que, em 1662, compilou a primeira análise metódica dos registros de mortalidade em Londres, também ficou preocupado.[81]Graunt só podia contar com os registros feitos por "velhas enfermeiras" que tinham a opressiva responsabilidade de examinar todos os cadáveres da cidade e relatar a causa da morte. Muitos de seus diagnósticos são incompreensíveis na perspectiva atual; e talvez tenham até deixado Graunt intrigado porque, entre as muitas causas, estavam "susto, mágoa, coceira, pilha, planeta, subir das luzes" e "mãe". Esta última causa de morte se relaciona com uma crença, comum no século XVII, de que os órgãos do corpo eram como os habitantes de um vilarejo. Se ficassem infelizes, podiam se revoltar e partir em busca de uma situação melhor. Achava-se que o útero era particularmente sensível a esse tipo de coisa: se tivesse muito sexo, ou não tivesse o suficiente, ele poderia se aborrecer e subir em direção ao pescoço, onde causaria falta de ar ou mesmo asfixia. Um tratamento favorito para qualquer mulher que sofria de "mãe" era prender uma esponja fétida em sua boca sufocada e outra esponja, de cheiro agradável, nas regiões inferiores para atrair o útero de volta para sua posição adequada. Hoje, ambas, o "subir das luzes" (as "luzes" eram os pulmões) e "mãe" seriam descritas como doenças pulmonares. Mesmo assim, os relatórios das enfermeiras foram suficientes para Graunt comprovar o que já era óbvio para o público havia séculos: as doenças dos pulmões eram uma das principais causas de mortes nas metrópoles — muito mais do que no campo —, e a causa se encontrava na horrenda poluição provocada pelo carvão.

O assustador é que pouco se fez para melhorar a qualidade do ar de Londres até depois da Segunda Guerra Mundial. De fato, na época do Grande Smog de 1952, que matou 12 mil pessoas, muitos londrinos tinham desenvolvido um orgulho perverso do ar sujo de sua cidade.[117] Mas Wallace era diferente. Ele ficava exaltado ao constatar o modo como este ar deixava doentes e atrofiava os corpos em crescimento dos jovens. E, no entanto, suas preocupações iam muito além, pois ele podia compreender o efeito invisível que a queima de todo aquele carvão exercia sobre os sistemas que mantêm a Terra habitável.

Um século antes de Wallace nascer, o brilhante matemático francês Jean Baptiste Fourier tentava estabelecer o que determina a temperatura média da superfície da Terra. Ele se perguntava por que o planeta não se aquecia à medida que era atingido pelos raios do Sol até ficar tão quente quanto o próprio Sol. A resposta estava na irradiação de calor, que carrega a energia de volta para o espaço numa proporção que, num sentido cósmico, "equilibra os ganhos da Terra", e o resultado é a temperatura média do nosso planeta. Mas, quando calculava o equilíbrio entre a energia proveniente do Sol e a radiação que saía, continuava a encontrar resultados absurdos. Seus cálculos indicavam que a Terra deveria ser um bloco de gelo, congelado a –15°C. Então, numa súbita inspiração, Fourier percebeu que seus cálculos sobre a energia calórica estavam corretos, só que nem toda a energia escapava para o espaço. Alguma coisa dentro da atmosfera devia estar prendendo o calor, percebeu. Fourier visualizou a atmosfera agindo como o vidro de uma estufa, deixando a luz do Sol entrar sem nenhuma interferência, mas então aprisionando o calor que os raios solares geravam ao atingir o solo.[70]

Hoje podemos explicar a observação de Fourier deste modo: o Sol é uma fonte de energia muito poderosa, e, quanto mais poderosa é a fonte, mais curtos são os comprimentos de onda de energia que ela gera. A maior parte da energia da luz solar tem comprimentos de onda muito curtos. A luz visível varia de 4 mil nanômetros (0,000004 metro, ou apenas quatro centésimos de um milímetro) a 7 mil nanômetros, e este é o comprimento de onda da energia que passa através da atmosfera sem aquecê-la. Isso, junto com outro importante princípio, pode ser demonstrado quando se vai a uma estação de esqui. Lá o ar permanece frio em um dia ensolarado por dois motivos: porque o Sol não aquece a atmosfera (e existe muito pouco vapor de água no ar frio para reter qualquer calor) e porque a energia do Sol é refletida de volta para o espaço pela neve. Quando os raios solares atingem um corpo escuro, como a pele ou uma luva de esquiador, os raios são absorvidos e o calor é gerado. E, conforme sua luva de esquiar se aquece a uma temperatura maior que o ambiente ao redor, a energia calórica, que tem comprimentos de onda maiores que os da luz solar, é irradiada de volta para o céu, onde é captada pelos gases do efeito estufa na atmosfera. Desse modo a luz passa inofensivamente através de uma atmosfera carregada com gases do efeito estufa, mas o calor tem problemas para sair.

Por quase setenta anos, muito pouco se fez das observações de Fourier. Então, Svante Arrhenius, um químico sueco (que recebeu o prêmio Nobel em 1903), resolveu investigar a questão mais a fundo. Em meados da década de 1890, quando realizou seu trabalho, o sueco estava sofrendo com a ruína de seu casamento. Desesperado, procurando uma fuga do que deve ter sido uma situação verdadeiramente infeliz, Arrhenius passou 14 horas por dia, durante um ano, fazendo cálculos repetitivos e cansativos. O trabalho era feito a pedido de alguns amigos, incluindo o geólogo Gustav Högbom, que estavam obcecados por um dos grandes enigmas daquela época: o que tinha causado as eras do gelo? Era um mistério que tinha tomado a imaginação desde que Louis Agassiz provara que grande parte da Europa e da América do Norte fora coberta, um dia, por uma calota glacial. Numa época em que mamutes, veados gigantes e rinocerontes peludos andaram pela paisagem onde hoje crescem campos de trigo. A transformação fora bem grande, e aquele que conseguisse explicar como a mudança ocorrera teria sua fama assegurada no mundo científico.

Arrhenius conseguiu demonstrar que uma redução no CO_2 da atmosfera trouxera a era do gelo, mas, o que é mais importante para os nossos propósitos, ele examinou como os níveis de CO_2 poderiam influenciar a Terra no futuro. Ele pensou que, na proporção em que o carvão estava sendo queimado no século XIX, a quantidade de CO_2 atmosférico poderia dobrar em 3 mil anos, trazendo um clima quente para a Suécia. Ele admitia essa ideia, mas achava o processo muito lento e que poderia ser acelerado queimando-se mais carvão. Apesar da atração que poderia ter para os escandinavos e outros povos que sofriam com invernos gelados, essas ideias logo foram esquecidas. E, no entanto, silenciosamente e sem um plano sistemático, a indústria realizava o desejo de Arrhenius e uma quantidade cada vez maior de carvão era queimada.

Apesar desses avanços, os climatologistas pareciam desinteressados pelo papel dos gases do efeito estufa na determinação do clima. Então, em 1938, um engenheiro de máquinas a vapor chamado Guy Callendar falou sobre o assunto na Real Sociedade Meteorológica de Londres. Callendar era um amador interessado nas tendências do clima e, através de uma minuciosa compilação de estatísticas, ele tinha a convicção (que se revelou correta) de que o mundo estava esquentando. Além disso, anunciou que conhecia a causa — a queima do carvão e de outros combustíveis fósseis nas máquinas industriais.[70] Infelizmente, o estudo presciente de Callendar foi desprezado pelos acadêmicos como sendo uma mera intromissão de um amador e, logo depois, a tendência ao aquecimento reverteu, levando a um fim temporário dessa linha de pesquisa.

Cerca de um quarto de século antes de Callendar se dirigir à Real Sociedade Meteorológica, uma notável mudança de sorte levaria outro climatologista pioneiro a uma grande descoberta. Milutin Milankovitch tinha passado a maior parte de sua carreira trabalhando como engenheiro civil no Império Austro-Húngaro. Nascido no que hoje é a Sérvia, em 1909, ele abandonou seu trabalho na construção para assumir um posto acadêmico em Belgrado. Logo, entretanto, os eventos turbulentos das guerras dos Bálcãs e da Primeira Guerra Mundial interferiram e Milankovitch ficou detido em Budapeste, onde permitiram que ele trabalhasse na biblioteca da Academia Húngara de Ciências. Ele já tinha começado a meditar sobre o grande enigma de sua época — a causa das eras do gelo — e sua internação deu-lhe a oportunidade de se voltar para o problema com uma dedicação que a vida civil não poderia oferecer. Quando a guerra terminou, ele tinha completado uma monografia sobre alguns dos aspectos do problema, formando uma base sobre a qual fez acréscimos nas décadas seguintes. Em 1941, com o mundo envolvido em outro conflito global, Milutin Milankovitch finalmente publicou seu grande trabalho, *Canon of insolation of the ice-age problem*.

Milankovitch identificou três ciclos principais que impulsionam a variabilidade climática da Terra. O mais longo dos ciclos tem relação com a órbita do planeta em torno do Sol. Talvez surpreenda o fato de a órbita da Terra não descrever um círculo perfeito e sim uma elipse cuja forma muda num ciclo de 100 mil anos, conhecido como excentricidade da Terra. Quando a órbita terrestre é mais elíptica, o planeta é levado para mais perto e para mais longe do Sol, o que significa que a intensidade dos raios solares que chegam à Terra varia consideravelmente ao longo do ano. Atualmente a órbita não é muito elíptica e existe apenas uma diferença de 6% entre os meses de janeiro e julho com relação à radiação que chega à Terra. Nas ocasiões em que a órbita terrestre é mais excêntrica, contudo, essa diferença é de 20% a 30%. Trata-se do único ciclo que altera a quantidade de energia solar que chega à Terra, e assim sua influência é considerável.

O segundo ciclo leva 42 mil anos para completar seu curso, e tem relação com a inclinação do eixo da Terra. Ela varia de 21,8 a 24,4 graus, e determina onde a maior parte da radiação vai cair. No momento, a inclinação axial da Terra está no meio dessa variação. O terceiro e mais curto dos ciclos, que leva 22 mil anos, se relaciona à oscilação da Terra em seu eixo. Ao longo desse ciclo o eixo da Terra deixa de apontar para a estrela Polar e passa a apontar para Vega, o que afeta a intensidade das estações. Quando Vega marca o norte verdadeiro, os invernos são muito frios, e os verões, tórridos.

Mas apenas quando a deriva continental leva grande parte da superfície seca da Terra para junto dos polos é que os ciclos de Milankovitch podem causar eras do gelo. Então, quando os ciclos colaboram, os verões amenos e os invernos gelados fazem com que a neve se acumule nas terras polares, até finalmente criar grandes calotas de gelo.

Mesmo em seus casos mais extremos, os ciclos de Milankovitch trazem uma variação anual de menos de 0,1% na quantidade total de luz solar que chega à Terra. E, no entanto, essa diferença aparentemente trivial pode fazer a temperatura terrestre subir ou descer em cerca de 5°C. Como um estímulo tão pequeno pode produzir uma mudança tão grande ainda é um profundo mistério, mas é certo que os gases do efeito estufa exercem uma função. De fato, os modelos de computador não conseguem simular o início de uma era glacial a menos que o CO_2 atmosférico seja reduzido no hemisfério Sul.[58]

O *Canon* de Milankovitch resolvera o enigma das eras glaciais, mas, por ter sido publicado em sérvio, levou décadas até que o mundo descobrisse seu valor. Quando o trabalho foi traduzido para o inglês, em 1969, os oceanógrafos já tinham começado a perceber, nos sedimentos retirados dos fundos oceânicos profundos, o tipo de impacto que ele previra. Hoje em dia, a obra-prima de Milankovitch é considerada um dos maiores avanços já feitos no estudo do clima.

Com o entendimento dos gases do efeito estufa e dos ciclos de Milankovitch em sua bagagem, os climatologistas começaram a perceber por que o clima da Terra tinha variado com o tempo; e no entanto ainda havia outros fatores a considerar.

O primeiro é a intensidade da radiação emitida pelo Sol. Cerca de dois terços dos raios solares que chegam ao nosso planeta são absorvidos e colocados para trabalhar aqui, enquanto o terço restante é refletido de volta para o espaço. São os raios capturados que impulsionam nosso clima e as variações meteorológicas, assim como a maior parte da vida terrestre. Os indícios de que o Sol não é um globo flamejante invariável são conhecidos há muito tempo. Cerca de 2 mil anos atrás, os astrônomos gregos e chineses escreveram sobre a visão de manchas escuras no Sol, cujas formas e localização mudavam. Em abril de 1612, Galileu, equipado com um dos primeiros telescópios, fez observações detalhadas destas manchas solares, demonstrando que não eram satélites que passavam acima da superfície do Sol, mas se originavam na própria estrela. Acabou acontecendo de a morte de Galileu, em 1642, coincidir com um período extremamente reduzido de atividade das manchas solares, que durou vários séculos, o que pode ter resultado em temperaturas frias na Europa e na perda do interesse pelo fenômeno.

No século XIX, foram retomados os estudos meticulosos das manchas solares e descobriu-se que sua atividade variava num ciclo de 11 anos, assim como num ciclo mais longo de vários séculos. As manchas solares são ligeiramente mais frias do que o resto da superfície do Sol, e no entanto, quando há muitas delas, a Terra parece se aquecer. Acredita-se que a escassez de manchas solares tenha sido responsável pela queda de 40% na temperatura experimentada no chamado Mínimo de Maunder, entre 1645-1715.[63] Durante esse período a temperatura caiu tanto na Europa que o rio Tâmisa e o Inselmeer holandês congelavam regularmente. Mas o papel das manchas solares nessas mudanças ainda é contestado por alguns, e, apesar da coincidência de datas, não se identificou nenhum mecanismo físico que pudesse fazer as manchas solares afetarem a temperatura do nosso planeta.[117]

Nos últimos tempos, os cientistas reconheceram que as variações na radiação solar e nas concentrações dos gases do efeito estufa afetam o clima da Terra de modos fundamentalmente diferentes. Isso porque a radiação solar aquece os níveis superiores da estratosfera através dos raios ultravioleta que são absorvidos pelo ozônio.[78] Os gases do efeito estufa, em contraste, aquecem a troposfera, e a aquecem mais no fundo, onde sua concentração é maior. Atualmente a Terra está experimentando tanto o resfriamento estratosférico (devido ao buraco na camada de ozônio) quanto o aquecimento troposférico (devido ao aumento nos gases do efeito estufa).

Essa descoberta levou a uma reavaliação de algumas mudanças climáticas, das quais a mais famosa é o chamado Período de Aquecimento Medieval. Desde que H. H. Lamb escreveu sobre a cálida Inglaterra de Chaucer, que podia cultivar suas próprias uvas e fabricar o seu próprio vinho, a ideia de que a Terra medieval foi de 1 a 2°C mais quente do que hoje raramente foi questionada.[79] De fato, ela se tornou uma *cause célèbre* entre os céticos da mudança climática, que a usam para afirmar que o aquecimento medieval nada teve a ver com a queima de combustíveis fósseis, a partir daí lançando dúvidas sobre a ligação entre os gases do efeito estufa e o aumento de temperatura. Deixando essa lógica pobre de lado, a aparente discrepância foi resolvida quando se percebeu que o esfriamento estratosférico influencia a circulação na troposfera, portanto aquecendo e esfriando partes da Terra de modo complexo e irregular. Um exame dos registros globais de temperatura (de núcleos de gelo, anéis nas árvores e depósitos em lagos) mostra que, na verdade, a Terra estava levemente mais fria (0,03°C) do que no início e em meados do século XX, o que prova que a ideia de um Período Medieval Quente global não tem fundamento.[78]

Gases do efeito estufa, variações orbitais e manchas solares podem ser imaginados como se estivessem "forçando" mudanças na temperatura do nosso planeta. À medida que começavam a perceber a influência dessas forças, e a olhar no registro geológico para confirmar como agiram no passado, os cientistas descobriam que o registro fóssil é caracterizado por mudanças súbitas de um estado climático constante e duradouro para outro. É como se nosso planeta tivesse reagido aos solavancos ante os fatores que influenciam o clima, e essa série de mudanças violentas afetou hábitats inteiros, da extremidade de um continente para outro, provocando muitas extinções e no entanto mantendo as condições dentro dos limites toleráveis pela vida.

5

OS PORTAIS DO TEMPO

> O registro paleoclimático grita para nós que, longe de ser autoestabilizado, o clima da Terra é uma fera selvagem que reage violentamente à menor cutucada.
>
> Wallace Brocecker, *Cooling the tropics*, 1995.

Estudantes de geologia, intimidados ante a tarefa de memorizar as divisões na escala de tempo geológico, têm recorrido a zombeteiras *aides de memoire.* Uma que os escoceses adoram (e foi lá que começou a geologia moderna) diz "Can Ollie See Down Mike's Pants' Pockets?/ Tom Jones Can./ Tom's Queer". O "C" de Can significando Cambriano, o O de "Ollie" o Ordoviciano, o S em "See" o Siluriano, e assim por diante até a nossa época, o Quaternário. Tendo memorizado essa lista extensa, contudo, os estudantes logo descobrem que aprenderam apenas o básico, pois cada uma das grandes divisões é dividida em períodos, os quais, por sua vez, se dividem em unidades locais. Essas divisões menores de tempo são chamadas de unidades locais porque só são reconhecidas em áreas limitadas. Na América do Norte, por exemplo, os períodos da era Cenozoica são divididos em pequenas unidades locais conhecidas como "eras dos mamíferos terrestres norte-americanos". Embora sejam as menores divisões na escala de tempo, muitas duraram vários milhões de anos.

Se a vida tivesse se desenvolvido num passo uniforme, sem encontrar obstáculos ou períodos de oportunidade excepcional, não teríamos modos fáceis de dividir o tempo geológico. As divisões na escala de tempo geológico podem ser facilmente diferenciadas devido ao que os geólogos chamam de "mudanças na fauna" — épocas em que as espécies aparecem ou desaparecem subitamente. Podemos pensar nesses episódios como "portais do tempo" — ocasiões em que uma era, e frequentemente um tipo de clima, dá lugar a outra.

Existem apenas três agentes poderosos o bastante para abrir um "portal no tempo" — a deriva dos continentes, as colisões cósmicas e as forças alteradoras do clima, como os gases do efeito estufa. Todos agem de formas diferentes, mas impulsionam a evolução usando os mesmos mecanismos — morte e oportunidade.

Os portais do tempo vêm em três "tamanhos" — pequeno, médio e grande. Os menores são as aberturas de fatias de tempo locais e breves, das quais um ótimo exemplo são "as eras dos mamíferos terrestres norte-americanos". Um agente comum desse tipo de portal são as migrações resultantes do contato entre continentes antes separados. E isso acontece quando os continentes esbarram uns nos outros, ou quando pontes de terra se formam devido à elevação ou quedas do nível dos mares, ou quando a Terra se aquece ou esfria, fazendo as plantas e os animais migrarem. Nessas ocasiões, os portais de tempo são marcados pela súbita chegada de novas espécies, e frequentemente pela extinção dos competidores locais.

As divisões de tempo de tamanho médio — as que separam os períodos geológicos — são de escala global, e geralmente resultam de fatores, como os gases do efeito estufa, que também atuam nesse nível global. Nesses casos, o que você lê nas rochas é quase, invariavelmente, uma triste história de extinção seguida pela lenta evolução de novas formas de vida que se adaptam às condições alteradas. As maiores divisões de tempo, entretanto, são as que separam as eras. São ocasiões de agitações maciças, quando até 95% de todas as espécies desaparecem. Nosso planeta experimentou essas extinções maciças em apenas cinco ocasiões anteriores, e as causas foram mistas. A última vez que a Terra foi afetada desse modo foi há 65 milhões de anos, quando todos os seres vivos com mais de 35 quilos e um grande número de espécies

ERA	PERÍODO	ÉPOCA	EVENTO SIGNIFICATIVO	ANOS ATRÁS
				época atual
Cenozoico	Quaternário	Holoceno		8.000
		Pleistoceno	*Primeiros humanos modernos*	1,8 milhão
	Terciário	Plioceno	*Primeiros ancestrais humanos eretos*	5,3 milhões
		Mioceno	*Declínio das florestas tropicais abrangentes*	23,8 milhões
		Oligoceno	*Diversas comunidades de vertebrados*	33,7 milhões
		Eoceno	*Separação final da Austrália da Antártida*	55,5 milhões
		Paleoceno		65 milhões
Mesozoico	Cretáceo		*Primeiras plantas com flores*	145 milhões
	Jurássico		*Primeiros pássaros*	213 milhões
	Triássico		*Primeiros dinossauros*	248 milhões
Paleozoico	Permiano		*Primeiras coníferas, primeiros répteis*	286 milhões
	Carbonífero		*Primeiros anfíbios*	360 milhões
	Devoniano		*Primeiros insetos*	410 milhões
	Siluriano		*Primeiros peixes*	440 milhões
	Ordoviciano		*Invertebrados marinhos*	505 milhões
	Cambriano			544 milhões
Proterozoico				2.500 milhões
Arqueano			*Primeiras formas de vida*	3.800 milhões
Hadeano			*A Terra toma forma*	4.500 milhões

menores desapareceu. Foi quando os dinossauros sumiram e se acredita, amplamente, que a causa tenha sido a colisão de um asteroide com a Terra. E no entanto aquele asteroide devastou apenas uma parte do planeta, principalmente a América do Norte e o nordeste da Ásia. Foi a injeção de materiais na atmosfera, mudando o clima, que causou a grande mortandade global. Portanto, podemos pensar nessa extinção como resultante de mudanças climáticas muito rápidas trazidas pela poluição atmosférica, e o CO_2 teve uma função maior neste evento.

Sabemos disso graças ao trabalho dos paleobotânicos, que têm estudado os estômatos (pequenos orifícios de respiração) em folhas fósseis com 65 milhões de anos de idade. Aquelas que viveram logo depois da extinção têm muito menos orifícios de respiração do que as que viveram antes. Isso acontece porque o dióxido de carbono estava disponível em grande quantidade depois e as plantas precisam de poucos estômatos para obtê-lo. A propósito, os estômatos têm seu custo, porque é através desses orifícios que as plantas perdem vapor de água. Um estudo do número preciso de orifícios de respiração indica que o CO_2 atmosférico subiu a milhares de partes por milhão, provavelmente porque o asteroide colidiu com rochas ricas em calcário, gerando assim um imenso volume de CO_2.[59] Essa injeção instantânea de gás de estufa provocou uma elevação abrupta na temperatura, e as espécies que não podiam enfrentar o aumento de calor (incluindo muitos répteis) sucumbiram.

Seria útil saber se as mudanças passadas no clima da Terra têm semelhanças com as que experimentamos hoje, mas infelizmente, quanto mais profundo escavamos no registro geológico, mais o Velho Pai do Tempo nos confunde, apagando os detalhes. Os paleontólogos interessados nas mudanças climáticas passadas tendem a trabalhar com rochas de 65 milhões de anos de idade, ou menos, e em nenhum outro lugar elas são mais fáceis de encontrar do que no fundo dos oceanos. Duas iniciativas recentes, o Projeto de Perfuração do Mar Profundo e o Programa Oceânico de Perfuração, recuperaram um tesouro de informações do lodo e do cascalho que se acumulam no fundo do mar. Os cientistas vêm descobrindo que inumeráveis minirregistros de temperatura, salinidade e outras condições ambientais ficam enterrados na extensão vertical de um quilômetro ou mais das rochas portadoras de fósseis perfuradas pelas brocas. E, se você souber como ler esses registros, poderá reproduzir a história climática do nosso planeta que eles guardam como o rolo de uma pianola. E, como no caso da pianola, os ritmos e melodias mais cativantes surgem quando a informação dos núcleos é alimentada nas máquinas certas.

Os mais importantes entre esses registros são os isótopos do oxigênio e do carbono. Isótopos são átomos com menos ou mais nêutrons. O oxigênio tem dois isótopos estáveis, o ^{16}O e ^{18}O. Quase 99,8% de todo o oxigênio da Terra é ^{16}O. O ^{18}O mais raro tem dois nêutrons extras, que o tornam mais pesado e com menos probabilidade de evaporar. Quando os oceanos estão quentes, um bocado de ^{16}O evapora, deixando a água oceânica relativamente rica em ^{18}O. E, como os organismos marinhos usam o CO_2 para construir suas conchas, os cientistas podem analisar a proporção de ^{16}O — ^{18}O, determinando assim as temperaturas no passado. As coisas ficam mais difíceis de interpretar durante as eras do gelo, porque então as geleiras aprisionam o ^{16}O evaporado no gelo dos polos, o que interfere nas proporções. Isso significa que, de maneira a medir com precisão as temperaturas no passado, os geoquímicos precisam saber se suas amostras são provenientes de uma era do gelo ou não.

Dois isótopos do carbono — ^{12}C e ^{13}C — também podem ser rastreados, e eles explicam a circulação oceânica. Para as plantas, é mais fácil usar os isótopos mais leves (^{12}C) quando elas convertem a luz solar e o CO_2 em alimento, e assim as florescências de plâncton sugam grande quantidade de ^{12}C para os oceanos. Se estes oceanos forem estratificados (como hoje em dia) com camadas de água aquecida no topo e água gelada no fundo, a água não pode circular, e à medida que o plâncton morre e afunda carrega com ele o ^{12}C, tornando as camadas superficiais relativamente ricas em ^{13}C. Mas, nos lugares onde a água oceânica fria brota das profundezas, ela carrega o ^{12}C com ela. Assim, quando o oceano era menos estratificado do que hoje, havia um bocado de ^{12}C nos esqueletos das espécies que vivem na superfície. Outros indicadores do clima passado incluem a presença de espécies tropicais, anéis de crescimento nos corais e assim por diante. E entre esses indicadores e os estudos isotópicos pode ser montado um registro meticulosamente detalhado.

Em 2001, James Zachos, da Universidade da Califórnia em Santa Cruz, e seus colegas tentaram uma grande e ambiciosa síntese.[19] Usando todas as técnicas aplicáveis, eles analisaram amostras dos fundos oceânicos do mundo inteiro numa tentativa de contar a história do nosso clima durante os últimos 65 milhões de anos. O estudo anunciou o triunfo de Milankovitch, porque a maioria das tendências climáticas que Zachos e seus colegas observaram tinham sido impulsionadas pelos seus ciclos, ainda que a abertura e o fechamento de passagens oceânicas e o erguimento das montanhas também exercessem uma influência considerável. Esses fatores cosmológicos e geológicos, contudo, não conseguiam explicar três mudanças, que eles batizaram de aberrações climáticas.

Essas aberrações ocorreram há 55, 34 e 23 milhões de anos e marcam grandes fronteiras geológicas — o Paleoceno-Eoceno, o Eoceno-Oligoceno e o Oligoceno-Mioceno. E, como as duas últimas fronteiras foram épocas de resfriamento abrupto (nos quais as geleiras avançaram durante 400 mil e 200 mil anos, respectivamente) e foram marcadas por níveis baixos e declinantes dos gases do efeito estufa, elas têm menos relevância para a nossa situação atual e não serão mais discutidas.

Porém, a mais antiga das aberrações climáticas, há 55 milhões de anos, é mais relevante para nossa situação contemporânea, pois marca uma época em que a superfície da Terra esquentou abruptamente em cerca de 5 a 10°C. Até novembro de 2003, tínhamos pouco conhecimento detalhado desse evento, porque os metros críticos de sedimento que o registraram pareciam ausentes do registro sedimentar. Então, o Programa de Perfuração Oceânica recuperou três núcleos da cordilheira Chatski (32° N 158° E), uma cadeia de montanhas submarinas que se estende a 2 quilômetros de profundidade no norte do Pacífico. Duzentos metros abaixo do fundo oceânico, a perfuratriz encontrou uma camada de lodo de 25 centímetros de espessura, e sua análise revelou uma história assombrosa.

A primeira coisa que os pesquisadores notaram foi que a camada estava em cima de uma seção de fundo oceânico que fora corroída por ácido, uma prova poderosa de que os oceanos tinham ficado acidificados. É uma tendência que podemos observar hoje em dia e que ocorre quando o CO_2 é absorvido pela água do mar em grandes quantidades. Não surpreende que a vida nas profundezas do mar tenha sido afetada de modo acentuado. Os foraminíferos são pequenas criaturas marinhas que desempenham um papel importante na cadeia alimentar oceânica. E, como suas conchas se fossilizam muito bem e são prontamente identificadas, frequentemente fornecem a melhor indicação para explicar como a mudança climática afetou os ecossistemas. As comparações entre foraminíferos acima e abaixo da camada destruída pelo ácido revelam que ocorreram extinções maciças nas profundezas do mar. Parece provável que o ecossistema inteiro do mar profundo tenha sofrido um choque severo, desde as minúsculas espécies na base da cadeia alimentar até os estranhos peixes do mar profundo e os tubarões e lulas que estão no topo. As camadas superficiais do oceano também foram afetadas, como é mostrado pela chegada de novos tipos de foraminíferos para habitar as costas e o mar aberto.

Em terra, há indícios de mudanças abruptas na queda das chuvas durante esses períodos e do desenvolvimento de um padrão de precipitação semelhante ao que vemos, hoje em dia, na bacia amazônica, onde a transpiração do vapor de água das plantas é a principal fonte de chuva.[113] Mas o que realmente marcou essa época e mudou para sempre a vida na Terra foi uma série de migrações nas quais a fauna e a flora da Ásia espalharam-se pela América do Norte e a Europa, estabelecendo-se e levando à extinção muitas das antigas criaturas que ainda existiam nesses lugares.

Há 55 milhões de anos a América do Norte, a Ásia e a Europa estavam todas interligadas (ou quase ligadas) por pontes de terra firme que se estendiam pelo Círculo Ártico, e o aquecimento abrupto tornou essas rotas de migração brevemente acessíveis a muitas espécies que adoravam o calor. E um dos fatos mais notáveis sobre essas mudanças é que estas aconteceram muito rapidamente: o aquecimento parece ter ocorrido num período de décadas ou séculos. Assim, qual foi a causa? Em 2004 foi revelado que, naquela época, a quantidade atordoante de 1.500 a 3 mil gigatoneladas de carbono fora injetada na atmosfera.

De uma perspectiva geológica, a liberação aconteceu "instantaneamente", significando que foi tão rápida que sua duração não pode ser medida nos sedimentos. Talvez tenha ocorrido ao longo de décadas ou anos, durante os quais a concentração de CO_2 na atmosfera subiu de, em torno de 500 partes por milhão (duas vezes a concentração dos últimos 10 mil anos) para em torno de 2 mil partes por milhão.

Cientistas noruegueses identificaram recentemente uma estrutura que aponta para o local de onde veio o gás.[194] Eles perceberam que sedimentos de 55 milhões de anos de idade no centro e no norte do Atlântico não contêm nenhum carbonato, indicando que a acidificação dos oceanos foi muito mais severa por lá do que em outros locais e sugerindo que o gás pode ter se originado das imediações. Examinando dados sísmicos do fundo oceânico, próximo à Noruega, eles detectaram várias estruturas semelhantes a crateras, com até 100 quilômetros de largura, que se estendem das profundezas do interior da Terra até as camadas superficiais de sedimentos que existiam há 55 milhões de anos. E, na base dessas estruturas, encontram-se estreitas faixas de rocha vulcânica que fora espremida através da crosta terrestre.

Juntando as peças do quebra-cabeça, os noruegueses acreditam que a mudança climática de 55 milhões de anos atrás foi impulsionada por algo como um enorme churrasco no gás natural. O combustível para o evento encontrava-se em uma das maiores acumulações de hidrocarbonetos — principalmente na forma de gás metano — de que já ouvimos falar. Embora consistisse principalmente em combustível fóssil enterrado nos sedimentos, ele também podia conter uma substância gelada, rica em metano, conhecida como clatratos, ainda abundante nas profundezas do mar. O combustível, contudo, não tem utilidade sem uma fonte de ignição, e aquelas longas fitas de magma forneceram a centelha. Podemos imaginar a crosta da Terra se rachando à medida que aquelas línguas de rocha derretida abriam caminho em direção ao combustível. Muito provavelmente ele não queimou, mas se aqueceu e expandiu, forçando a passagem rapidamente para a superfície. Quando chegou no fundo do mar, deve ter acontecido uma grande explosão submarina, uma explosão como o mundo jamais viu.[186] A maior parte do metano, contudo, não chegou à atmosfera. Ele se combinou com o oxigênio da água do mar (foi "queimado"), deixando apenas o CO_2 para chegar à superfície. Com o mar profundo desprovido de oxigênio, a vida deve ter agonizado. Então, quando o CO_2 tornou as profundezas ácidas, uma infinidade de criaturas, a maioria das quais jamais conheceremos, foi levada à extinção. De fato existem indícios crescentes de que muitas das criaturas do alto-mar que estão conosco hoje em dia evoluíram depois dessa época.[193]

Como essas descobertas são recentes, os detalhes ainda estão sendo debatidos. Pode ser que as aberturas no mar da Noruega tenham liberado apenas uma parte do gás que cozinhou nosso planeta, e que um processo de retroalimentação positiva tenha provocado a liberação de mais gás dos clatratos de outras regiões à medida que os oceanos esquentavam, provocando o desastre térmico. Qualquer que tenha sido a causa, levou no mínimo 20 mil anos para a Terra reabsorver todo o carbono adicional, que aparentemente foi sugado por uma multiplicação do plâncton superficial.

E, como a extinção de 55 milhões de anos atrás foi provocada por um rápido aumento nos gases do efeito estufa, ela oferece a melhor analogia para a nossa situação atual. E no entanto existem diferenças consideráveis que significam que os eventos que nós e nossos filhos iremos experimentar não serão uma simples reprise daquela era passada. O fato mais importante é que a Terra agora está em uma fase de "geladeira" há milhões de anos, enquanto há 55 milhões de anos ela já estava muito quente, com níveis de CO_2 duas vezes maiores que os atuais. Não existiam calotas polares então, e provavelmente poucas espécies adaptadas ao frio — certamente não existia nada como o narval ou o urso-polar. Nem é provável que esse mundo mais quente tivesse as maravilhosas camadas estratificadas de vida que encontramos hoje em dia nas montanhas ou nas profundezas do mar. Assim, nossa Terra moderna está na situação de perder muito mais com o aquecimento rápido do que o mundo de 55 milhões de anos atrás. Naquela época, o aquecimento encerrou um período geológico, enquanto nós, através de nossas atividades, podemos trazer o fim de uma era inteira.

6

NASCIDO NO FRIO EXTREMO

> Quando o manto gelado aos poucos cobriu grande parte do hemisfério Norte, a maior parte da vida animal deve ter sido empurrada para o Sul, causando uma grande luta pela existência que levou ao extermínio de muitas formas, e a migração de outras para novas áreas. Mas tais efeitos devem ter sido multiplicados e intensificados se, como temos boas razões para acreditar, a época glacial [...] consistiu em duas ou mais alternâncias de períodos quentes e frios.
>
> Alfred Russel Wallace, *Man's place in the universe*, 1903.

Nós, seres humanos, somos, como sugere o nosso nome científico *Homo sapiens*, as "criaturas pensantes" e, na grande complexidade da vida, chegamos bem recentemente. O período em que nossa espécie nasceu é chamado de Pleistoceno, o que significa a época mais recente. A era do gelo na qual evoluímos cobre os últimos 2,4 milhões de anos, e, devido a sua juventude, muitas das evidências ainda estão frescas. Os primeiros representantes da nossa espécie — modernos em cada aspecto físico e mental — caminharam pela Terra por volta de 150 mil anos atrás, na África, e lá os arqueólogos encontraram ossos, ferramentas e restos de antigas refeições. Eles tinham evoluído de ancestrais de cérebros pequenos conhecidos como *Homo erectus*, que viveram por 2 milhões de anos. A força propulsora que transformou alguns "deles" em alguns de "nós" talvez tenha sido a oportunidade oferecida pelas praias férteis dos lagos da grande fossa africana, ou talvez a riqueza de alimento da corrente das Agulhas, que percorre as praias do sul do continente. Em tais lugares, novos alimentos e desafios podem ter favorecido o uso de ferramentas especializadas e selecionado a favor da alta inteligência. Seja qual for o ambiente desses nossos ancestrais distantes, era muito diferente daquele onde vivemos hoje, pois seu mundo era dominado por um clima de geladeira no qual o destino de todas as coisas vivas era determinado pelos ciclos de Milankovitch. Sempre que eles conspiravam para expandir o mundo gelado dos polos, os ventos frios sopravam em todo o planeta, as temperaturas despencavam, lagos secavam ou se enchiam, correntes marinhas cheias de alimento fluíam ou desapareciam e a vegetação e os animais realizavam migrações através dos continentes.

A herança genética estabelecida nesse mundo de gelo ainda está conosco. Uma grande redução na diversidade dos genes, por exemplo, nos fala de uma época, há 100 mil anos, quando nós, seres humanos, fomos tão raros quanto os gorilas hoje em dia. Podíamos facilmente ter desaparecido, pois 2 mil adultos férteis foi tudo o que restou entre nós, e o esquecimento eterno da extinção. Mas logo depois os grandes ciclos celestiais se alteraram de maneiras que favoreciam a nossa espécie e, há 60 mil anos, pequenos bandos de seres humanos atravessaram o Sinai e foram para a Europa e a Ásia. Há 46 mil anos eles tinham alcançado a ilha continental da Austrália, e, há 13 mil anos, quando o gelo recuou pela última vez, eles descobriram as Américas. Agora existiam milhões da nossa espécie no planeta, e os grupos avançavam da Tasmânia até o Alasca. E no entanto, durante milhares de anos, essas pessoas inteligentes, que eram como nós nos aspectos físico e mental, permaneceram sendo nada mais que caçadores e coletores. Levando em consideração nossas grandes realizações durante os últimos 10 mil anos, esse longo período de estagnação é um enigma. De modo a entendê-lo, precisamos investigar o clima que gerou a nossa espécie; assim, vamos retornar à era do gelo e ao trabalho daqueles especialistas que dedicaram suas vidas a descobrir seus segredos.

Como já observamos, os sedimentos da Terra estão cheios de registros do clima e, quanto mais nos aproximamos de nossa época, mais informações eles fornecem. Na melhor das hipóteses, fornecem um registro anual das mudanças que inclui informações sobre a direção e a velocidade dos ventos, a química da atmosfera, a extensão e o tipo da cobertura vegetal, a natureza das estações e a composição e temperatura dos oceanos — em resumo, o estado em que a Terra se encontrava, por exemplo, há 5.120 anos.

Uma das melhores fontes de informação sobre o clima é evidente para todos, em sua forma mais simples. Olhe para um pedaço de madeira e você poderá ver, escrita em sua fina textura e nos anéis de crescimento, a história de como andavam as coisas quando aquela árvore viveu. Anéis bem espaçados falam de estações quentes e boas para o crescimento, quando o Sol brilhou e a chuva caiu na ocasião certa. Anéis comprimidos, registrando pouco crescimento da árvore, contam uma história de adversidade, quando invernos longos e frios e verões assolados pela seca testaram a vida até os seus limites.

O ser vivo mais antigo de nosso planeta é um pinheiro aristado que cresce a mais de 3 mil metros de altura nas montanhas Brancas da Califórnia. Com mais de 4.600 anos de idade, ele cresce no bosque de Matusalém junto com muitos outros espécimes bem antigos. Sua localização precisa é um segredo bem guardado, porque a árvore, vulnerável a perturbações, vem morrendo lentamente nos últimos 2 mil anos. Dentro de seu tronco, essa árvore única guarda um registro detalhado, ano a ano, das condições climáticas na Califórnia. Iguale o padrão do núcleo da árvore de Matusalém com a casca de um toco morto próximo e você poderá mergulhar no tempo até uma profundidade de 10 mil anos. Registros de anéis de árvores desse comprimento foram agora obtidos em ambos os hemisférios, e existe até esperança de que os grandes pinheiros *kauri*, da Nova Zelândia, cuja madeira pode resistir nos pântanos durante milênios, forneçam um registro abrangendo 60 mil anos de mudanças climáticas.

Mas, com toda a sua conveniência e profundidade, o registro climático das árvores é relativamente limitado no que pode nos revelar. Se você quiser um registro realmente detalhado, terá que se voltar para o gelo. Mas ele só revela seus segredos em lugares muito especiais. Um desses é a geleira

Quelccaya, nas altas montanhas do Peru. Lá, o gelo se dispõe num padrão anual de faixas, as precipitações de neve de cada ano sendo separadas por uma faixa de poeira escura que foi soprada dos desertos abaixo durante a estação seca do inverno. Três metros de neve podem cair em Quelccaya num verão, e as precipitações das estações seguintes a comprimem, transformando-a primeiro em neve granulosa e depois em gelo. No processo, bolhas de ar ficam aprisionadas e agem como minúsculos arquivos, documentando as condições da atmosfera. Os cientistas australianos foram pioneiros nas técnicas que permitem que os níveis de metano, óxido nitroso e CO_2 sejam obtidos dessas bolhas, e cada um desses níveis revela sua própria história sobre as condições passadas da biosfera. Mesmo a poeira tem informação, pois revela a força e a direção dos ventos e as condições abaixo da calota polar. E os isótopos de oxigênio no gelo podem fornecer pistas sobre o estado dos oceanos e das distantes calotas polares.

As geleiras da Groenlândia e da Antártida fornecem os núcleos mais compridos, mas, como o gelo flui, as camadas mais antigas estão geralmente comprimidas e suas faixas anuais foram alteradas. Mas, se as circunstâncias forem ideais, registros verdadeiramente espetaculares podem ser obtidos. Na década de 1990, equipes de pesquisadores da Europa e dos Estados Unidos foram enviadas para retirar amostras de gelo do planalto gelado da Groenlândia. Eles não conseguiram chegar a um acordo sobre seus planos, assim instalaram duas perfuratrizes, a uma distância uma da outra suficiente para garantir que qualquer mudança que detectassem era real e não uma anomalia localizada. A equipe europeia, perfurando mais ao norte, teve muita sorte, pois seu núcleo de gelo se encontrava em cima de rochas graníticas, cuja radioatividade gerava um calor considerável. Isso derreteu as camadas mais inferiores do gelo, evitando a distorção das camadas acima, preservando, portanto, um registro climático detalhado que recua até 123 mil anos. Usando esse registro único, a equipe conseguiu mostrar que mudanças espetaculares no clima do Atlântico Norte ocorreram durante apenas cinco camadas anuais de gelo, e que há 115 mil anos a Groenlândia passara por uma fase quente até então desconhecida e que não foi igualada na Antártida.[183]

Em junho de 2004, quando colunas de gelo com 3 quilômetros de comprimento foram retiradas de uma região da Antártida conhecida como Domo C (cerca de 500 quilômetros da base russa Vostok), resultados ainda mais espetaculares foram obtidos. A retirada de uma coluna de gelo tão comprida deve ser considerada um dos maiores triunfos da ciência, pois perfurar através do gelo é muito mais perigoso do que se imagina. O local da perfuração é terrivelmente frio: -50°C no início da estação de perfuração e -25°C no meio do verão antártico. A perfuratriz tem 10 centímetros de espessura e, à medida que abre caminho para baixo, uma delgada coluna de gelo vai sendo separada e empurrada para a superfície. Os primeiros quilômetros foram especialmente difíceis, pois ali o gelo é cheio de bolhas de ar e, conforme a coluna de gelo vai sendo puxada para a superfície, essas bolhas tendem a despressurizar, espatifando o gelo em lascas imprestáveis. E, o que é pior, as lascas podem entupir a cabeça da perfuratriz, emperrando-a rapidamente. No verão de 1998-9, a cabeça de uma perfuratriz ficou presa a mais de 1 quilômetro abaixo da superfície, deixando a equipe sem outra opção senão abandonar a perfuração e começar tudo de novo. Dessa vez, à medida que perfuravam os 3 quilômetros até o fundo, eles paravam depois de cada metro ou dois para trazer os preciosos núcleos de gelo para a superfície.

À proporção que a equipe ultrapassava o ponto atingido pela perfuração anterior, o entusiasmo era palpável.[195] "Sabíamos que estávamos obtendo material que nunca fora visto antes", disse um membro da equipe, e cada quilômetro conquistado era celebrado com um champanhe especialmente aquecido. Então, quando estava quase atingindo o leito rochoso, surgiu outro problema. O calor das rochas abaixo estava derretendo o gelo, ameaçando emperrar de novo a perfuratriz. Os 100 metros finais foram perfurados no final de 2004, usando uma cabeça de perfuratriz improvisada, uma bolsa de plástico cheia de etanol (para derreter o gelo suavemente, abrindo caminho para baixo).

Os núcleos de gelo do Domo C nos permitem recuar 740 mil anos no tempo, e, como as últimas centenas de metros ainda não foram datadas, existe a possibilidade de que um registro mais longo seja obtido.[16] Isso é um avanço enorme, pois nos permite vislumbrar como eram as condições por volta de 430 mil anos atrás — na última vez em que os ciclos de Milankovitch colocaram a Terra em uma posição semelhante à que ocupa hoje. O gelo revela que naquela época o período quente (interglacial) foi excepcionalmente longo, sugerindo que nosso planeta pode ter experimentado condições amenas por mais 13 mil anos.[16]

Fases de calor — mesmo as mais curtas do que a atual — foram contudo anomalias durante a era do gelo. Os períodos frios são mais típicos, incluindo a chamada máxima glacial, quando o domínio do gelo foi maior. A última vez que isso aconteceu foi entre 35 mil e 20 mil anos atrás. Naquela época, o nível do mar era 100 metros mais baixo do que hoje, alterando a forma dos continentes. As partes mais densamente habitadas da América do Norte e da Europa encontravam-se debaixo de quilômetros de gelo. Até mesmo as regiões ao sul da calota polar, como a França central, eram desertos subárticos sem árvores, e sua temporada de crescimento de sessenta dias alternava ventos congelantes vindos do norte com alguns períodos de calmaria, quando uma névoa sufocante de poeira glacial enchia o ar.

Diz-se com frequência que as prioridades em uma agenda são determinadas pelo tamanho da coisa e a rapidez com que se move, e no final da era do gelo as mudanças eram grandes e muito rápidas. Assim, não surpreende que os climatologistas estejam especialmente interessados num período em torno de 20 mil a 10 mil anos atrás — quando a máxima glacial começou a enfraquecer —, pois durante aqueles dez milênios a temperatura média superficial da Terra subiu 5°C — a elevação mais rápida registrada nos primórdios da história da Terra.

Vale a pena comparar a taxa e a escala da mudança durante esse período com o que se prevê que vai acontecer neste século se não reduzirmos nossas emissões de gases do efeito estufa. Se continuarmos como estamos, um aumento de 3°C (subtraia ou some 2°C) durante o século XXI parece inevitável.[189] Embora a escala da mudança seja muito menor do que a vista no final da última máxima glacial, o aquecimento mais rápido registrado naquela época foi de 1°C por milênio.[192] Hoje em dia enfrentamos uma taxa trinta vezes mais rápida — e como os seres vivos precisam de tempo para se ajustar, a velocidade é tão importante quanto a escala no que se refere à mudança climática.

Apesar do foco dos cientistas nesse período, os detalhes de como o mundo mudou da máxima glacial para o calor interglacial têm sido obtidos lentamente. Em 2000, a análise de um núcleo do golfo Bonaparte, no noroeste tropical da Austrália, revelou que há 19 mil anos, durante um período de apenas cem a quinhentos anos, o nível dos mares subiu abruptamente em cerca de 10 a 15 metros, o que indica que o aquecimento começara muito antes do que se imaginava.[83] Devido às dificuldades na datação dos sedimentos, essa descoberta foi encarada inicialmente com suspeita, mas, em 2004, um segundo estudo na bacia do mar da Irlanda mostrou uma elevação semelhante, porém mais bem datada.[84] O fato de o mundo não ter continuado a aquecer em consequência disso era intrigante, mas, quando a causa imediata da elevação do mar foi identificada, o motivo ficou claro. A água, descobriu-se, viera do colapso da calota polar do hemisfério Norte, que derramou algo entre um quarto e dois *sverdrups* de água doce no Atlântico Norte. A escala das correntes oceânicas é medida em *sverdrups*, nome que homenageia o oceanógrafo norueguês Hans Ulrich Sverdrup. Um *sverdrup* é um fluxo de água muito grande — 1 milhão de metros cúbicos de água por segundo por quilômetro quadrado — e, ao romper a corrente do Golfo, esse fluxo teve consequências profundas.

A corrente do Golfo transporta uma vasta quantidade de calor para o norte, proveniente da região próxima do equador — um terço do calor que o Sol traz para a Europa Ocidental, e esse calor vem em uma corrente de água salgada e aquecida. À medida que libera seu calor, a água afunda, porque, sendo salgada, é mais pesada do que a água ao seu redor, e esse afundamento traz mais água salgada e morna para o norte. Mas, se a salinidade da corrente do Golfo for diluída com água doce, ela não afunda enquanto esfria e não puxa mais água morna para o norte no seu rastro.

A corrente do Golfo já parou de fluir no passado. Sem o calor que ela traz, as geleiras começam a crescer de novo. E, à medida que sua superfície branca reflete o calor do Sol de volta para o espaço, a terra esfria. Animais e plantas emigram ou morrem, e as regiões temperadas como a França central mergulham num frio siberiano. O calor, contudo, não desaparece. A maior parte se acumula em torno do equador e no hemisfério Sul, onde pode causar o derretimento das geleiras do sul, de modo que os raios do Sol passam a incidir sobre a superfície escura do mar no lugar do gelo, sendo absorvidos. Isso esquenta o mundo de baixo para cima e, com a corrente do Golfo se restabelecendo, cortesia do gelo crescente no norte, o mundo entra em outro ciclo de aquecimento.

Algo em torno de dois *sverdrups* de água doce são necessários para retardar significativamente a corrente do Golfo, e o registro geológico confirma que isso aconteceu repetidamente entre 20 mil e 80 mil anos atrás. Assim, a transição da era do gelo para o calor atual não foi um passeio tranquilo e sim uma louca corrida na montanha-russa, cujos pontos altos e baixos foram tão abruptos quanto os dentes de uma serra.

Um dos mais famosos e bem estudados desses picos é o jovem Dryas, nome de uma flor alpina cujo pólen começou a aparecer nos lugares mais inesperados em consequência de um esfriamento bem documentado. O congelamento súbito começou há 12.700 anos, depois que o aquecimento provocou o colapso de um enorme lago de água derretida, represada pelo gelo, e o direcionamento do fluxo de água doce através do continente norte-americano — do Mississippi ao St. Lawrence. Esse grande esfriamento durou mil anos e fez com que grande parte da Europa mergulhasse nas condições de uma era de gelo, deixando muitas áreas do continente inabitáveis. Outro resfriamento ocorreu há 8.200 anos e fez com que as temperaturas na Groenlândia caíssem cerca de 5°C durante duzentos anos. E, como no caso do jovem Dryas, a ruptura de um bloco de gelo parece novamente ter sido responsável, com o fluxo dessa vez sendo dirigido para a baía de Hudson.[85]

Enquanto provocavam alternadamente o derretimento dos hemisférios Norte e Sul, as loucas oscilações levavam a Terra, aos solavancos e no entanto inexoravelmente, para o estado atual. E então essa loucura climática foi substituída pela mais serena calma. Foi como se, nas palavras do arqueólogo

Brian Fagan (professor emérito da Universidade da Califórnia em Santa Bárbara), um longo verão tivesse chegado, cujo calor e estabilidade o mundo não via fazia meio milhão de anos.[218]

E, como resultado disso, em todo o mundo as pessoas que até então se abrigavam em cabanas, vivendo da coleta, começaram a cultivar plantações, a domesticar os animais e a viver em cidades. É difícil evitar a impressão de que o clima hostil da era do gelo e sua transição selvagem para o interglacial vinham sufocando esse grande fluxo de criatividade e complexidade.[184] De fato, pesquisadores da Universidade da Califórnia, em Davis, afirmaram recentemente que até 10 mil anos atrás o frio extremo e os baixos níveis de CO_2, junto com a grande variabilidade climática, tornavam impossível o cultivo agrícola.[17] Então as coisas mudaram e só agora conseguimos determinar as causas de nossa boa sorte. Assim, vamos nos voltar para esse longo verão de dez milênios e para a mudança revolucionária que está acontecendo na compreensão de suas origens.

7

A FORMAÇÃO DO LONGO VERÃO

Onde a abelha suga, eu sugo também
No sino de uma prímula me deito
E lá descanso quando as corujas cantam
Voo nas costas de um morcego
Depois do verão alegre
Alegre, alegre eu viverei agora
Sob as flores suspensas no ramo

William Shakespeare, *A tempestade*.

O longo verão dos últimos 8 mil anos foi sem dúvida um evento crucial na história humana. Embora a agricultura tenha começado mais cedo (em torno de 10.500 anos atrás no Crescente Fértil), foi durante esse período que adquirimos nossas principais colheitas e animais domésticos, surgiram as primeiras cidades, as primeiras valas de irrigação foram escavadas, as primeiras palavras foram escritas e as primeiras moedas, cunhadas. E essas mudanças aconteceram não uma vez, mas várias vezes em partes diferentes do mundo. Antes de o longo verão completar 5 mil anos, cidades tinham brotado na Ásia Ocidental, na Ásia Oriental, na África e na América Central, e suas semelhanças são espantosas. A despeito de terem sido construídos por egípcios, maias ou chineses, os templos, casas e fortificações são facilmente identificáveis. É como se a mente humana tivesse abrigado um gabarito para a construção de uma cidade o tempo todo, e estivesse apenas esperando que as condições adequadas se manifestassem. Esses povoados humanos eram governados por uma elite que dependia dos artesãos. Em algumas sociedades a escrita se desenvolveu e, mesmo nas mais antigas dessas anotações — nos tabletes de barro da antiga Mesopotâmia —, reconhecemos a vida como é vivida em uma grande metrópole.

Até muito recentemente se pensava que esse longo verão tinha resultado de uma casualidade cósmica: os ciclos de Milankovitch, o Sol e a Terra estavam na "condição certa" para criar um período de calor e estabilidade de duração sem precedentes. E essa extraordinária casualidade é algo que fica evidente quando a comparamos com os quatro períodos de calor anteriores. Em cada caso não vemos estabilidade e sim um longo e instável resfriamento até se chegar ao ponto em que a Terra mergulha em outra temporada fria.

Bill Ruddiman, cientista do meio ambiente na Universidade da Virgínia, não encontrou nada nos ciclos naturais que pudesse ser responsável pela estabilidade do nosso longo verão, então começou a procurar por um fator único — algo que estivesse agindo apenas nesse último ciclo e em nenhum dos anteriores. Esse fator único, concluiu, somos nós, e ao chegar a essa conclusão ele revolucionou outro desenvolvimento recente — a criação de um período geológico próprio para nossa época pós-industrial.

Foi o prêmio Nobel Paul Crutzen (premiado por sua pesquisa sobre o buraco do ozônio) e seus colegas que primeiro reconheceram e deram um nome a esse evento geológico significativo. Eles o chamaram de Antropoceno — que significa a era da humanidade — e marcaram seu início em 1800 d.C., quando o metano e o CO_2 fermentados pelas gigantescas máquinas da Revolução Industrial começaram a afetar o clima da Terra pela primeira vez.[15] Ruddiman acrescentou uma reviravolta engenhosa nesse argumento, pois detectou o que acredita ser influência humana no clima da Terra acontecendo bem antes de 1800.

Mapeando os níveis de dois gases críticos do efeito estufa — metano e CO_2 — nas bolhas de ar aprisionadas nas calotas polares da Groenlândia e da Antártida, Ruddiman descobriu uma anomalia. O gelo revela que até por volta de 8 mil anos atrás o volume de metano na atmosfera era controlado principalmente pelo ciclo de Milankovitch para a insolação, de 23 mil anos de duração. Isso faz sentido, porque o metano é produzido em grande volume pelos pântanos, pois épocas de calor e umidade (quando os pântanos se tornam abundantes) produzem mais metano que as épocas secas e frias.

Durante o último ciclo de insolação, que começou há 8 mil anos, os mecanismos de Milankovitch perderam o controle sobre as emissões de metano. Se o ciclo solar continuasse a controlá-las, o metano teria começado a declinar por volta de 8 mil anos atrás e passado a declinar rapidamente há 5 mil anos. No lugar disso, depois de dar um mergulho raso que culminou há 5 mil anos, as concentrações de metano começaram a mostrar um crescimento lento mas enfático. Isso, argumenta Ruddiman, é indício de que o homem tinha tomado da natureza o controle das emissões de metano, e assim deveríamos marcar a aurora do Antropoceno há 8 mil anos e não há duzentos anos.

Foi o princípio da agricultura — particularmente a agricultura úmida, como a que é praticada no cultivo do arroz em terraços alagados do leste da Ásia — que fez pender a balança, porque essas técnicas agrícolas podem ser prodigiosas produtoras desse gás. Mas é justo notar que fazendeiros que cultivavam outros produtos, que também exigem condições pantanosas, faziam suas próprias contribuições nessa época. A agricultura do taro (que envolve a criação e a manutenção de estruturas para o controle da água), por exemplo, já estava em pleno uso na Nova Guiné há 8 mil anos. Até mesmo os caçadores e coletores podem ter desempenhado uma função. Ilustrativa de sua influência é a construção de açudes que transformaram vastas áreas do sudeste da Austrália em pântanos sazonais. Essas estruturas talvez tenham sido as mais extensas criadas por um povo não agrícola e eram usadas para regular os pântanos para a criação de enguias. Colhidas em massa nas grandes reuniões das tribos as enguias eram secas e defumadas para serem comercializadas a grandes distâncias.[219]

Ruddiman também encontrou indícios nas bolhas do gelo de que as concentrações de CO_2 na atmosfera estavam sendo influenciadas por seres humanos muito antes do que se imaginava. O padrão das concentrações de CO_2 durante os ciclos glaciais é bem conhecido. Basicamente, os níveis de CO_2

aumentam rapidamente, quando a era do gelo termina, e então iniciam um lento declínio em direção ao próximo período de frio. Nos últimos 8 mil anos, o CO_2 atmosférico subiu de cerca de 160 partes por milhão até o cume pré-industrial de 280 partes por milhão. Ruddiman afirma que, se os ciclos naturais ainda estivessem controlando a produção de CO_2, o nível deveria ter ficado em torno de 240 partes por milhão por volta de 1800. À primeira vista esse argumento parece frágil. Afinal, o homem primitivo precisaria ter emitido o dobro do carbono produzido pela nossa era industrial entre 1850 e 1990 — uma produção que se tornou possível devido a uma população sem precedentes fazendo uso de máquinas que queimam carvão. A chave, diz Ruddiman, é o tempo. Oito mil anos, pelo menos em termos humanos, é bastante tempo, e à medida que a humanidade cortava e queimava as florestas por todo o mundo, sua atividade era como uma mão lançando penas sobre um prato de balança. Por fim, se acumularam penas suficientes para fazer pender a balança. E assim, defende Ruddiman, foi criado o Antropoceno.

Tão delicada foi a estabilidade climática criada pela humanidade nos últimos 8 mil anos, argumenta Ruddiman, que ela ainda era vulnerável aos grandes ciclos de Milankovitch; e o arqueólogo Brian Fagan afirma que esses ciclos podem ser amplificados para terem impactos verdadeiramente monumentais sobre a sociedade humana. Considere a ligeira mudança na órbita da Terra entre 10.000 e 4.000 a.C. que aumentou entre 7% e 8% a quantidade de luz solar no hemisfério Norte. Isso aumentou a precipitação de chuva na Mesopotâmia de 25% para 30%, alterando de modo marcante a relação entre a chuva e a evaporação, e aumentando em sete vezes a umidade disponível para as plantas. O que outrora fora um deserto tornou-se uma planície verdejante que mantinha densas comunidades de fazendeiros. Contudo, depois de 3.800 a.C. a órbita da Terra reverteu ao seu antigo padrão e a chuva diminuiu, forçando muitos fazendeiros a abandonar seus campos e partir em busca de comida.[218]

O interesse especial de Brian Fagan é o clima e as civilizações passadas. Ele acredita que os retirantes impulsionados pela fome encontraram refúgio em alguns locais estratégicos, como Uruk (agora no sul do Iraque), onde os canais de irrigação partiam de muitos rios. Recebendo em primeiro lugar a água dos rios, locais como Uruk estavam protegidos das mudanças na quantidade de chuva, e ali os emigrantes esfomeados foram postos a trabalhar, pela autoridade central, em projetos de construção tais como a manutenção dos canais de irrigação. A redução nas chuvas, argumenta Fagan, também forçou os fazendeiros de Uruk a inovar, e assim eles usaram, pela primeira vez, os arados e os animais para preparar os campos para uma colheita dupla. Com a produção de grãos localizada em volta de cidades estratégicas, os povoados em torno delas começaram a especializar-se na produção de bens como cerâmica, metais ou peixes, que eram vendidos nos mercados de Uruk em troca dos grãos, sempre escassos. Cada uma dessas mudanças levou ao desenvolvimento de uma autoridade mais centralizada, que levou à criação dos primeiros burocratas do mundo, encarregados de contar e distribuir os grãos vitais.

A soma de toda essa mudança foi uma mudança na organização humana e em 3100 a.C. as cidades do sul da Mesopotâmia tinham se tornado as primeiras civilizações do mundo. Na verdade, afirma Fagan, a cidade é uma adaptação humana a condições climáticas mais secas.

Agora retornemos à análise de Bill Ruddiman, porque esta contém vários aspectos interessantes. Ele vê uma clara correlação entre épocas de baixo nível de CO_2 e várias pragas causadas pela bactéria *Yersinia pestis* — a "peste negra" dos tempos medievais. Essas epidemias tinham um alcance global e matavam tanta gente que as florestas voltavam a crescer no lugar das fazendas abandonadas. E nesse processo elas absorviam o CO_2, baixando as concentrações atmosféricas em cerca de 5 a 10 partes por milhão. A temperatura global caía e períodos de frio relativo tomavam conta de lugares como a Europa.

A tese de Ruddiman implica que, ao acrescentar gases do efeito estufa em quantidade suficiente para manter a Terra no "ponto certo" de evitar uma outra era do gelo, mas sem superaquecer o planeta, os antigos realizaram um ato de magia química. É como se, nesse estágio do nosso desenvolvimento, fôssemos parte dos mecanismos de equilíbrio de Gaia e não os destruidores desses mecanismos. De acordo com Ruddiman, contudo, foi por pouco. Se uma nova era do gelo fosse começar, nós provavelmente veríamos os primeiros sinais em torno da ilha de Baffin, no Ártico ocidental canadense. Halos de liquens mortos em torno das calotas polares da ilha falam de eras de gelo ainda não nascidas, porque o que matou esses liquens foi um acúmulo de neve que, mesmo há um século, se as condições tivessem sido levemente mais frias, teria se transformado em gelo e começado a avançar para um mundo frio. Se a neve não tivesse derretido, grande parte do interior do nordeste do Canadá estaria coberta de gelo hoje em dia e a cada ano avançando mais para o sul.

Os novos núcleos de gelo da Cúpula C desafiam a teoria de Ruddiman porque revelam que, embora o atual período interglacial seja diferente dos quatro anteriores (que Ruddiman examinou), é semelhante, de algum modo, ao quinto antes do nosso, que ocorreu há 430 mil anos. Então a confluência dos ciclos de Milankovitch e os níveis de CO_2 eram semelhantes aos atuais, e o período de calor foi excepcionalmente longo — 26 mil anos em oposição aos 12 mil dos períodos anteriores. Só o tempo dirá se Ruddiman está certo ao colocar o início do Antropoceno há 8 mil anos e não há duzentos anos. Não obstante, sua análise é uma das mais estimulantes e instigantes já publicadas em tempos recentes.

A despeito de sua origem, existem sinais inconfundíveis de que o Antropoceno está ficando desagradável. As mudanças que os cientistas estão detectando em nossa atmosfera são tão grandes que tudo indica que o portal do tempo está se abrindo de novo. Será que o Antropoceno vai se tornar o mais curto período geológico da história?

8

DESENTERRANDO OS MORTOS

Nós caminhamos sobre a terra,
e olhamos para ela,
como o arco-íris lá em cima.
Mas há algo lá embaixo,
sob o solo.
Nós não sabemos.
Você não sabe.
O que você quer fazer?
Se o tocar,
poderá ter um ciclone, uma chuva pesada, uma inundação.
Não apenas aqui,
poderá matar alguém em outro lugar.
Pode matá-lo em outro país.
Você não pode tocá-lo.

Big Bill Neidjie, *Gagadju man*, 2001.

Os aborígines da Austrália vivem muito próximos da terra e possuem um modo peculiar de ver o mundo. No lugar de ver coisas como a mineração, o clima e a biodiversidade isoladamente, tendem a ver tudo junto. Big Bill Neidjie foi um ancião verdadeiramente sábio que passou a juventude vivendo uma vida tribal de intimidade com a terra. Quando nos fala sobre o impacto da mineração em sua terra de Kakadu, ele não fala de minas, dos refugos ou da terra envenenada. Em apenas um punhado de palavras, descreve o grande ciclo que vai da perturbação do eterno sonho vivo dos ancestrais à catástrofe à espreita de gerações ainda não nascidas.

O desafio que ele lança — "O que você quer fazer?" — é constrangedor, porque ao profanar a Terra, e tocar o que está embaixo, nós já demos a resposta. Meu país — o país do Bill — está todo perfurado com minas de todo tipo, e mais carvão é retirado de suas entranhas, para ser enviado ao exterior, do que de qualquer outro lugar do planeta. E como minas de urânio foram escavadas em partes da terra de Bill ricas em mitos e tradições, ele estava provavelmente pensando no urânio quando escreveu seu poema épico. E, no entanto, ele intuiu os elos ocultos entre a mineração, a mudança climática e o bem-estar dos seres humanos que os cientistas vêm percebendo enquanto tentam entender o efeito estufa. O desafio de Bill ainda espera por uma resposta, porque ainda temos uma chance de decidir o nosso futuro. Mas primeiro precisamos aprender um pouco da história, da natureza e do poder daquela pedra negra, o carvão, e de seu aliado escorregadio, o petróleo.

Os combustíveis fósseis — petróleo, carvão e gás — são tudo o que resta de organismos que, há muitos milhões de anos, retiraram carbono da atmosfera. Quando queimamos a madeira, liberamos carbono que esteve fora de circulação durante algumas décadas, mas quando queimamos combustíveis fósseis, liberamos carbono que esteve fora de circulação durante eras. E desenterrar os mortos desse modo é uma coisa particularmente ruim para os vivos fazerem.

Em 2002, a queima de combustíveis fósseis liberou um total de 21 bilhões de toneladas de CO_2 na atmosfera. Desse total, o carvão contribuiu com 41%, o petróleo, 39% e o gás, 20%.[174] Essas porcentagens, contudo, não refletem a tonelagem queimada, pois alguns combustíveis contêm mais carbono do que outros. A energia que liberamos, quando queimamos esses combustíveis, vem do carbono e do hidrogênio. E, como o carbono provoca a mudança climática, quanto mais rico em carbono for o combustível, mais perigo representa para o futuro da humanidade. Sem contar as impurezas que contém, várias das quais (como o enxofre e o mercúrio) são poderosos poluidores, o melhor carvão negro é quase puro carbono. Queime uma tonelada dele e você cria 3,7 toneladas de CO_2. Os combustíveis derivados do petróleo são menos ricos em carbono, contendo dois átomos de hidrogênio para cada átomo de carbono em sua estrutura. Como o hidrogênio produz mais calor quando queimado do que o carbono (e ao fazê-lo produz apenas água), queimar petróleo libera menos CO_2 por unidade usada do que carvão. O combustível fóssil com menos teor de carbono é o metano, que tem apenas um átomo de carbono para quatro de hidrogênio. Esses combustíveis formam, assim, uma escada que afasta do carbono a condição de combustível para nossa economia.

A eficiência com a qual a energia é gerada pela queima do combustível também é um fator importante para determinar quanto CO_2 é produzido. Mesmo fazendo uso dos métodos mais avançados (e a maioria das usinas de energia elétrica movidas a carvão nem chega perto disso), a queima de antracito para gerar eletricidade resulta em 67% mais emissões de CO_2 do que a queima de metano, enquanto o carvão marrom (que é mais jovem e tem mais umidade e impurezas) produz 130% mais.[118] Da perspectiva da mudança climática, então, existe um mundo de diferença entre usar gás ou carvão para impulsionar uma economia.

O carvão é o combustível fóssil mais abundante e mais distribuído em nosso planeta. Aqueles que estão na indústria do carvão falam em "luz do sol enterrada", e, em certo sentido, essa é uma descrição precisa, pois o carvão é o resto fossilizado de plantas que cresceram em pântanos há milhões de anos. Em lugares como Bornéu, podem-se ver os estágios iniciais da formação do carvão acontecendo. Lá, enormes árvores tombam e afundam num pântano onde a ausência de oxigênio impede o apodrecimento. Mais e mais vegetação morta se acumula até formar uma espessa camada de matéria vegetal encharcada. Os rios então lançam areia e sedimentos no pântano, que comprimem a vegetação, retirando a umidade e outras impurezas. E, à medida que o pântano vai sendo enterrado cada vez mais profundamente na terra, o calor e o tempo alteram a química da madeira, folhas e outras matérias orgânicas. Primeiro, a turfa é convertida em carvão marrom e, depois de muitos milhões de anos, o carvão marrom se transforma em carvão betuminoso. Se mais pressão e calor forem aplicados, e mais impurezas removidas, ele pode finalmente se tornar antracito, e, na sua forma mais rara, o antracito forma o azeviche, uma bela joia, tão pura em carbono quanto o diamante.

Certas épocas na história da Terra foram mais propícias à formação de carbono do que outras. O período Eoceno, há 50 milhões de anos, foi uma dessas. Naquele tempo, grandes pântanos cobriam partes da Europa e da Austrália, e seus restos enterrados formam os depósitos de carvão marrom encontrados hoje em dia. Por ser cheio de impurezas, e frequentemente tão úmido que parte dele deve ser queimada só para secar o combustível que entra nas fornalhas, o carvão marrom é o mais poluidor entre todos os combustíveis. Ele também não dá lucro ao ser comercializado. Se você quiser carvão que pague os custos do transporte, vai ter que se voltar para o carvão betuminoso ou o antracito. A maior parte do antracito do mundo existiu durante o período Carbonífero, entre 360 e 290 milhões de anos atrás. Recebeu esse nome devido aos imensos depósitos de carvão colocados sobre a maior parte do mundo. E o mundo do período Carbonífero era um lugar muito diferente das terras alagadas de hoje em dia.

Se fosse possível andar de barco através dos pântanos daquela era esquecida, no lugar dos ciprestes dos pântanos e árvores semelhantes se veriam gigantescos parentes dos licopódios assim como plantas ainda mais estranhas e que agora estão extintas. Os troncos escamosos e em forma de colunas do *Lepidodendron* cresciam em florestas densas, cada tronco com 2 metros de diâmetro e erguendo-se 45 metros no ar. Eles não se ramificavam senão no topo, onde alguns poucos ramos curtos tinham folhas de 1 metro de comprimento. Em outros lugares crescia a *Sigillaria*, em forma de barril, uma planta bifurcada com 6 metros de altura, enquanto gigantescas samambaias formavam o resto da flora arborescente.[87]

Não havia répteis, mamíferos ou pássaros naqueles tempos longínquos. No lugar deles a floresta úmida e sufocante enxameava de insetos e espécies semelhantes. A atmosfera era rica em oxigênio, permitindo que criaturas com aparelhos respiratórios insuficientes alcançassem alturas enormes. As centopeias chegavam a 2 metros de comprimento e as aranhas tinham até 1 metro de largura. Baratas de 30 centímetros partilhavam da paisagem verdejante com libélulas cujas asas chegavam a 1 metro de envergadura. Nas águas, espreitavam anfíbios do tamanho de crocodilos com cabeças enormes, bocas largas e olhos que pareciam contas. Ao furtar o tesouro enterrado desse mundo alienígena, nos libertamos dos limites da produção biológica em nossa era atual.

A marcha em direção a um futuro dependente dos combustíveis fósseis começou na Inglaterra de Eduardo I, ainda que seus súditos tenham relutado em abandonar o cheiro doce da madeira queimando, que tinha alimentado os fornos durante séculos. O próprio rei detestava tanto o cheiro do carvão que, em 1306, baniu do reino a sua queima, ameaçando os infratores com "grandes multas e punições". Há mesmo registros de consumidores de carvão sendo torturados, enforcados ou decapitados (as fontes não estão de acordo quanto ao tipo de punição — é possível que as três tenham sido aplicadas). Mas as florestas da Inglaterra estavam sendo exauridas, e à medida que o preço da madeira subia, os ingleses se tornavam os primeiros europeus a queimar carvão em grande escala. Durante séculos o comércio desse material imundo foi monopólio do bispo de Durham e do prior de Tynemouth, cujos trabalhadores o escavavam de veios que brotavam ao longo do rio Tyne.

Naquela época, não se tinha ideia do que era o carvão. Muitos mineiros acreditavam que era uma substância viva que crescia no subsolo, e que nada estimulava mais a sua multiplicação do que uma boa cobertura de esterco. O fator que talvez tenha provocado a intensa aversão do rei Eduardo pelo material foi a chegada a Londres de barcaças cheias de carbono fecal. O mais provável no entanto é que tenha sido a associação entre carvão e doença — ou com o próprio diabo — o que causou a sua proibição, pois os ingleses suspeitavam muito da pedra preta. O cheiro de enxofre que acompanhava a sua queima era uma lembrança desagradável dos tormentos das regiões infernais que, eles sabiam, se encontravam sob seus pés. E sua associação com a doença era bem perturbadora. Mesmo a palavra latina *Carbunculus* (pequeno carvão) pode significar uma doença; e o sintoma mais assustador da praga

— inchaços negros nos nódulos linfáticos conhecidos como bulbos — parecia consistir em fragmentos de carvão.

Apesar desse início pouco promissor, o carvão iria aquecer, alimentar e iluminar as famílias inglesas durante seiscentos anos, e, em 1700, mil toneladas por dia estavam sendo queimadas em Londres. E no interior da Inglaterra também, com as fábricas dependendo do carvão como sua força motora. Tão grande era a demanda que logo surgiu uma crise energética. As minas inglesas estavam sendo escavadas tão profundamente que começavam a se encher de água e a menos que fosse encontrado um meio de bombeá-la, a nação teria que procurar combustível em outra parte.

O homem que descobriu como isso poderia ser feito foi um ferreiro do interior chamado Thomas Newcomen. Seu aparelho queimava carvão para produzir vapor, que era então condensado para criar um vácuo, movendo um pistão que bombeava a água. A primeira máquina de Newcomen foi instalada na mina de carvão de Staffordshire em 1712. Cinquenta anos depois, centenas delas funcionavam nas minas de todo o país, e a produção de carvão da Inglaterra tinha crescido para 6 milhões de toneladas por ano.

O engenhoso James Watt aperfeiçoou o projeto de Newcomen, e com a assistência de seu hábil parceiro de negócios, Matthew Boulton, criou um mercado para uma máquina a vapor nova e aperfeiçoada. Boulton nunca duvidou do enorme potencial de seu negócio. Quando o rei Jorge III lhe perguntou como ganhava a vida, ele respondeu: "Sua Majestade, eu estou envolvido na produção de um bem que é o desejo dos reis." E, quando o rei perguntou o que era, Boulton respondeu simplesmente: "Energia, Majestade."[81]

Em 1784, o amigo e associado de Watt, William Murdoch, produziu a primeira máquina a vapor móvel, transformando o carvão no combustível dos transportes, e, daquele momento em diante, ficou claro que o novo século — o XIX — seria o século do carvão. Nenhuma outra fonte de energia poderia rivalizar com ele na multiplicidade de aplicações, de aquecer e cozinhar, a função na indústria e no transporte. Em 1882, quando Thomas Edison inaugurou a primeira usina de energia elétrica, na baixa Manhattan, a produção de eletricidade foi acrescentada à lista de utilidades do carvão. E hoje a produção de energia é o último refúgio desse combustível inferior.

Apesar das brechas abertas pelo petróleo e pelo gás no império do carvão, mais carvão é queimado hoje em dia do que em qualquer outra época no passado. Duzentas e quarenta e cinco usinas de energia movidas a carvão estão projetadas para construção no mundo inteiro, entre 1999 e 2009, e quase a metade delas ficará na China. Mais 483 se seguirão na década até 2019 e mais 710 entre 2020 e 2030. E um terço delas serão chinesas, produzindo no total 710 gigawatts de energia (710 mil megawatts).[129] A vida média de uma termoelétrica de carvão é de cinquenta anos e o CO_2 que ela produz vai continuar a aquecer o planeta durante séculos depois que for desligada.

Se o século XIX foi o século do carvão, o século XX foi o do petróleo. De fato, a aurora do hidrocarboneto tem sido considerada como 10 de janeiro de 1901, quando o século ainda não tinha completado uma quinzena.[86] Naquele dia, no alto de uma pequena colina chamada Spindletop, perto de Beaumont, no Texas, Al Hamill fazia perfurações em busca de petróleo. Ele tinha penetrado mais de mil pés no arenito abaixo, e, às 10h30 da manhã, aborrecido com a falta de sorte, estava a ponto de desistir. Então, com um "estrondo ensurdecedor e um grande rugido, nuvens espessas de gás metano esguicharam do buraco. Em seguida veio o líquido, uma coluna de seis polegadas de largura, que subiu centenas de pés no céu do inverno antes de cair de volta na terra como uma chuva negra".[86] Embora o primeiro poço de petróleo tivesse sido perfurado quarenta anos antes daquela data, na Pensilvânia, a descoberta de petróleo em camadas tão profundas era uma novidade. E, à medida que as perfurações se tornavam mais comuns e cada vez mais profundas, tais erupções de óleo e gás viraram lugar-comum, assegurando que o petróleo rapidamente substituiria o carvão nas áreas de transporte e aquecimento doméstico. O problema com o petróleo, entretanto, é que ele existe em uma quantidade muito menor do que o carvão, sua distribuição é mais irregular e é mais difícil de encontrar.

O petróleo é um produto da vida em antigos oceanos e estuários. É composto primariamente de restos de plâncton — em particular de plantas de uma única célula conhecidas como fitoplâncton.[57] Acredita-se que a maior parte das reservas de petróleo do mundo se originaram de bacias oceânicas profundas, estagnadas e pobres em oxigênio, em áreas onde correntes verticais trazem águas profundas, frias e ricas em nutrientes até a superfície iluminada.[57] Nessas condições, os nutrientes sobrecarregam o fitoplâncton, de modo que ele se reproduz em enorme quantidade e, quando morre, seus restos são carregados para as profundezas desprovidas de oxigênio, onde sua matéria orgânica pode acumular-se sem ser consumida pelas bactérias. Os oceanos da Terra são vastos — mais do dobro da área de terras —, então por que o mundo não está nadando em petróleo? Parte do motivo é que a crosta oceânica é constantemente reciclada, e o petróleo é uma matéria escorregadia, e, a menos que algo o prenda, ele provavelmente vai escorrer das rochas e se dissipar.

O processo geológico para fazer petróleo é tão preciso quanto uma receita para fazer suflê. Primeiro os sedimentos contendo o fitoplâncton devem ser enterrados e comprimidos por outras rochas. Então, as condições perfeitas são necessárias para espremer a matéria orgânica para fora das rochas e transferi-la, através de fendas e rachaduras, até um estrato adequado para o armazenamento. Este estrato deve ser poroso, mas acima dele deve existir uma camada de rocha impermeável, de granulação fina, forte o suficiente para resistir às pressões que fizeram o óleo e o gás dispararem para o céu acima de Spindletop, e espessas o bastante para impedir a fuga. Além disso, as gorduras e ceras que são a fonte do petróleo devem ser "cozidas" entre 100 e 135°C de temperatura durante milhões de anos. Se a temperatura exceder esse limite, tudo que restará será gás, ou então os hidrocarbonetos serão perdidos inteiramente. E, como não há nenhum cozinheiro cuidando dos grande fornos subterrâneos onde o petróleo é forjado, a criação de reservas de petróleo é um resultado do puro acaso — as rochas certas sendo cozidas do modo certo no tempo correto, geralmente em uma estrutura em forma de cúpula em que uma "crosta" cobre uma camada porosa rica em petróleo, impedindo que este escape.

A casa dos Saud, o sultão do Qatar e os outros principados opulentos do Oriente Médio devem suas fortunas a esse acidente geológico, pois as condições das rochas em sua região foram "exatamente corretas" para produzir um tesouro em petróleo. Antes de ser explorado, um dos campos de petróleo sauditas, o de Ghawar, continha, sozinho, um sétimo de toda a reserva de petróleo do planeta. E até 1961 as companhias de petróleo estavam encontrando mais e mais petróleo a cada ano, a maior parte no Oriente Médio. Desde então, a taxa de descobertas diminuiu, e no entanto a taxa de uso disparou. Em 1995, o homem estava usando cerca de 24 bilhões de barris de petróleo por ano, mas apenas 9,6 bilhões de barris haviam sido descobertos. São números como esses que fazem muitos analistas acreditarem que a era do petróleo barato acabou e, com o custo se mantendo acima dos US$ 40 por barril, o mercado está começando a concordar com eles. Alguns analistas preveem preços cada vez mais elevados e talvez períodos de escassez já em 2010, o que sugere que algo novo será necessário para impulsionar as economias do século XXI.

Este "algo novo" é o gás natural, acreditam muitos na indústria. E o principal componente do gás natural é o metano (em torno de 90%). Há trinta anos o gás supria apenas 20% da demanda mundial de combustível fóssil, enquanto o carvão era responsável por 31% e o petróleo, por quase metade. Contudo, no princípio do século XXI, o gás suplantou o carvão em importância, e, se persistir a tendência atual, em 2025 ele terá tomado o lugar do petróleo como a mais importante fonte de combustível do mundo. Existem reservas de gás suficientes para cinquenta anos. Só o combustível mais sujo, o carvão, tem maiores promessas em relação às reservas. Assim, parece provável que este será o século do gás. Por enquanto, todavia, vamos examinar o uso do combustível fóssil, seu futuro crescimento e a carga que ele já está colocando sobre o planeta.

O século XX começou num mundo que abrigava pouco mais de 1 bilhão de pessoas e terminou num mundo de 6 bilhões, e cada um desses 6 bilhões está usando, em média, quatro vezes a energia consumida por seus antepassados, cem anos antes. Isso explica o fato de que a queima de combustíveis fósseis aumentou 16 vezes no período.[70]

Jeffrey Dukes, da Universidade de Utah, montou uma equação para mostrar como o homem está suprindo essa demanda.[57] Ele começa com a observação de que todo o carbono e o hidrogênio nos combustíveis fósseis foi reunido através do poder da luz solar, captada por antigas plantas. Ao calcular a eficiência com que a matéria vegetal é preservada em sedimentos, a eficiência com a qual é convertida em combustível fóssil e a eficiência com que recuperamos esse combustível, Dukes concluiu que aproximadamente 100 toneladas de vida vegetal antiga são necessárias para criar 4 litros de petróleo.

Dada a vasta quantidade de luz solar necessária para cultivar 100 toneladas de matéria vegetal, e a taxa prodigiosa com a qual estamos consumindo petróleo, carvão e gás, não deve surpreender que a cada ano de nossa era industrial os seres humanos precisem de centenas de séculos de luz solar antiga para manter sua economia funcionando. O número para 1997 — em torno de 422 anos de luz solar fossilizada — é típico. Quatrocentos e vinte e dois anos de luz do Sol do Carbonífero foram por nós consumidos em um único ano.

Ler a análise de Duke mudou minha maneira de ver o mundo. Agora, quando ando pelas calçadas de arenito de Sydney, sinto o poder de raios de Sol há muito consumidos sob meus pés descalços. Olhando para a rocha com uma lente de aumento, posso ver os grãos de bordas arredondadas que acariciam meus dedos e percebo que cada um daqueles incontáveis bilhões foi moldado pelo poder do Sol, retirando a água de um oceano primordial, há 300 milhões de anos, e então a fazendo cair como chuva sobre uma distante cadeia de montanhas. Pedacinho por pedacinho a rocha foi quebrada e levada pelos rios, até que tudo o que restou foram grãos arredondados de quartzo. Um milhão de vezes mais energia foi gasta na criação daqueles grãos de areia do que em todos os empreendimentos humanos. Das solas dos meus pés ao alto da minha cabeça aquecida pelo Sol, percebi instantaneamente, da maneira mais visceral, o que Duke está dizendo sobre a luz solar fossilizada: o passado é uma terra verdadeiramente grande cuja riqueza armazenada é fabulosa quando comparada com a pobre ração diária de radiação solar que recebemos.

E também faz com que eu perceba que será difícil abandonar o poder e a sedução dos combustíveis fósseis. Se o homem buscar um substituto na biomassa (todas as coisas vivas, mas, nesse caso, particularmente as plantas), precisaríamos aumentar em 50% o nosso consumo de toda a produção primária da Terra. Já usamos 20% mais do que o planeta pode fornecer de modo sustentável, assim, essa não é uma opção. É por isso que os cálculos de Duke levantam uma questão profunda, cujo significado pleno só pode ser entendido se olharmos a situação geral da nossa espaçonave Terra.

Em 1961, ainda tínhamos espaço de manobra. Naquela época aparentemente distante, havia apenas 3 bilhões de pessoas e elas usavam só metade dos recursos totais que o nosso ecossistema global pode fornecer de modo sustentável. Apenas 25 anos depois, em 1986, tínhamos chegado a uma linha divisória, pois naquele ano nossa população chegou a 5 bilhões e nossa sede coletiva de recursos era tamanha que estávamos usando *toda* a produção sustentável da Terra.

De fato, 1986 marca o ano em que os seres humanos chegaram ao limite da capacidade da Terra, e desde então usamos um equivalente ambiental de orçamento deficitário que só é mantido pelo esgotamento de nosso capital-base.[60] Este esgotamento toma a forma de superexploração das reservas de pescado, consumo excessivo de pastos até transformá-los em desertos, destruição das florestas e poluição dos oceanos e da atmosfera. O que por sua vez cria o grande número de questões ambientais que enfrentamos. No fim, contudo, o orçamento ambiental é o único que conta.

Entre 1800 e 1980, o homem produziu 244 pentajoules de energia (um joule é uma unidade de energia usada para medir o consumo de gás; um pentajoule é 1 bilhão de joules). Esse uso desregrado da energia é verdadeiramente chocante, mas pense que, nas décadas de 1980-90, você, eu e todos os outros seres humanos que viviam então produzimos 117 pentajoules — quase a metade do total emitido nos 180 anos anteriores![74]

Em 2001 o déficit da humanidade tinha inflado em 20% e nossa população chegara a 6 bilhões. Em 2050, quando se espera que a população nivele em 9 bilhões, a carga da existência humana será tal que estaremos usando — se puder ser encontrada — a quantidade de recursos de quase dois planetas. Mas, apesar de toda a dificuldade que vamos enfrentar para encontrar esses recursos, é o nosso resíduo — particularmente os gases do efeito estufa — que forma o fator limitador.

Desde o princípio da Revolução Industrial, ocorreu um aquecimento global de 0,63°C no nosso planeta, e sua principal causa foi o aumento do CO_2 atmosférico em torno de três partes por 10 mil a quase quatro. O maior aumento na queima de combustíveis fósseis aconteceu nas últimas décadas e nove dos dez anos mais quentes já registrados aconteceram depois de 1990.[67] Como esse aumento de uma fração de grau afetou a vida na Terra?

PARTE 2

UM EM DEZ MIL

9

O MUNDO DESFIADO

As estações se alteram: Geadas de cabelos brancos
Caem sobre o colo tenro da rosa vermelha.

William Shakespeare,
Sonho de uma noite de verão.

O aquecimento global altera o clima aos solavancos, nos quais os padrões climáticos saltam de um estado estável para outro. E, devido à natureza telecinética da atmosfera, essas mudanças podem se manifestar instantaneamente através do globo. A melhor analogia talvez seja um dedo no interruptor da luz. Nada acontece por um momento, mas, se você aumentar lentamente a pressão, um limite é alcançado, uma mudança súbita acontece e as condições se alteram rapidamente de um estado para o outro.

A climatologista Julia Cole se refere a esses saltos dados pelo clima como "portas mágicas" e argumenta que, desde que as temperaturas começaram a subir rapidamente, na década de 1970, nosso planeta testemunhou dois eventos desse tipo — em 1976 e em 1998. Essas datas são importantes, porque novamente marcam o acontecimento de fenômenos notáveis.

A ideia de que a Terra atravessou uma porta mágica do clima em 1976 originou-se no distante atol coralino de Maiana, no Kiribati, uma nação do Pacífico. De fato, ela se originou especificamente de um Matusalém dos corais — um *Porita* de 155 anos, que é um dos corais mais velhos já encontrados e que existiu e cresceu lá. Maiana fica em um local importante, porque é no Pacífico central que os El Niño, origem de uma grande força climática, foram detectados pela primeira vez. Quando perfuraram uma seção desse antigo coral, os pesquisadores descobriram que ele continha um registro detalhado da mudança climática desde 1840.[22] A porta mágica manifestou-se como uma súbita e contínua elevação da temperatura superficial do mar de 0,6° C e um declínio de 0,8% na salinidade do oceano.

Entre 1945 e 1955, a temperatura da superfície do Pacífico tropical caía normalmente abaixo de 19,2°C, mas depois que a porta mágica se abriu, em 1976, ela raramente desceu a menos de 25°C.[3] "O Pacífico tropical ocidental é a área mais quente do oceano global e constitui um grande regulador do clima", diz Martin Hoerling do Centro de Diagnóstico Climático de Boulder, no Colorado, pois entre outras coisas ele controla a maioria das precipitações tropicais e a posição da Corrente de Jato, cujos ventos trazem neve e chuva para a América do Norte. Em 1977 a *National Geographic* exibiu uma matéria sobre o louco clima do ano anterior, que incluíra condições amenas jamais vistas no Alasca e nevascas nos outros 48 estados.[175] A causa imediata era uma mudança na Corrente de Jato, mas o efeito não foi sentido apenas nos Estados Unidos: mudanças aconteceram em locais longínquos como o sul da Austrália e as ilhas Galápagos.

Desde que Charles Darwin usou os tentilhões das ilhas Galápagos para ilustrar sua teoria da evolução pela seleção natural que a região tem sido uma meca para os biólogos, que estabeleceram estações de pesquisa para monitorar suas criaturas. Cientistas que estudavam o tentilhão *Geospiza fortis* observaram impotentes a seca de 1977 quase exterminar a espécie em uma das ilhas. Da população de 1.300 que existia antes da seca, só sobreviveram 180, e esses eram os indivíduos com os maiores bicos, que permitiam que se alimentassem quebrando as sementes mais duras. E desses 180 sobreviventes, 150 eram machos, de modo que, quando as chuvas finalmente chegaram, eles enfrentaram uma dura competição para o acasalamento. E novamente aqueles que tinham os bicos maiores venceram. E com esse duplo golpe da seleção natural eliminando todos, a não ser aqueles com os bicos maiores, uma mudança mensurável no tamanho dos bicos manifestou-se em toda a população da ilha.[68] Os tentilhões de Darwin são definidos principalmente com base no tamanho dos bicos, pois eles dividem os nichos ecológicos das ilhas de acordo com o que conseguem comer e, com quase dois séculos de medidas de bicos para consultar, os biólogos sentiram que estavam testemunhando a evolução de uma nova espécie.

A porta mágica de 1998 também está relacionada ao El Niño-La Niña, um ciclo de 28 anos de duração que provoca eventos climáticos extremos em boa parte do mundo. Durante a fase La Niña, que até recentemente parecia ser a parte dominante do ciclo, os ventos sopram para oeste através do Pacífico, acumulando as águas superficiais mornas junto à costa da Austrália e das ilhas que ficam ao norte. E, com as águas superficiais mornas sopradas para oeste, a fria Corrente de Humboldt consegue vir à tona na costa ocidental da América do Sul, a costa do Pacífico, trazendo com ela os nutrientes que alimentam uma das mais ricas regiões pesqueiras do mundo, a região da pesca da anchoveta. A parte El Niño do ciclo começa com um enfraquecimento dos ventos tropicais, permitindo que a água morna superficial flua de volta para leste, submergindo Humboldt e liberando a umidade na atmosfera — o que provoca inundações nos desertos peruanos normalmente áridos. A água mais fria agora brota no Pacífico ocidental e, como não se evapora tão rapidamente quanto a água morna, a seca atinge a Austrália e o sudeste da Ásia. E, quando é bem forte, o El Niño pode atingir dois terços do mundo com secas, inundações e outros extremos do clima.

O período 1997-8, do El Niño, foi imortalizado pelo Fundo Mundial para a Natureza (agora Fundo Mundial para a Vida Selvagem, WWF) como "o ano em que o mundo pegou fogo". A seca tomou conta de boa parte do planeta, e assim os incêndios queimaram em todos os continentes. Mas foi nas florestas chuvosas, normalmente úmidas, do Sudeste Asiático que a conflagração chegou ao auge. Lá arderam 10 milhões de hectares, dos quais metade era de florestas antigas. Na ilha de Bornéu foram perdidos 5 milhões de hectares — uma área quase do tamanho da Holanda.[3] Muitas das florestas queimadas jamais se recuperarão em uma escala de tempo significativa para os seres humanos, e o impacto que isso teve sobre a fauna única de Bornéu provavelmente nunca será conhecido.

O climatologista Kevin Trenberth e seus colegas acreditam que o evento de 1997-8 foi uma manifestação extrema de um impacto mais geral provocado pelo aquecimento global sobre o ciclo do El Niño-La Niña. Desde 1976 os ciclos têm sido excepcionalmente longos — e esses ciclos longos deviam ser esperados apenas uma vez em vários milhares de anos — e ocorreu um desequilíbrio entre as fases, com cinco El Niño e apenas duas La Niña.[102] Modelos feitos em computadores respaldam sua pesquisa, indicando que, à medida que as concentrações dos gases do efeito estufa na atmosfera aumentarem, o resultado será uma condição semipermanente de El Niño.

A ideia de que El Niño severos podem alterar permanentemente o clima global foi publicada pela primeira vez em 1996, mas considerada bastante especulativa. O evento de 1998 mudou essa concepção, pois liberou suficiente energia calórica para elevar a temperatura global em 0,3°C. A razão parece ser a concentração de água morna no Pacífico centro-ocidental. Esta arrasta água morna de todo o oceano Pacífico e seu crescimento age como um concentrador e amplificador dos pequenos aumentos na temperatura global causados pelos gases do efeito estufa. E isso por sua vez alimenta e amplifica a intensidade do ciclo do El Niño.

Algumas das mudanças geradas em 1998 foram permanentes, pois desde então as águas do Pacífico central ocidental têm chegado frequentemente a 30°C enquanto a Corrente de Jato deslocou-se na direção do polo Norte. E o novo regime climático parece propenso a gerar eventos El Niño mais extremos, um tópico ao qual retornaremos adiante. Agora é hora de examinar como nosso clima alterado tem afetado várias populações de animais e plantas.

Uma das ferramentas mais poderosas disponíveis para os pesquisadores que desejam documentar a reação da natureza à mudança climática são as anotações feitas por observadores de pássaros, pescadores e outros observadores da natureza. Alguns desses registros são muito extensos. Uma família inglesa registrou as datas em que sapos e rãs começavam a coaxar em sua propriedade a cada ano, entre 1736 e 1947 — e este tipo de registro é da maior importância para revelar como as coisas se passaram à medida que a cortina que separa o Antropoceno do nosso admirável mundo novo começou a se erguer.[233] Um grande estudo baseado em tais observações da história natural foi publicado em 2003 na revista *Science*, e revela a imensa escala das mudanças agora em curso. A pesquisadora Camille Parmesan, da Universidade do Texas, e seu colaborador Gary Yohe fizeram todos os esforços possíveis para excluir os dados duvidosos, e os testes estatísticos mais conservadores foram aplicados à massa de números.[27]

A base de dados de Parmesan e Yohe tem informações sobre mais de 1.700 espécies com registros históricos e se baseia num volume de observações da natureza que recua até os dias de Gilbert White, cujo livro *The natural history of Selborne* foi um trabalho pioneiro da literatura natural. A informação inclui registros detalhados de migração, hábitos de acasalamento e distribuição dos pássaros feitos por observadores amadores, anotações de botânicos sobre o florescer e o brotar das plantas e diários dos capitães de navios baleeiros. Muitos registros foram mantidos por clubes e sociedades, enquanto outros foram publicados em boletins pouco conhecidos, como o *Victorian Naturalist*. De fato, tamanha era a variedade e a obscuridade das fontes que frustrou tentativas anteriores de reunião e interpretação.

Parmesan e Yohe fizeram duas perguntas básicas. Existe uma tendência subjacente evidente em todas as regiões, hábitats e organismos documentados? E, se for assim, trata-se de uma tendência na direção que se esperaria, dado o que sabemos sobre a mudança climática?

Eles descobriram que, até 1950, havia poucos indícios de qualquer tendência, mas, a partir daquela data, em todo o mundo, surgiram padrões muito fortes. Estes se manifestam num avanço em direção aos polos da distribuição das espécies, de 6 quilômetros por década, em média, um recuo montanha acima de 6,1 metros por década e um aumento da atividade primaveril de 2,3 dias por década. Essas tendências correspondem tão decididamente com a escala e a direção dos aumentos de temperatura trazidos pelos gases do efeito estufa que as descobertas de Parmesan e Yohe têm sido saudadas como uma "impressão digital da mudança climática", globalmente coerente.

Embora possam parecer pequenas quando comparadas às taxas de mudança vistas durante períodos geológicos, tais tendências são de fato muito rápidas e definitivas, como se os pesquisadores tivessem surpreendido o CO_2 no ato de empurrar a natureza para os polos com um chicote.

Uma das mudanças mais consideráveis se refere à distribuição de minúsculos organismos marinhos conhecidos como copépodes, que têm sido detectados a até mil quilômetros de distância de seu hábitat natural. Mudanças mais sutis, e no entanto substanciais, ocorreram entre 35 espécies não migratórias de borboletas do hemisfério Norte, que ampliaram seu hábitat para o norte em até 240 quilômetros e ao mesmo tempo se tornaram extintas ao sul de seu hábitat, que se tornou inadequado para elas.[198] Até mesmo as espécies tropicais estão em movimento, como os pássaros das terras baixas da Costa Rica, que avançaram 18,9 quilômetros para o norte num período de vinte anos.[144]

Com tantas espécies se deslocando, é inevitável que as mudanças provocadas pelo homem no ambiente dificultarão a migração. Um notável exemplo disso é fornecido pela borboleta listrada de Edith (*Euphydryas editha*). Trata-se de uma subespécie bem distinta que habita o norte do México e o sul da Califórnia. Um aumento na temperatura da primavera fez com que o tipo de plantas de que suas lagartas se alimentam — um tipo de boca-de-leão — murchasse mais cedo, deixando as larvas subnutridas e incapazes de se transformar em casulos. Um hábitat adequado já foi abundante no norte, e a população poderia ter migrado se a vastidão da cidade de San Diego não estivesse agora em seu caminho. Com apenas 20% de seu hábitat original capaz de mantê-la, a borboleta listrada de Edith não chegará ao fim do século sem ajuda humana.[55] A maior parte das regiões mais férteis do mundo agora está ocupada por ambientes modificados pelo homem; assim, muitos outros casos ainda não documentados de espécies e populações que enfrentam a extinção podem estar ocorrendo.

Um início precoce da atividade primaveril é uma das manifestações mais distintas da mudança climática. No mundo dos pássaros, a *Uria aalge* começou a botar seus ovos em média 24 dias mais cedo a cada década durante o período em que seus ninhos foram estudados. Na Europa, numerosas espécies de plantas brotam e florescem 1,4 a 3,1 dias mais cedo a cada década, enquanto seus parentes na América do Norte o fazem 1,2 dia mais cedo. As borboletas europeias estão aparecendo 2,8 a 3,2 dias mais cedo por década, enquanto os pássaros migratórios chegam à Europa de 1,3 a 4,4 dias mais cedo por década.[144]

Uma das mais importantes informações reveladas pelo estudo de Parmesan e Yohe, contudo, é a de que as espécies não estão reagindo uniformemente à mudança climática. Espécies diferentes usam sinais distintos para dar início a eventos como o acasalamento e a migração, e a capacidade das espécies de se adaptar à mudança varia. Assim, algumas espécies se mudam rapidamente enquanto outras são deixadas para trás. Parmesan e Yohe nos advertem de que essas tendências "podem facilmente desfazer as ligações entre as espécies e levar a numerosas mortandades e possivelmente extinções".[31] Isso pode acontecer, por exemplo, quando um elemento-chave da dieta chega muito tarde para ser usado por um predador, ou se desloca muito para o norte, de modo que o predador não possa alcançá-lo.

Um caso específico desse tipo de dificuldade envolve as lagartas da traça de inverno (*Operophtera brumata*). Sua única fonte de alimento são as folhas tenras do carvalho, tão macias e cheias de nutrientes que são consumidas em poucas semanas. O problema é que os carvalhos e as mariposas usam sinais diferentes para avisar a chegada da primavera. É o aumento da temperatura que faz os ovos das mariposas chocarem, mas os carvalhos contam os dias curtos e frios do inverno para saber quando suas folhas devem brotar. A primavera está mais quente do que há 25 anos, mas o número de dias frios de inverno não mudou. E, como resultado disso, as mariposas do inverno agora nascem três semanas antes de os carvalhos brotarem suas primeiras folhas. E, como as lagartas só conseguem sobreviver de dois a três dias sem comida, existe agora um número muito menor delas e aquelas que sobrevivem crescem mais rápido porque existe menos competição pela comida, o que significa que os pássaros ficam com menos tempo para encontrá-las.

Nesse caso, parece provável que a seleção natural agirá sobre a mariposa, alterando a época de seu nascimento, mas isso só vai acontecer por causa da mortalidade em massa das lagartas que nascem mais cedo, e a expectativa é que, por várias décadas, a espécie vai se tornar rara. Se os pássaros, aranhas e insetos que dependem das mariposas como alimento poderão sobreviver, já é outra questão. O pesquisador que descobriu o problema da mariposa, Marcel Visser, do Instituto Holandês para Ecologia, acredita que a traça de inverno é apenas um exemplo entre milhões. "Se as pessoas procurarem por esses efeitos vão encontrá-los em toda parte[34]," ele diz. Se isso for verdade, então a preocupação com as espécies que estão no topo da pirâmide alimentar, como as que caçam as mariposas, deve ser maior, pois é provável que elas estejam perdendo muitas fontes potenciais de alimento. De fato, nossa preocupação com o ecossistema como um todo deve ser maior, pois isso implica que, em todo o mundo, a delicada teia de vida está sendo rasgada.

Estudos recentes têm documentado deslocamentos semelhantes nos ecossistemas aquáticos. Nas últimas décadas, as salamandras têm entrado nos lagos europeus mais cedo do que as rãs. Isso significa que os girinos das salamandras já estão bem desenvolvidos quando as rãs saem de seus ovos, o que permite que comam uma grande quantidade de filhotes de rãs, o que está tendo impacto na população de rãs. Alguns répteis enfrentam ameaças mais diretas do aquecimento global, pois a proporção entre os sexos é determinada pela temperatura na qual os ovos são incubados. Desequilíbrios entre os sexos já estão sendo observados na tartaruga-empertigada (*Chrysemys picta*) e foi previsto que, se as temperaturas no inverno subirem, mesmo ligeiramente acima dos altos níveis atuais, as criaturas podem acabar tendo uma população inteiramente feminina. Crocodilos e jacarés podem correr o mesmo risco, pois os ovos do jacaré americano (uma espécie bem estudada) produzem apenas machos quando chocados a uma temperatura maior que 32°C, e só fêmeas quando chocados a menos de 31°C.[201]

Ainda mais precário é o caso da tuatara (*Sphenodon* spp.), um réptil único que é o último de sua linhagem e agora se restringe a algumas ilhas oceânicas da Nova Zelândia. Essa pobre criatura deve ter muita dificuldade para se reproduzir, pois o macho é o único réptil que não tem pênis (eles acasalam unindo suas cloacas), e do acasalamento até o nascimento dos filhotes se passam dois anos. Se os ovos permanecerem frios, o resultado serão fêmeas, mas, sob condições mais quentes, nascerão apenas machos. A tuatara vive em ambientes de altitudes relativamente elevadas que, provavelmente, serão muito afetados pela mudança climática. Assim a sua sobrevivência está por um fio.

Um impacto muito diferente da mudança climática foi recentemente detectado no lago Tanganica, na África, uma das mais antigas e mais profundas extensões de água doce do mundo. Localizado ao sul do equador, abriga um conjunto de espécies únicas. Como a maioria dos lagos, suas águas são estratificadas, com a camada mais quente no topo. Isso pode evitar a mistura das camadas superficiais, ricas em oxigênio, com as camadas ricas em nutrientes, abaixo, deixando sem alimento as plantas nas camadas iluminadas pelo Sol e sem oxigênio as que habitam as camadas mais profundas. No passado, a estratificação do lago era rompida anualmente pelas monções do sudeste, que agitavam as águas e produziam uma biodiversidade espetacular.

Desde os meados da década de 1970, contudo, o aquecimento global tem aumentado a estratificação do lago (ao aquecer suas camadas superficiais), e as monções não são mais fortes o bastante para misturar as águas. Como resultado, os nutrientes não chegam mais à superfície e o oxigênio não penetra mais nas regiões profundas. Inevitavelmente o plâncton, do qual a maior parte da vida no lago depende, declinou para menos de um terço de sua abundância há 25 anos. O espetacular caramujo espinhudo *Tiphoboia horei*, só encontrado neste lago, perdeu dois terços de seu hábitat. Hoje ele só é encontrado a profundidades de 100 metros ou menos, enquanto há 25 anos ele se aventurava a três vezes tal profundidade.[139] Os cientistas advertem que essas mudanças vão continuar e ameaçam provocar o colapso de todo o ecossistema do lago. E, embora em sua biodiversidade o lago Tanganica seja um dos mais importantes do mundo, não é o único vulnerável à mudança climática. No mundo inteiro a superfície dos lagos está esquentando, o que evita a mistura de suas águas e ameaça a base de sua produtividade.

Até mesmo as florestas mais remotas e aparentemente intocadas estão sendo afetadas pelo aquecimento global. Em regiões da Amazônia muito distantes de qualquer influência humana direta, as proporções de árvores que formam o topo da floresta estão mudando. Estimuladas pelo aumento nos níveis de CO_2, as espécies de crescimento rápido estão avançando, sufocando as de crescimento mais lento. E, à medida que as poucas espécies de crescimento rápido deixam suas vizinhas na sombra, a biodiversidade da floresta diminui, porque os pássaros e outros animais que dependem do alimento fornecido pelas espécies de crescimento lento desaparecem junto com seus recursos. Em outras florestas tropicais tem sido observado que as plantas usadas pelos herbívoros estão crescendo mais rápido, mas suas folhas não são mais tão nutritivas porque, apesar do CO_2 elevado, as plantas não conseguem obter outros nutrientes-chave em proporções maiores. A taxa de declínio do valor alimentar é tão grande que se prevê que a abundância de alguns mamíferos comedores de folhas, como os gambás das florestas da Austrália, deve declinar como resultado desta mudança.[188]

Mudanças na biodiversidade tropical, como resultado do aumento das temperaturas, nem sempre foram tão sutis. O El Niño de 1997-8 devastou as nações que fazem fronteira com o sudoeste do Pacífico. Nós já analisamos o impacto que o El Niño teve sobre as grandes florestas de Bornéu, mas os efeitos sobre as florestas da Nova Guiné, a segunda maior ilha do mundo, são menos entendidos.

A região que fica a leste da Linha de Wallace, centrada na Austrália, é conhecida como Meganésia e tem uma fauna antiga e muito distinta. E o mais rico hábitat em toda a Meganésia são as florestas de carvalhos das montanhas da Nova Guiné. Elas atingem o seu melhor desenvolvimento entre os 1.500 e 2.000 metros de elevação, em vales que escoam ao norte dos cursos de água no centro da ilha. Lá, durante a temporada em que o carvalho dá frutos, o rico húmus no solo da floresta fica coberto de bolotas marrons, grandes e lustrosas. Se você recolher uma, provavelmente a encontrará mastigada, pois essas florestas são o lar de mais espécies de gambás e ratos gigantes que qualquer outro lugar da Terra, e muitas adoram comer essas bolotas de carvalho.

Quando as vi pela primeira vez — no vale do rio Nong, ao norte de Telefomin, em 1985 —, essas florestas magníficas se estendiam diante de mim até o azul da distância, um baluarte contínuo de vida selvagem. Foi um raro privilégio ser o primeiro especialista em mamíferos a trabalhar naquela área, pois ela rapidamente se revelou o lar de muitas espécies incomuns, muitas exclusivas daquela região e totalmente desconhecidas pela ciência. Uma dessas criaturas era um gambá acinzentado, do tamanho de um gato, com grandes olhos marrons, pequenas patas e uma cauda curta que os telefol (que às vezes vão caçar no vale) chamam de *matanim*. Eles, é claro, conheciam o animal fazia milhares de anos, mas, para os cientistas como eu, ele era novo. Ficou provado que se trata de uma espécie primitiva, cujas origens se encontram perto da base da árvore genealógica do cuscus da Papua-Nova Guiné. Pelo que pude aprender nas conversas com os caçadores, ele tinha uma dieta singular na qual se destacavam as folhas de figueira, frutas e a madeira apodrecida de certas árvores.

O Nong não é o lugar mais fácil de se alcançar no mundo, assim, quando surgiu uma oportunidade de voltar lá, em 2001, eu a agarrei rapidamente. Não é difícil imaginar como eu estava empolgado, mas bem antes de o helicóptero pousar meu entusiasmo tinha esfriado. Todo o vale, junto com os picos ao redor, se transformara num vasto cemitério vegetal.

Mais tarde, meus amigos telefol me contaram que, no segundo semestre de 1997, praticamente não chovera e o céu sem nuvens produzira terríveis geadas que tinham matado as árvores da floresta. No ano-novo, os restos da floresta tinham sido cozidos e o solo estava coberto de folhas de árvores mortas. Então o fogo se espalhou pelo vale e chegou até os picos adjacentes. Ardeu por meses, e mesmo um ano depois ainda ressurgia do musgo e da matéria vegetal morta enterrada profundamente no subsolo.

Essa sequência de acontecimentos tinha devastado a região, expulsando os animais selvagens de suas tocas e, como era mostrado pelo número de mandíbulas de marsupiais guardadas como troféus, tornara os últimos refúgios intocados acessíveis aos caçadores. Nas visitas anteriores eu havia notado que os troféus de mandíbulas eram raros, porque o terreno difícil e a densa cobertura de floresta limitavam o acesso. Agora, centenas de mandíbulas das criaturas maiores e mais raras, como os cangurus das árvores, gambás e ratos gigantes, dependuravam-se nas lareiras, revelando que até mesmo os caçadores medíocres tinham seu sucesso assegurado. E eu me perguntei se ali, pendendo em meio àqueles troféus, não estariam as mandíbulas do último *matanim* da Terra. Serão necessários anos de pesquisa para confirmar a presença ou ausência de um animal tão raro e esquivo. Mas, pelo que eu vi durante a minha visita em 2001, acho que sua sobrevivência terá que ser considerada um milagre.

Nas regiões tropicais e temperadas, a velocidade da mudança climática não é excepcionalmente rápida, e até agora um número pequeno de espécies sofreu efeitos adversos. Mas nos extremos da Terra, contudo, a mudança climática está acontecendo agora com o *dobro* da velocidade vista em outros lugares. Se quisermos examinar os impactos da rápida mudança — o tipo que vai afetar todo o planeta no futuro —, teremos que nos aventurar no grande reino de gelo eterno e da neve, conhecido como criosfera.

10

PERIGO NOS POLOS

> Uma mulher nativa, sozinha e melancólica num quarto de hospital, disse ao entrevistador que, às vezes, ela erguia as mãos diante dos olhos para olhar para elas: "Bem na minha mão eu podia ver os contornos da costa, as praias, lagos, montanhas e colinas por onde passei. Podia ver as focas, os pássaros e a caça." Outro esquimó, sentindo a ruptura dos relacionamentos da sua cultura com a terra, disse ao entrevistador que seria melhor se em toda parte os *inuit* se tornassem "as mentes que cuidam da terra". Porque suas mentes, pensava, moldadas aos contornos específicos da terra, podiam imaginá-la muito bem para saber o que fazer.
>
> Barry López, *Arctic dreams*, 1986.

Nos últimos dias de 2004, as cidades do mundo receberam notícias espantosas: a começar pela sua extremidade norte, a Antártida estava ficando verde. O capim-cabelo da Antártida (*Deschampsia antarctica*) é uma das duas espécies de plantas superiores que crescem ao sul dos 56 graus de latitude. Até agora ele só conseguia sobreviver na forma de algumas moitas esparsas, escondidas atrás da face norte de alguma pedra ou outro ponto abrigado.[146] Mas, no verão austral de 2004, grandes extensões verdes dessas plantas começaram a aparecer, formando prados extensos no que já fora o reino das tempestades de neve. É difícil imaginar algo mais emblemático das transformações em curso nas extremidades polares da nossa Terra. E, no entanto, as mudanças terrestres tornam-se insignificantes quando comparadas às que ocorrem no mar, pois o mar de gelo está desaparecendo.

Os mares subantárticos estão entre os mais férteis da Terra, e lá existe um genuíno paradoxo, já que a abundância existe apesar de uma ausência quase total do nutriente ferro. A presença de gelo no mar de alguma forma compensa isso, pois a borda semicongelada entre a água salgada e o gelo flutuante promove um crescimento notável do plâncton microscópico que é a base da cadeia alimentar. Apesar dos meses de escuridão no inverno o plâncton prospera sob o gelo, permitindo que o *krill* se alimente dele para completar seu ciclo de vida de sete anos. E onde quer que exista *krill* em abundância é provável que haja pinguins, focas e grandes baleias. De fato, tão miraculosa é a influência do gelo no mar sobre o plâncton, e portanto sobre o *krill* e as criaturas que dele se alimentam, que existe uma diferença tão grande entre as porções cobertas de gelo e livres de gelo do Oceano Austral quanto a que existe entre o mar e o continente antártico quase estéril.

O dr. Angus Atkinson, do British Antarctic Survey, está profundamente interessado no relacionamento entre o plâncton, o *krill* e os mamíferos que dele se alimentam. Atkinson e seus colegas examinaram registros da coleta de *krill* pelas frotas pesqueiras de nove países que atuam no setor do oceano austral, que fica no sudoeste do Atlântico.[114] Esse é o verdadeiro lar do *krill*, pois entre 60% e 70% de sua população total do hemisfério Sul residem lá. Atkinson e seus colegas dividiram os registros em dois períodos: 1926-39 e 1976-2003. Ao comparar as variações na abundância do *krill* nos dois períodos, descobriram que, antes de 1939, embora houvesse variações de ano para ano, nenhuma tendência geral, para cima ou para baixo era evidente. Em outras palavras, a população do *krill* era estável. Mas um padrão muito diferente foi visto nos anos que se seguiram a 1976. Desde aquela data o *krill* experimenta um rápido declínio, reduzindo-se na taxa de quase 40% por década. E, como Atkinson e seus colegas nos dizem, "não se trata de um efeito localizado, de curto período — refere-se a cerca de 50% do estoque [de *krill*] e ao período de 1926 a 2003...".

À medida que o *krill* diminui, outra espécie vegetariana — as salpas, semelhantes a geleias — aumenta. Anteriormente confinadas às águas mais ao norte, as salpas não precisam de uma grande densidade de plâncton para se multiplicar; de fato, suas necessidades alimentares são tão modestas que elas podem sobreviver da pobre colheita oferecida pelas partes livres de gelo do oceano Austral. E, no que se refere às baleias, as salpas são tão desprovidas de nutrientes que um oceano repleto delas seria inútil. De fato, nenhum dos mamíferos marinhos ou pássaros da Antártida se alimenta delas. E o estudo de Atkinson conclui: "Essas mudanças entre espécies-chave têm profundas implicações para a cadeia alimentar do oceano Austral. Pinguins, albatrozes, focas e baleias vão enfrentar a escassez do *krill.*"[114]

Tendo identificado uma mudança tão grande, os pesquisadores estavam ansiosos para descobrir o que controlava a população do *krill*. Ano a ano a população parecia flutuar com a extensão do mar congelado no inverno anterior; um extenso mar coberto de gelo significava bastante alimento no inverno para o *krill*. Antes da cobertura dos satélites, na década de 1980, era impossível obter registros diretos e precisos da extensão do mar de gelo em torno da Antártida no inverno. Agora, graças a um estudo engenhoso do (respire fundo) ácido metanossulfônico preservado no gelo antártico, as mudanças anuais no volume do mar de gelo podem ser estimadas.[151] A pesquisa revela que a extensão da cobertura de gelo do mar foi estável de 1850 até 1950, mas tem diminuído rapidamente desde então, a ponto de a extremidade norte do gelo ter recuado para o sul de 59,3°S a 60,8°S. Isso corresponde a 20% na diminuição da cobertura de gelo do mar.[2] E a redução na quantidade de *krill* coincidiu tão de perto com a redução do gelo no mar nesse período que deixa pouca dúvida de que a mudança climática é uma ameaça profunda ao oceano mais fértil do mundo, e às maiores criaturas existentes, que se alimentam lá.

Para se ter uma ideia da magnitude e da velocidade da mudança em curso, imagine o que significaria para os animais do Serengeti se suas pradarias fossem reduzidas em 40% a cada década, desde 1976. Ou se a sua própria renda tivesse sido cortada de modo semelhante? Já existem sinais de que a fauna Antártida está sentindo a redução. A população do pinguim imperador é a metade do que era há trinta anos, enquanto o número de pinguins de Adelia caiu em 70%.[232] Tais estudos sugerem que um ponto será atingido, no futuro próximo, em que, uma após a outra, as espécies dependentes do *krill* não conseguirão mais se alimentar. Se isso ocorrer, as baleias-francas do sul, que só recentemente começaram a retornar às praias da Austrália e Nova Zelândia, não virão mais, pois elas não se alimentam nessas águas temperadas, e precisam engordar com o *krill* do inverno para poderem viajar até suas áreas de reprodução. As baleias corcundas que atravessam os oceanos do mundo também não conseguirão mais encher seus ventres amplos, e o mesmo acontecerá com as incontáveis focas e pinguins que nadam nos mares austrais. No lugar deles teremos um oceano repleto de salpas parecidas com geleias, as derradeiras herdeiras do degelo da criosfera.

O Ártico é uma região que é quase uma imagem especular do sul. Enquanto a Antártida é um continente congelado, cercado por oceano imensamente rico, o Ártico é um oceano congelado quase inteiramente cercado por terra. É também o lar de 4 milhões de pessoas, o que significa que foi mais bem estudado.

A maioria dos habitantes do Ártico vive em suas bordas, e é lá, em locais como o sul do Alasca, que os invernos agora são de 2°C a 3°C mais quentes do que há apenas trinta anos. Entre os impactos mais visíveis da mudança climática em qualquer lugar da Terra está o provocado pelo besouro da casca do abeto. Nos últimos 15 anos ele matou em torno de 40 milhões de árvores no sul do Alasca, mais do que qualquer outro inseto na história registrada da América do Norte.[170] Dois invernos rigorosos costumam ser suficientes para controlar a proliferação dos besouros, mas uma sucessão de invernos brandos nos últimos anos os deixou fora de controle. O besouro do broto do abeto é outra ameaça para as árvores, com a fêmea do besouro colocando 50% mais ovos a 25°C de temperatura do que a 15°C.[156]

Qualquer ser vivo no Ártico sem árvores tem que ser duro e versátil e, em seu maravilhoso tributo às regiões polares, *Arctic dreams*, Barry López destaca o lemingue de colar (*Dicrostonyx hudsonius*) como o símbolo de tudo o que é preciso para sobreviver lá. Essa criatura modesta, diz ele:

> torna-se proeminente em minha mente como uma representante da resistência e versatilidade no inverno. Quando você o encontra na tundra, no auge do verão, coletando liquens ou raízes da turfeira, ele se ergue sobre suas patas traseiras e assume uma postura de alerta hostil que o aconselha a não interferir. Seu tamanho pequeno não é problema porque ele exibe uma qualidade notável neste terreno esparso.[200]

Os lemingues de colar são verdadeiros filhos do extremo norte, pois sobrevivem até mesmo na hostil costa norte da Groenlândia, e estão soberbamente adaptados para a vida na criosfera. São os únicos roedores cujo pelo se torna branco no inverno, e cujas garras, nessa estação, se transformam em pás de duas pontas usadas para perfurar túneis na neve. Sua população flutua num ciclo de quatro anos. No final do ciclo, talvez sejam tão abundantes que podem migrar em massa, em busca de alimento, daí dando origem à ideia errada, muito divulgada, de que cometem suicídio se atirando dos penhascos.

A despeito da firmeza de seus habitantes, o ecossistema do Ártico é especialmente frágil a mudanças sutis, e uma estação com menos neve e mais chuva pode ter enorme impacto. Em 2004 foi publicada uma Avaliação do Impacto no Clima do Ártico, um relatório patrocinado pelos países com interesse na região.[156] Este documenta muitas mudanças, assim como faz projeções de outras que virão, e uma das mais significativas é de que, se persistir a tendência de aquecimento global, as florestas se expandirão para o norte, até as margens do mar Ártico, destruindo a tundra. Várias centenas de milhões de pássaros emigram para essas regiões sem árvores para acasalar, e, à medida que as florestas avançarem para o norte, os grandes bandos se dispersarão, tornando-se cada vez menores em sua migração para o sul. De fato, os pássaros devem perder mais de 50% de suas áreas de acasalamento só neste século.[156] Para o lemingue de colar, a tundra e a vida são inseparáveis, e o relatório declara que a espécie estará extinta antes do fim do século. Tudo o que restará então será a memória folclórica de um pequeno roedor suicida. Mas a verdadeira tragédia é que o lemingue não pulou — ele foi empurrado.

A Avaliação do Impacto no Clima do Ártico dá uma atenção especial a importantes espécies para os povos do Ártico, e nenhuma é mais vital para suas vidas do que o caribu (ou rena, como a espécie é conhecida na Eurásia). O caribu de Peary é uma subespécie pequena e pálida encontrada apenas no oeste da Groenlândia, e nas ilhas árticas do Canadá. As chuvas do outono agora cobrem de gelo os liquens que formam o suprimento de alimentos da criatura no inverno, fazendo muitas morrerem de fome. Os números do caribu de Peary caíram de 26 mil em 1961, a mil em 1997. Em 1991 ele foi classificado como espécie ameaçada, o que significa que não pode ser caçada, e assim se tornou irrelevante para a economia dos *inuit*.

O povo saami da Finlândia notou um congelamento semelhante do suprimento alimentar de inverno do caribu, e os detalhes foram fornecidos por Heikki Hirvasvuopio aos compiladores do relatório da Avaliação de Impacto no Clima do Ártico de 2004:

> Na época do outono o clima oscila muito, há chuva e dias frios. E isso arruína o acesso das renas aos liquens. É muito simples — quando a camada do fundo congela, as renas não conseguem alcançar os liquens. Isso é muito diferente dos anos anteriores. A rena precisa cavar para forçar o líquen para fora, e a planta inteira sai com sua base. E leva muito tempo para o líquen regenerar quando se retira a base.[156]

Outros fatores também agem para reduzir os rebanhos do caribu e incluem mudanças no padrão da queda de neve, que cobre as fontes de alimentos, e a inundação de rios, que mata milhares de filhotes durante a migração.[156] Em resumo, à medida que a mudança climática avança, ao que parece o Ártico deixa de ser um hábitat adequado para o caribu.

Mas, se alguma coisa simboliza o Ártico, é certamente *nanuk*, o grande urso-branco. Ele é viajante e caçador, e um adversário respeitável para o homem na brancura infinita de seu mundo polar. Cada polegada do Ártico fica ao seu alcance: o *nanuk* já foi avistado 2 quilômetros acima na calota polar da Groenlândia, já foi encontrado fazendo sua toca no fundo da baía de Hudson, a 53°N, ou caminhando firmemente sobre o gelo a 100 milhas do verdadeiro polo. "Eu costumava pensar que a terra os deteria", diz o biólogo canadense Ray Schweinsburg, especialista em ursos-polares. "Mas acho que eles podem cruzar qualquer terreno. A única coisa que os detém é um lugar onde não existe comida."[200] E, para os ursos-polares, ter comida suficiente significa um bocado de gelo no mar.

É verdade que ursos-polares vão capturar lemingues ou comer pássaros mortos, se a oportunidade surgir, mas é o mar congelado e a *netsik* — a foca anelada que vive e se reproduz lá — que forma o núcleo da alimentação da criatura. Em 1978, um caçador *inuit* e o biólogo que o acompanhava viram um urso-polar matar uma foca em mar aberto, mas esse acontecimento é tão raro quanto um mirtilo na primavera — a exceção que prova a regra.[200]

Netsik é o mamífero mais abundante do extremo norte e pelo menos 2,5 milhões deles nadam nos mares cheios de *icebergs*. E, no entanto, às vezes as condições climáticas são tais que eles simplesmente não podem se reproduzir. Em 1974 caiu tão pouca neve sobre o golfo de Amundsen que as focas não puderam construir seus ninhos cobertos de neve sobre a calota polar. E assim elas partiram, algumas viajando até a Sibéria. E os ursos-polares? Aqueles que tinham gordura suficiente seguiram as focas em suas longas jornadas, mas muitos, que não tinham se alimentado bem na estação anterior, não puderam seguir e simplesmente morreram de fome.

A situação das focas-da-groenlândia (*Pagophilus groenlandicus*), que vivem no golfo de São Lourenço, dá uma ideia clara do que vem por aí. Como as focas-aneladas elas não podem criar seus filhotes se houver pouco ou nenhum gelo no mar — o que lhes aconteceu em 1967, 1981, 2000, 2001 e 2002.[156] E a sequência de anos sem filhotes que abriu este século é preocupante. Se uma sequência de anos sem gelo exceder a vida fértil de uma foca-anelada fêmea — talvez uma dúzia de anos — a população do golfo de São Lourenço, que é geneticamente separada do resto da espécie, se extinguirá. As focas-aneladas, barbadas e de fita também dão à luz e amamentam no mar congelado. Até mesmo a poderosa morsa vive sob o encanto do mar de gelo, pois a borda altamente produtiva da calota é o seu principal hábitat.

Os grandes ursos estão lentamente ficando desnutridos conforme os invernos se tornam mais quentes. Um estudo a longo prazo de 1.200 indivíduos que vivem ao sul do seu hábitat — em torno da baía de Hudson — revela que já estão 15% mais magros do que há algumas décadas. A estação da caça tornou-se muito curta para que os ursos encontrem comida suficiente, e 15% é muita gordura corporal para perder antes da hibernação. E a cada ano as fêmeas desnutridas dão à luz poucos filhotes. Há algumas décadas eram comuns os trios; agora não se houve mais falar neles. Naquela época, metade dos filhotes estavam desmamados e se alimentando sozinhos com 18 meses, enquanto hoje esse número é de menos de um em vinte.[55] Até mesmo as fêmeas que conseguem procriar com sucesso enfrentam perigos desconhecidos no passado — o aumento da chuva no inverno, em certas áreas, pode fazer as tocas desabarem, matando a mãe e os filhotes que dormem lá dentro. E a quebra prematura do gelo no mar pode separar as áreas de reprodução das áreas de alimentação; e os filhotes não conseguem nadar grandes distâncias para encontrar comida. Quando isso acontece, eles simplesmente morrem de fome.

Como diz Schweinsburg, a única coisa que detém o *nanuk* é um lugar onde não existe comida. E, ao criar um Ártico com uma calota polar cada vez menor, criamos uma monotonia de água aberta e terra seca onde, para o *nanuk* pelo menos, *não* existe comida. E sem uma espessa camada de neve ele não encontra lugar para fazer sua toca de inverno; e sem gelo, sem neve e sem o *nanuk* o que significará ser um *inuit* — o povo que lhe deu nome e que o compreende como nenhum outro? Quando está saudável e bem alimentado, o *nanuk* arranca as camadas de gordura de uma foca, deixando o resto para um séquito de outras criaturas que incluem a raposa do Ártico, o corvo, e as gaivotas-marfim e de Thayer. Em certas épocas e lugares, muitas dessas criaturas dependem do *nanuk*, pois não existe outro fornecedor de carniça nessa terra proibida.[200] E, à medida que o Ártico se enche de ursos-brancos famintos, o que acontecerá com essas criaturas menores? Algumas também dependem do mar de gelo, como a gaivota-marfim e a pequena auca. De fato, a abundância de gaivota-marfim já declinou em 90% no Canadá nos últimos vinte anos, e se sua população continuar diminuindo a essa taxa, não chegará ao final do século. Ao que tudo indica, a perda do *nanuk* pode marcar o início do colapso de todo o ecossistema do Ártico.

Se nada for feito para limitar as emissões de gases do efeito estufa, parece certo que em algum ponto deste século chegará o dia em que não haverá gelo no verão do Ártico — apenas um mar vasto, escuro e turbulento. Meu palpite é de que o mundo nem terá que esperar tanto para ver o *nanuk* desaparecer, pois bem antes de o último gelo derreter os ursos terão perdido sua constelação de lugares onde fazem tocas, seus campos de alimentação e seus corredores de migração, sem os quais não podem procriar. Talvez um bando de ursos velhos vá permanecer, ficando menor a cada ano. Ou talvez ocorra um verão terrível em que as focas não serão encontradas em parte alguma. Alguns caçadores engenhosos poderão sobreviver com uma dieta de lemingues, carniça e focas apanhadas no mar, mas ficarão tão magros que não acordarão mais da hibernação invernal.

As mudanças que estamos testemunhando nos polos são do tipo descontrolado, isto é: a menos que os gases do efeito estufa possam ser limitados, e rapidamente, não haverá vencedores entre a fauna e a flora únicas dessa região. No lugar dela podemos esperar que o reino do urso-polar, do narval e da morsa será simplesmente substituído pelo maior hábitat da Terra — as grandes florestas temperadas da taiga, e os oceanos frios e sem gelo do norte. E, nas áreas que não forem tomadas pela floresta, a temperatura crescente (e a evaporação crescente) darão origem a desertos polares, pois, surpreendentemente, grandes áreas do Ártico recebem muito pouca precipitação.[156]

Talvez você pense que o avanço das florestas, ao tirar CO_2 da atmosfera à medida que crescem, poderá ajudar a reduzir a mudança climática. Mas os cientistas estimam que quaisquer ganhos desse tipo serão anulados pela perda do albedo, pois uma floresta verde-escura absorve muito mais luz solar, e assim capta muito mais calor do que uma tundra coberta de neve. O impacto geral do florestamento das regiões nortes do mundo será o de aquecer nosso planeta ainda mais rapidamente, e, uma vez que isso aconteça, a despeito do que a humanidade fizer com suas emissões, será tarde demais para reverter o quadro.[191] E quaisquer ursos-polares ou focas que sobrevivam em zoológicos, lá mantidos na esperança de um dia recriarmos seu reino gelado, permanecerão cativos, porque, depois de persistir por milhões de anos a criosfera polar norte terá desaparecido para sempre.

11

2050: O GRANDE RECIFE ATROFIADO?

> Fui até o recife com um grupo de cavalheiros, e a água, sendo muito clara em torno das bordas, apresentou aos nossos olhos uma nova criação, que imitava a antiga. Tínhamos feixes de trigo, cogumelos, chifres de veado, folhas de repolho e uma variedade de outras formas brilhando sob a água com tonalidades vivas de cada nuance de cores entre o verde, púrpura, marrom e branco. Igualando em beleza e superando a grandeza da *parterre* favorita de um florista curioso.
>
> Matthew Flinders *Voyage to Terra Australis*, 1814.

De todos os ecossistemas do oceano, nenhum é mais diversificado, ou — como se pode perceber das observações acima — mais repleto de beleza, cores e formas do que um recife de coral. E nenhum, dizem os especialistas em clima e biólogos marinhos, está mais ameaçado pela mudança climática. Já ouvi essa opinião alarmante ser expressa em conferências e fico sempre admirado com a resposta indiferente da plateia em face de notícias tão chocantes. É como se não pudessem acreditar, ou se a inevitabilidade de privar o mundo de tamanha beleza para seus filhos fosse uma questão que independesse de sua vontade.

Será verdade que os recifes de coral do mundo estão à beira do colapso? Essa é uma questão de considerável interesse para a humanidade, pois os recifes de coral são responsáveis por uma renda de 30 bilhões de dólares por ano, a maior parte para pessoas de poucos recursos. A perda financeira, contudo, pode mostrar-se pequena quando comparada à perda dos "serviços gratuitos" que os recifes de coral fornecem. Os cidadãos de cinco nações vivem inteiramente sobre recifes de coral, enquanto as orlas de recifes são tudo que existe entre uma invasão do mar e outras dezenas de milhões de pessoas. Destrua essa orla de recifes em muitas nações do Pacífico e você terá feito o equivalente a demolir os diques da Holanda.

Um em cada quatro habitantes do oceano passa pelo menos parte de seu ciclo de vida nos recifes de coral. Tal biodiversidade se torna possível devido à complexa arquitetura dos corais, que fornece muitos lugares de esconderijo, e pela falta de nutrientes presentes na água tropical clara.

É curioso como baixos níveis de nutrientes podem promover grande diversidade. Pense que em regiões com solos férteis e chuvas abundantes, apenas algumas espécies de plantas podem dominar. Elas são como as ervas daninhas, aquelas que crescem mais rapidamente com níveis ideais de luz solar, água e nutrientes — e que, assim, podem vencer a concorrência do resto. Em contraste, onde os solos são pobres as especialistas em nichos — plantas que podem crescer apenas dentro de limites estreitos — proliferam, cada uma crescendo melhor onde existem nutrientes específicos, em quantidades específicas, e onde a chuva cai em ocasiões específicas. O melhor exemplo disso é visto nas planícies inférteis de areia na Província do Cabo, na África do Sul, onde 8 mil espécies de arbustos que dão flores coexistem numa mistura tão diversa quanto da maioria das florestas tropicais.

Os recifes de coral são o equivalente marinho da flora da planície arenosa da África do Sul. E assim podemos ver que os nutrientes, e perturbações que quebrem a estrutura dos recifes de coral, são os arqui-inimigos de sua diversidade, pois então só algumas espécies semelhantes a ervas daninhas — a maioria algas marinhas — poderão proliferar.

Quando Alfred Russel Wallace velejou em Ambon Harbour, no que é agora a Indonésia ocidental, em 1857, ele viu:

> uma das cenas mais espantosas e belas que já testemunhei. O fundo estava absolutamente escondido por uma série contínua de corais, esponjas, actínias, e outras criações marinhas, de dimensões magníficas, formas variadas e cores brilhantes. A profundidade variava de 20 a 50 pés, e o fundo era muito irregular com rochas e fossos, pequenas colinas e vales, oferecendo uma variedade de locais para o crescimento dessas florestas de animais. E entre elas se moviam um número de peixes azuis, vermelhos e amarelos, pintados, listrados dos modos mais notáveis, com grandes medusas transparentes laranja ou rosa flutuando próximo da superfície. Era um panorama para se contemplar por horas, e nenhuma descrição pode fazer justiça a sua extrema beleza e interesse.[242]

Na década de 1990, eu costumava navegar até o Ambon Harbour, e não vi jardins de corais, nem medusas ou peixes, não vi nem mesmo o fundo. No lugar deles, a água escura fedia, espessa, com lixo e esgotos. E, à medida que me aproximava da cidade, a situação piorava, com grande quantidade de excrementos, sacolas de plástico e intestinos de cabritos mortos.

Ambon Harbour é apenas um entre incontáveis exemplos de recifes de coral que foram devastados ao longo do século XX. Hoje em dia, a prática generalizada da pesca maciça — com explosivos e venenos, inclusive — ameaça a sobrevivência dos recifes, pois a estabilidade dos corais diante da mudança climática depende inteiramente da diversidade de peixes e de outras criaturas que eles abrigam.[142] Perturbar a biodiversidade do recife também pode levar a surtos de espécies daninhas, como a estrela-do-mar coroa-crísti. Outro problema é o escoamento de nutrientes da agricultura baseada em terra e a poluição das cidades que têm contribuído para colocar sob ameaça a maioria dos recifes de coral do mundo. Mesmo locais protegidos como a Grande Barreira de Recifes da Austrália estão se tornando bastante degradados, nesse caso pela quadruplicação dos sedimentos ricos em poluição e nutrientes derivados das regiões agrícolas que os eventos intensos de El Niño e os ciclones tropicais característicos do nosso novo clima carregam para o mar.[142]

Os danos induzidos nos recifes pela mudança climática às vezes chegam de locais inesperados. O El Niño de 1997-8 viu as florestas da Indonésia queimarem como nunca antes, e durante meses o ar ficou espesso com um nevoeiro rico em ferro. Antes daqueles incêndios, os recifes de coral do sudoeste de Sumatra estavam entre os mais ricos do mundo, exibindo mais de cem espécies de corais duros, incluindo maciços indivíduos com mais de um século de idade. Então, no final de 1997, uma "maré vermelha" apareceu na costa de Sumatra. A cor era o resultado do crescimento de minúsculos organismos que se alimentavam do ferro no nevoeiro.[95] Conhecidos como dinoflagelados, as toxinas que eles produziram provocaram tantos danos que o recife levará décadas para se recuperar. Se algum dia o fizer.

O nevoeiro gerado sobre a Ásia durante o El Niño de 2002 foi ainda maior que o de 1997-8. Foi do tamanho dos Estados Unidos. Nessa escala, o nevoeiro pode reduzir a luz solar em 10% e aquecer a atmosfera inferior e o oceano, o que causa problemas para os corais.[124] Uma profusão de dinoflagelados estão agora devastando as costas da Indonésia e da Coreia do Sul e causando prejuízos de milhões de dólares à aquicultura. A perspectiva de recuperação para qualquer recife de coral do leste da Ásia parece cada vez menor.[124]

É o impacto direto das temperaturas mais elevadas, contudo, que está se revelando o aspecto mais ameaçador da mudança climática sobre os recifes de coral. Temperaturas mais altas levam ao descoramento dos corais. Para entender esse fenômeno, precisamos examinar um recife afastado da interferência humana, onde só a água mais quente esteja causando os danos. Felizmente existem alguns recifes protegidos pela distância e pelo tamanho, sem poluição, pescadores ou turistas. O recife Myrmidon, bem longe da costa de Queensland, quase não recebe a visita do homem. A cada três anos, cientistas do Instituto Australiano de Ciências Marinhas em Townsville o inspecionam, e quando estiveram lá, em 2004, levaram com eles o escritor ambientalista James Woodford. Ele descreveu Myrmidon, como parecendo "ter sido bombardeado". Isso era o resultado de a crista do recife ter sido severamente descorada, deixando uma floresta de coral branco e morto. Só nos declives mais profundos a vida sobrevivia.[54]

O branqueamento do coral acontece sempre que a temperatura do mar excede certo limite. E onde a água morna se acumula o coral fica de um branco mortal. Se o calor for temporário, o coral pode se recuperar lentamente, mas se persistir, o coral morre. O fenômeno representa a dissolução de uma parceria, pois os organismos que formam os recifes e atóis do mundo são de fato dois seres vivos em um só. O parceiro maior nessa fusão ecológica é uma criatura pálida, semelhante a uma anêmona-do-mar, conhecida como pólipo, que adquire sua tonalidade esverdeada, vermelha ou púrpura de uma hospedeira — um tipo de alga conhecida como zooxantela. Sob circunstâncias normais, o relacionamento é uma feliz simbiose: o pólipo coralino fornece um lar e um pouco de nutrição para a alga, enquanto a alga fornece ao pólipo alimento derivado da fotossíntese. Mas, à medida que a temperatura da água do mar sobe, a capacidade da alga de realizar a fotossíntese é prejudicada, e o pólipo recebe menos do que precisa para manter sua parceira. E, como em muitos relacionamentos em conflito, essa situação desigual leva à separação, embora o modo como o pólipo ejeta a alga (se ela não sair por sua própria vontade) permaneça um mistério. Se a temperatura permanecer alta por um mês ou dois, os pólipos morrem de fome sem suas algas, deixando um esqueleto de recife que, finalmente, será coberto de corais moles e algas verdes.

Quase não se ouvia falar em branqueamento de corais antes de 1930, e este permaneceu um fenômeno em pequena escala até os anos 1970. E foi o El Niño de 1998 que provocou a mortandade global. Alguns recifes de coral foram estudados intensivamente antes e depois do fenômeno, o que ensinou bastante aos cientistas. No oceano Índico, os recifes de Scott e Seringapatam foram severamente afetados com branqueamento até uma profundidade de 30 metros. Antes de 1998, a porcentagem da cobertura de corais rígidos desses recifes ficava na saudável proporção de 41%, então caiu para 15%. No recife de Scott houve uma falha total na recuperação do coral desde então. Seringapatam está se recuperando lentamente.

A Grande Barreira de Recifes é o recife mais vulnerável do mundo em face da mudança climática, devido às altas temperaturas junto da costa e o impacto debilitador da poluição. Os corais situados próximos da linha costeira foram atingidos mais duramente que os situados no recife exterior. Ao todo, 42% da Grande Barreira de Recifes embranqueceram em 1998, com 18% sofrendo danos permanentes. Em 2002, com a renovação das condições de El Niño, uma massa de água morna com meio milhão de quilômetros quadrados desenvolveu-se sobre o recife. Isso provocou outro branqueamento maciço, que, em alguns recifes próximos da costa, matou 90% dos corais e deixou 60% do complexo da Grande Barreira afetados. Nos poucos trechos de água fria que restaram, o coral não foi danificado.

Uma pesquisa realizada em 2003 revelou que a cobertura de corais vivos tinha caído para menos de 10% em metade da área do recife, com grandes declínios evidentes mesmo nas seções mais saudáveis. A reação do público tornou inevitável uma ação política, e o governo australiano anunciou que 30% dos recifes seriam protegidos, o que significa que a pesca comercial será banida, e outras atividades humanas severamente limitadas na nova zona protegida. Mas não é a pesca ou os turistas que estão matando o recife; isso está sendo feito por crescentes emissões de CO_2.

Os australianos emitem mais CO_2 *per capita* do que qualquer outra nação na Terra. Se estivesse falando com seriedade a respeito de salvar o recife, o governo australiano tomaria medidas em sua política energética e na área internacional. Em lugar disso, em 2004, o governo divulgou sua política energética há muito esperada, que mantinha o carvão no centro do sistema de geração de energia do país.

Em 2002, um painel formado por 17 dos maiores pesquisadores de recifes de coral do mundo advertiu em um artigo para a revista *Science* que "os aumentos projetados de CO_2 e de temperatura para os próximos cinquenta anos excedem as condições sob as quais os recifes de coral se desenvolveram no último meio milhão de anos". Em 2030, dizem eles, danos catastróficos terão sido causados aos recifes do mundo, e em 2050 mesmo os recifes mais protegidos mostrarão evidentes sinais de danos.[97] A mensagem foi reforçada em outubro de 2002, quando 15 das maiores autoridades mundiais em recifes de coral se encontraram em Townsville, Queensland, para discutir a situação da Grande Barreira.[41] De acordo com o cientista Terry Done, mais um aumento de 1°C na temperatura global fará com que 82% do recife embranqueçam; um aumento de 2°C e a porcentagem subirá para 97% e 3°C significará a "devastação total".[54] E, como os oceanos levam em torno de três décadas para se harmonizar com o calor acumulado na atmosfera, pode ser que 4/5 da Grande Barreira sejam uma vasta zona de mortos-vivos — esperando apenas que o tempo e a água morna os alcancem.

Gobiodon, Espécie C. Este pequeno peixe é nativo da Papua-Nova Guiné. A destruição de seu hábitat nos recifes significa que ele agora está restrito a uma única formação coralina.

Extinções causadas pela mudança climática quase certamente já estão acontecendo nos recifes do mundo, e uma minúscula espécie de peixe que habita os recifes, conhecida como *Gobiodon*, espécie C, pode ser um exemplo.[96] A maioria dos hábitats usados por essa minúscula criatura foram destruídos pelo embranquecimento do coral e os impactos a este associados durante o El Niño de 1997-8. Ele agora só pode ser encontrado em um trecho de corais em uma laguna de Papua, na Nova Guiné. "Espécie C" indica que ela ainda não foi formalmente batizada, e sua situação é tão crítica que a extinção pode ocorrer antes do batismo científico. Sabemos da existência da espécie C do *Gobiodon* apenas porque os cientistas interessados nesse gênero passaram longos meses documentando mudanças na abundância desse peixe que outros poderiam não perceber. Tão grande é a diversidade dos recifes de coral e tão poucos são os biólogos marinhos que os estudam que não é um exagero dizer que precisamos multiplicar a perda desse pequeno peixe mil vezes para ter uma ideia da infinidade de extinções que, com toda a probabilidade, deve estar ocorrendo agora.

E, no entanto, apesar do enorme dano já evidente nos recifes de coral do mundo, alguns cientistas estão esperançosos de que os recifes possam sobreviver à mudança climática. Se pudéssemos visitar a Grande Barreira de Recifes da Austrália há 15 mil anos, teríamos visto pouco mais do que uma linha de colinas de pedra calcária separando a planície costeira do mar. Naquela época, cada recife de coral existente hoje em dia estava seco e no alto, pois o oceano encontrava-se 100 metros mais baixo do que na época atual. A maioria das famílias de corais duros que formam os recifes já existia antes do final do período Cretáceo, há 65 milhões de anos, quando um asteroide atingiu o planeta e devastou os ecossistemas. Não se tem clareza de como eles sobreviveram, embora seja quase certo que isso só aconteceu em refúgios especiais. Alguns cientistas acham que esses sobreviventes alteraram a química de seus esqueletos; outros afirmam que, por algum tempo, eles sobreviveram sem esqueletos. Os corais podem ser forçados a esses extremos novamente no futuro, pois, à medida que o CO_2 se acumula na atmosfera e então se difunde para o oceano, tornará os mares acidificados, impedindo que os corais produzam seus esqueletos duros.

Essa história sugere que é possível que algumas espécies individuais de corais possam sobreviver, enquanto a biodiversidade geral dos recifes, não. De modo a saber que condições a completa diversidade dos recifes de coral pode tolerar, precisamos analisar os mais antigos sinais que temos da vida que fervilha nos recifes de hoje em dia. O melhor lugar para fazer isso é num morro verdejante chamado monte Bolca, perto da cidade italiana de Verona, onde depósitos finamente laminados de pedra calcária, cheios de corpos de antigos peixes do mar, têm sido minerados desde o século XVI.

Há 50 milhões de anos, a região em torno de Verona era uma laguna no meio de um recife de coral e, quando morriam, os peixes do recife eram levados para as águas calmas, onde seus corpos, brilhantemente coloridos, afundavam para as águas sem oxigênio do fundo. Sem oxigênio não há decomposição, e em monte Bolca a preservação foi tão extraordinária que alguns dos padrões de cores daqueles peixes há tanto tempo mortos ainda podem ser vistos. Os cientistas já identificaram 240 espécies nos depósitos, e entre estas estão os ancestrais de muitos dos peixes que habitam os recifes de coral do mundo moderno. A presença de tantos peixes tão cedo no registro geológico sugere que houve uma rápida irradiação de espécies na sequência da catástrofe. Já que sabemos agora sobre o cataclismo climático movido a metano, de 55 milhões de anos atrás, parece possível que esse evento tenha devastado os peixes dos recifes de coral anteriores — e com toda probabilidade os próprios recifes —, e que depois disso as comunidades de recifes que conhecemos hoje em dia tomaram o lugar.

Existem dois modos pelos quais as espécies que formam os recifes de coral podem sobreviver à ameaça da mudança climática que se aproxima: pela adaptação ou pela migração. Pesquisas recentes mostram que alguns tipos de zooxantelas que vivem dentro dos pólipos podem tolerar temperaturas mais altas do que outras. Uma espécie de alga conhecida como *Symbiodinium,* espécie D é mais tolerante à água morna, mas como não é tão eficiente na produção de alimento a partir da luz solar quanto suas parentes de baixas temperaturas, ela é hoje relativamente rara.[98] Mas, nos recifes destruídos pelo branqueamento, sua abundância tem aumentado. Se os corais puderem se adaptar desse modo, existe esperança de que alguns deles, e talvez recifes, possam sobreviver nos locais onde crescem atualmente.[99] No entanto, a extensão da adaptação teria que se expandir várias vezes e ocorrer rapidamente para salvar a maioria dos recifes de coral da devastação.

Outra rota de escape pode ser a migração dos corais para as águas mais frias do sul. No caso da Grande Barreira de Recifes, a costa ao sul da atual distribuição dos recifes não apresenta a extensa plataforma continental rasa necessária para suportar grandes recifes. Algumas espécies podem encontrar refúgio em locais como Sydney Harbour, mas apenas uma fração da diversidade, mesmo das espécies móveis, poderá existir em locais tão limitados.

Assim, qual é o prognóstico para os recifes de coral do mundo? A complexidade de sua ecologia, e nosso limitado conhecimento de seus aspectos-chave, torna a resposta dos recifes ao aquecimento um dos resultados mais difíceis de serem determinados diante da mudança climática. Não obstante, o dano que eles já sofreram é uma forte indicação de que os recifes são sensíveis às perturbações da mudança climática, levando-me a acreditar (junto com muitos outros cientistas) que o futuro dos recifes em face do novo clima é sombrio.

Vamos imaginar qual será o aspecto da Grande Barreira de Coral daqui a cinquenta anos. Apenas cinquenta das quatrocentas espécies de corais duros que atualmente habitam o complexo de recifes têm probabilidade de terem se adaptado a usar o tipo D da *Symbiodinium* como parceiras. E quase todas essas espécies resistentes ao calor são formas semelhantes a rochas e tipos grossos e robustos. Não apenas esses corais não parecem atraentes, como não formam as estruturas labirínticas tão necessárias à biodiversidade dos recifes.[54] É difícil de acreditar que algo mais do que uma pequena proporção das criaturas dos recifes possa sobreviver a essa transformação. Assim, os visitantes que chegarem a Queensland em 2050 poderão ver o Grande Recife Atrofiado. O turismo é a segunda maior fonte de renda da Austrália, e a Grande Barreira de Recifes é um dos principais trunfos dessa indústria. Assim, decidir quem vai pagar para ver o Grande Recife Atrofiado tem mais do que uma importância acadêmica. E, com algumas nações inteiramente dependentes dos recifes de coral para existir, há muito mais do que economia em jogo.

12

O ALERTA DA RÃ DOURADA

Quando os chichas estão bêbados, e a noite torna-se escura e tardia, o fogo morre no braseiro e o homem mais velho da tribo conta a história de uma bela e miraculosa rã dourada que vive nas florestas daquelas montanhas místicas. De acordo com as lendas, esta rã é tão arisca e retraída que só pode ser encontrada depois de uma busca árdua e paciente na floresta escura, sobre as encostas cobertas de névoa e nos picos gelados. A recompensa para o descobridor dessa criatura maravilhosa é sublime. Qualquer um que veja o brilho cintilante dessa rã fica a princípio espantado com sua beleza e é dominado pelo entusiasmo e a alegria da descoberta. E quase simultaneamente pode experimentar um grande temor. A história continua dizendo que qualquer homem que encontrar a lendária rã encontrará também a felicidade. Uma história fala de um homem que encontrou a rã, a capturou, e depois a deixou fugir porque não reconheceu a felicidade quando a conquistara; já outro soltou a rã porque achou a felicidade muito dolorosa.

J. Savage, *On the trail of the golden frog*, 1970.

Até esse ponto da nossa narrativa, nem uma única espécie se extinguiu em definitivo devido à mudança climática. Nas regiões onde é provável que isso tenha acontecido, como nas florestas da Nova Guiné ou nos recifes de coral, não havia um biólogo presente para documentar o acontecimento. Em contraste, a Reserva da Floresta Úmida de Monteverde, na Costa Rica, onde fica situado o Laboratório para Conservação da Rã Dourada, foi agraciada com uma abundância de pesquisadores. Logo depois de nosso frágil planeta passar pelo portal mágico do clima, de 1976, eventos abruptos e estranhos foram observados pelos ecologistas que passaram suas vidas conduzindo pesquisas de campo detalhadas nessas florestas intocadas.

Embora o leão não tenha se deitado com o cordeiro em nenhuma parte do mundo observável, depois de 1976 em Monteverde o tucano-de-peito-amarelo (*Ramphastos sulphuratus*) fez o seu ninho ao lado do resplandecente quetzal (*Pharomachrus moccino*) — o que, aos olhos dos ecologistas da floresta tropical, foi um prognóstico tão sério de catástrofe iminente quanto qualquer profecia bíblica.

O tucano-de-peito-amarelo é um pássaro das terras baixas, e sua intrusão abrupta no reino do brilhante quetzal verde e vermelho, que é protetor espiritual dos maias, foi um indício da mudança de condições nas montanhas. O quetzal ainda pode ser visto em Monteverde, mas não é mais tão comum quanto outrora, em parte porque o tucano-de-peito-amarelo come seus filhotes e seus ovos. Algumas espécies mais sensíveis de pássaros já desapareceram do local.

Então, durante a estação seca do inverno de 1987, nas florestas cheias de musgos que cobrem as encostas das montanhas, 1,5 quilômetro acima do mar, trinta das cinquenta espécies de rãs que habitavam os 30 quilômetros quadrados da área de pesquisa desapareceram. Entre elas estava a espetacular rã dourada. A criatura vivia apenas nas regiões superiores das montanhas, mas lá ela era abundante, e, em certas épocas do ano, os machos lustrosos podiam ser vistos às dúzias, reunindo-se em volta de poças no solo da floresta para acasalar. Batizada adequadamente de rã dourada (*Bufo periglenes*), seu desaparecimento preocupou os pesquisadores, já que era um dos anfíbios mais espetaculares da região, não sendo encontrado em nenhum outro lugar.

A rã dourada foi descoberta e batizada em 1966. Só os machos são dourados; as fêmeas são cheias de pintas pretas, amarelas e escarlate. Durante a maior parte do ano, é uma criatura tímida, que passa a maior parte do tempo embaixo da terra, em tocas em meio às massas de raízes e musgos da floresta úmida. Então, quando a estação seca dá lugar à úmida, em abril-maio, ela aparece em massa acima do solo, durante apenas alguns dias e semanas. Com um período tão curto para a reprodução, os machos disputam entre si os locais mais elevados e usam cada oportunidade para acasalar — mesmo que seja com a bota de um pesquisador de campo.

Em seu livro *On the trail of the golden frog* (talvez "rã" tenha sido considerado muito depreciativo para o título) a especialista em anfíbios Marty Crump conta como era ver a criatura em seu frenesi de acasalamento.[24]

> Caminhei colina acima através da floresta úmida, e então pela mata emaranhada [...] e na curva seguinte deparei com uma das cenas mais incríveis que já vi. Lá, reunidas em torno de várias poças na base das árvores anãs, havia mais de cem rãs douradas, imóveis como estátuas, joias ofuscantes destacando-se na lama marrom-escura.

No dia 15 de abril de 1987, Crump fez uma anotação no seu diário de campo que teria um significado histórico:

> Vemos uma grande bolha laranja com pernas se agitando em todas as direções: uma massa de carne de rã estremecendo. Uma observação mais de perto revela três machos, cada um lutando para ter acesso à fêmea no meio. Quarenta e duas manchas de um laranja brilhante, posicionadas em torno da poça, são machos que ainda não acasalaram, alertas a cada movimento e prontos para saltar. Outros 57 machos solitários estão espalhados por perto. No total, encontramos 133 rãs nas vizinhanças dessa poça do tamanho de uma pia de cozinha.

Em 20 de abril:

> O acasalamento parece terminado. Encontrei a última fêmea há quatro dias, e gradualmente os machos retornam aos seus refúgios no subsolo. A cada dia o solo está mais seco e as poças contêm menos água. As observações de hoje foram desanimadoras. A maioria das poças secou completamente, deixando para trás ovos ressecados já cobertos de mofo. Infelizmente, as condições de clima seco do El Niño ainda afetam essa parte da Costa Rica.

Como se soubessem do destino de seus ovos, as rãs tentaram acasalar de novo em maio. Esta, até onde sabemos, foi a última grande orgia das rãs, e Crump teve o privilégio de registrá-la. Apesar do fato de 43.500 ovos terem sido depositados nas dez poças que ela estudou, só 29 girinos sobreviveram por mais de uma semana, pois as poças novamente secaram muito rápido.

No ano seguinte Crumpy voltou a Monteverde para a temporada de acasalamento, mas dessa vez as coisas foram bem diferentes. Depois de uma longa busca, em 21 de maio, ela localizou um único macho. Em junho, e ainda procurando, Crump estava preocupada:

> A floresta parece estéril e deprimente sem aquelas brilhantes manchas de cor laranja que me acostumei a associar a esse clima úmido. Não entendo o que está acontecendo. Por que não encontramos alguns machos checando, esperançosos, as poças?

E no entanto, depois que a temporada terminou sem outro avistamento, o pessimismo era justificado. Um ano se passaria antes que, em 15 de maio de 1989, um macho solitário fosse novamente avistado. Ele estava parado a apenas 3 metros de onde Crump fizera aquele avistamento, 12 meses antes, e era quase certamente o mesmo macho que, pelo segundo ano, mantinha uma vigília solitária, esperando pela chegada de seus companheiros. Era, até onde sabemos, o último de sua espécie, pois desde então a rã dourada nunca mais foi vista.

Rãs e tucanos foram apenas duas das espécies afetadas pela mudança. Os lagartos, em especial, sofreram quedas na população nos anos que se seguiram a 1987, especialmente os anólis, parentes pequenos das iguanas. Em 1996, duas espécies — o anólis da floresta úmida (*Norops tropidolepis*) e o anólis da montanha (*Norops altae*) — tinham desaparecido completamente. Hoje as florestas úmidas de montanha continuam a ser privadas de suas joias, com muitos répteis e rãs e outros exemplares da fauna ficando cada vez mais raros a cada ano. Embora ainda verdejante o suficiente para justificar seu nome, a Reserva Florestal de Monteverde está começando a parecer uma coroa que perdeu suas joias mais belas e mais brilhantes.

Suspeitando de que algum clima anormal pudesse ser a causa das mudanças, os pesquisadores começaram a examinar os registros mensais das chuvas e das temperaturas regionais, mas não conseguiam encontrar nada de estranho nos dados. Felizmente, existia uma fonte de informação alternativa, mais precisa, no topo da montanha — uma estação meteorológica situada na extremidade da área de estudo. Esta forneceu os registros mais detalhados das mudanças locais, necessários para resolver o mistério. Passaram-se 12 anos antes que os pesquisadores publicassem suas descobertas, mas em 1999 eles anunciaram que tinham encontrado a causa da espoliação de Monteverde.

O exame do registro meteorológico revelou que, desde que a Terra cruzara o primeiro portal climático mágico em 1976, o número de dias sem névoa crescera em cada estação seca, até se transformarem em sequências de dias sem névoa. E por volta da estação seca de 1987, o número de dias consecutivos sem névoa tinha ultrapassado algum patamar crítico. Ao que tudo indica foi uma mudança tão sutil que passou despercebida para os pesquisadores que trabalhavam na montanha, e no entanto mergulhou todo o ecossistema em uma crise. A névoa, como podemos ver, trazia com ela uma umidade vital, e sem ela a floresta secou tanto que provocou uma infinidade de mudanças catastróficas que carregaram com elas os pássaros da montanha, os anólis, as rãs douradas e outros anfíbios.

Por que, quiseram saber os pesquisadores, a névoa desaparecera de Monteverde? A linha de nuvens é o nível no qual as nuvens cobrem as encostas das montanhas, trazendo condições de umidade. E, a partir de 1976, o fundo da massa de nuvens subira até ficar acima do nível da floresta. A mudança fora impulsionada pelo aumento abrupto das temperaturas da superfície do oceano no centro oeste do Pacífico, que tinham anunciado o portal mágico em 1976. Talvez o oceano mais quente tenha aquecido o ar, elevando o nível de condensação. Em 1987, a linha de nuvens em ascensão tinha, em muitos dias, deixado para baixo a floresta úmida e ficara lá em cima, produzindo sombra mas não névoa. Foi essa sombra e o frio que ela trouxe que tinham sido anotados nos registros regionais originais, o que a princípio confundiu os pesquisadores.

A pele permeável da rã dourada e sua propensão para andar durante o dia a tinham deixado extremamente vulnerável ao ressecamento provocado pela série de dias sem névoa. Na ocasião em que o estudo foi publicado, em 1999, essa assombrosa criatura estava extinta há uma década.

É sempre devastador quando se testemunha a extinção de uma espécie, porque aquilo que se está vendo é o desmantelamento de ecossistemas e uma perda genética irreparável. Mas a extinção da rã dourada não foi em vão, pois quando a explicação para o seu fim foi publicada na *Nature*, os cientistas puderam defender seu ponto de vista sem equívocos. A rã dourada foi a primeira vítima documentada do aquecimento global. Nós a atingimos com o nosso uso desregrado da eletricidade produzida por carvão e nossos carros grandes demais de modo tão certeiro quanto se tivéssemos derrubado suas florestas com tratores. Foi como se, depois de tê-la experimentado, não reconhecêssemos o que era a felicidade.

E quando a razão da extinção da rã dourada se tornou inteiramente compreensível, pesquisadores de rãs do mundo inteiro começaram a reavaliar suas experiências. Pois desde 1976 muitos tinham observado espécies de anfíbios desaparecerem diante de seus olhos sem conseguir determinar as causas. Seria a mudança climática igualmente responsável?

Steve Richards, pesquisador do Museu do Sul da Austrália, tinha documentado uma série de declínios de anfíbios nas florestas úmidas das montanhas do leste da Austrália. Estes começaram no final da década de 1970, quando uma criatura notável, conhecida como rã da cria gástrica (*Rheobatrachus silus*), desapareceu do sudeste de Queensland. Quando foi descoberta, em 1973, essa rã marrom, de tamanho médio, assombrou o mundo. A surpresa veio quando um pesquisador olhou para dentro da boca aberta de uma fêmea — e viu uma rã em miniatura sentada em sua língua! E os cientistas ficaram de boca aberta como a rã. Isso poderia levar um observador desatento a pensar que a espécie era canibal, mas não se tratava disso; ela apenas tinha hábitos de procriação bem estranhos. A fêmea engole seus ovos fertilizados, e os girinos se desenvolvem em seu estômago até se transformarem em rãs, que ela então regurgita para o mundo.

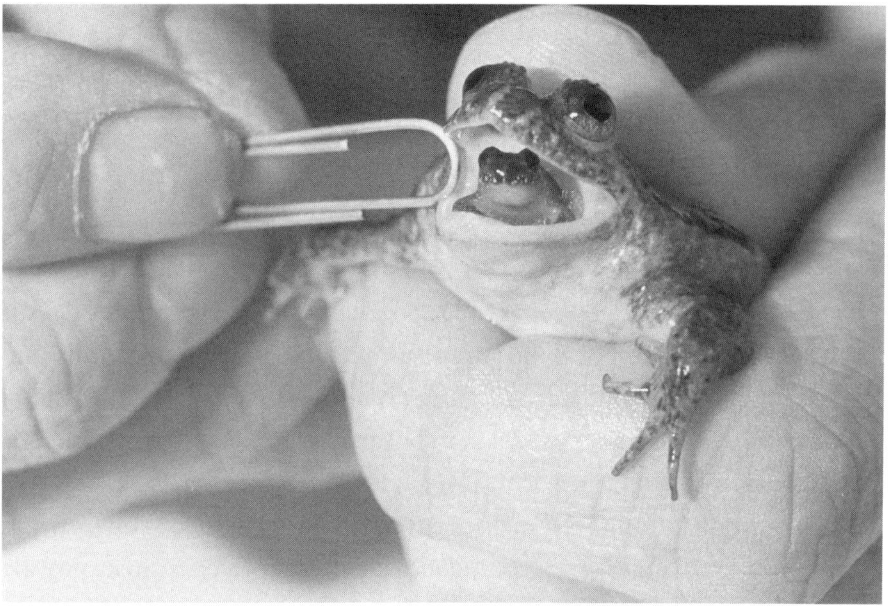

A rã australiana da cria gástrica desenvolvia seus girinos no estômago, que, de alguma forma, se transformava de um órgão de digestão em uma câmara de procriação. A espécie pode muito bem ser a primeira vítima australiana da mudança climática.

Quando esse novo método de reprodução foi anunciado, alguns médicos pesquisadores ficaram, compreensivelmente, muito empolgados. Como, eles se perguntaram, a rã transformava seu estômago, de um aparelho digestivo cheio de ácido, numa chocadeira? Eles pensaram que a resposta poderia favorecer o tratamento de uma série de doenças estomacais. Mas não conseguiram fazer muitas experiências, porque em 1976 — seis anos depois de sua existência ser anunciada ao mundo — a rã da cria gástrica desapareceu, e com ela se foi outro habitante dos mesmos riachos, a rã diurna (*Taudactylus diurnus*). Nenhum dos dois foi visto desde então.

Cinco anos depois de a última rã da cria gástrica saltar para o esquecimento, a descoberta de outra espécie do mesmo gênero foi anunciada. Esta, a *Rheobatrachus vitellinus*, vivia mais ao norte, na costa central de Queensland. Era maior, mas semelhante em todos os outros aspectos. Você pode ter notado que ela não tem um nome comum, assim, não se surpreenda ao saber que a empolgação dos herpetólogos teve vida curta. Antes que pudesse ser estudada em detalhes, essa espécie também não foi mais encontrada — sua existência como espécie conhecida foi medida em meses no lugar de anos.

No início da década de 1990, as rãs começaram a desaparecer em massa das florestas úmidas do norte de Queensland, e, como no caso da rã dourada, esses desaparecimentos ocorreram em florestas de outro modo intocadas. Hoje cerca de 16 espécies de rãs (13% do total da fauna de anfíbios da Austrália) experimentaram declínios drásticos em suas populações. A causa ainda é debatida, mas a mudança climática experimentada no leste da Austrália, nas últimas décadas, não pode ter sido boa para as rãs. Pois a persistência das condições de El Niño provocou um declínio drástico nas chuvas da costa leste da Austrália. As últimas análises sugerem que, pelo menos no caso da rã diurna e da rã da cria gástrica, a mudança climática foi a causa mais provável do desaparecimento.[30]

Quando foi completada em 2004, a primeira pesquisa global de anfíbios revelou que quase um terço das 6 mil espécies do mundo estava ameaçado de extinção.[145] Muitas dessas espécies em perigo começaram a declinar em 1976, e, de acordo com Simon Stuart, da União Internacional para a Conservação da Natureza, "quase não há sinal de recuperação".[145]

Depois de uma década de pesquisas, cientistas norte-americanos produziram sua própria hipótese concisa que junta as causas desses declínios num único conceito unificador.[25] Este estudo focaliza o destino dos anfíbios do noroeste dos Estados Unidos, e um exemplo típico dos padrões é encontrado no *Bufo boreas* do oeste.

Anfíbios do gênero *Bufo* são comumente conhecidos como sapos. Uma descoberta fundamental do estudo americano foi que a luz ultravioleta retarda o desenvolvimento dos embriões dos sapos, e isso, por sua vez, os torna mais vulneráveis a uma doença de fungo tipo citrídeo, conhecida como *Saprolgenia ferax*, um matador de anfíbios no mundo inteiro. Os embriões de sapos estavam recebendo mais luz ultravioleta porque os lagos onde crescem estavam mais rasos devido às condições persistentes de El Niño desde 1976.

Elas traziam menos chuva de inverno para o noroeste do Pacífico. E mesmo uma pequena mudança na profundidade do lago pode ser crítica. Em lagos com 50 centímetros de profundidade só 12% dos girinos morreram com o fungo, mas onde a profundidade era de 20 centímetros, 80% morreram.[143] Nos piores casos, os lagos secaram completamente, matando todos os girinos.

Para compensar, algumas rãs tentaram procriar em volumes de água maiores, mas neles há peixes que comem os girinos, e entre os fungos, os lagos secos e os peixes, os anfíbios da região não tinham para onde ir, e assim se juntaram à longa lista de espécies que caminham para a extinção.

A concisão dessa hipótese consiste em juntar uma constelação de impactos sob um único fator dominante. Em várias partes do mundo, os pesquisadores têm documentado a ação de uma ou mais dessas mudanças. No caso da rã dourada foi a falta de umidade. As rãs da Austrália têm sido infectadas pelo fungo, enquanto em outros lugares a redução das chuvas ou as mortes dos girinos significam que a reprodução está em declínio. E, no entanto, seja qual for a causa imediata, por trás de tudo isso estão as mudanças nos nossos padrões climáticos trazidas pela porta mágica de 1976, e talvez pela de 1998.

13

OURO LÍQUIDO: MUDANÇAS NA CHUVA

Terá a chuva um pai, ou quem terá gerado as gotas do orvalho?

O Livro de Jó.

Dos polos ao equador, nossa Terra exibe uma variação de temperaturas que vai de 40°C abaixo de zero a 40°C acima, e o ar a 40°C pode conter 470 vezes mais vapor de água do que o ar a –40°C. Este é o fato que condena os nossos polos a serem grandes desertos gelados, e que determina que, para cada grau de aquecimento que criamos, nosso mundo experimentará uma média de 1% de aumento das chuvas.[103] Mas o fator crítico aqui é que esse aumento de chuva não é distribuído uniformemente no tempo e no espaço. Em vez disso, a chuva aparece em épocas fora do comum em certos lugares, e desaparece em outros. Existem até mesmo alguns lugares favorecidos, onde a pouca mudança na precipitação de chuvas é evidente.

Em grande parte do mundo a chuva está aumentando, porém mais chuva não é necessariamente uma coisa boa, seja para a natureza, seja para os seres humanos. Uma das previsões mais certas da ciência climática é a de que, à medida que o nosso planeta esquentar, mais chuva cairá em latitudes elevadas no inverno, e, como já vimos, isso pode ser muito ruim para os habitantes do Ártico. Mais ao sul, o aumento das chuvas no inverno também está trazendo mudanças desagradáveis: em 2003 provocou uma mortífera temporada de avalanches no Canadá, enquanto a primavera britânica de 2004 foi tão úmida que, em muitas regiões, a produção de feno foi difícil ou impossível. As enchentes, é claro, devem aumentar onde quer que as chuvas aumentem, mas conforme os eventos climáticos se tornarem comuns, a incidência de inundações excederá o que é provocado só pelo aumento das chuvas.

Aqui, entretanto, quero me concentrar nas regiões em que a mudança climática vai mergulhar num déficit perpétuo de chuvas, pois algumas delas podem vir a se tornar novos Saaras, ou pelo menos regiões insustentáveis como habitação humana: de fato, em algumas delas isso já aconteceu. A falta de chuva é frequentemente chamada de "seca" e, no entanto, as secas, por sua natureza, são transitórias. Porém, nas áreas que vamos discutir aqui, não há perspectiva de retorno das chuvas. Na verdade, o que aconteceu foi uma rápida mudança para um novo clima, mais seco.

O primeiro indício desse tipo de mudança surgiu na região africana do Sahel, durante a década de 1960. A área afetada foi enorme — uma imensa faixa da África subsaariana estendendo-se do oceano Atlântico até o Sudão. Quatro décadas já se passaram desde o súbito declínio das chuvas e não há sinal de que as chuvas vitais das monções irão retornar.[166] Mesmo antes do declínio, o Sahel era uma região de pouca chuva onde a vida era difícil. Nas áreas com solos melhores e mais chuva, fazendeiros viviam da produção de seus campos, enquanto nas regiões mais áridas os criadores de camelos seguiam sua vida seminômade em busca de alimento para seus animais. A redução nos níveis de chuva tornou a vida difícil para os dois grupos: os criadores lutam para encontrar capim no que é agora um verdadeiro deserto, enquanto os fazendeiros raramente conseguem chuva suficiente para fazer seus campos voltarem à vida. A mídia mundial periodicamente mostra imagens do resultado — camelos morrendo de fome e famílias desesperadas tentando sobreviver em uma vastidão empoeirada.

Lembro-me de ver essas imagens na televisão, quando era criança, e ouvir falar em como o uso excessivo dos pastos e o crescimento da população tinham causado toda aquela desgraça. De fato, durante décadas, o Ocidente encontrou conforto pensando que o desastre fora provocado pelo próprio povo daquela região. O argumento dizia que os camelos, o gado e as cabras tinham acabado com a vegetação, junto com as pessoas que recolhiam madeira para o fogo. E, com a destruição da rala cobertura vegetal, o solo escuro ficara exposto, mudando o albedo da região. Com a elevação constante do ar quente e seco, e sem plantas para transpirar umidade para a atmosfera, as nuvens produtoras de chuva não se formavam, e, à medida que essa "seca" feita pelo homem se prolongava, o solo era varrido pelos ventos. Essa é uma interpretação que forneceu matéria-prima para os sermões dos ambientalistas e dos moralistas; mas está errada em todos os aspectos.

A verdadeira causa do desastre do Sahel foi revelada em novembro de 2003, quando os climatologistas do Centro Nacional para Pesquisa Atmosférica, em Boulder, no Colorado, publicaram um árduo estudo que usou modelos em computadores para simular os regimes de chuva naquela região entre 1930 e 2000.[168] Foi um exercício grandioso, pois todos os fatores, das temperaturas no mar e em terra até as mudanças na vegetação da região, tiveram que ser colocados no computador.

No final, o modelo se mostrou capaz de simular o clima passado e presente da região e revelou que a extensão da degradação da terra provocada pelo homem era muito insignificante para ativar uma mudança climática tão drástica.[166] Na verdade, uma única variável foi responsável pela maior parte do declínio das chuvas: o aumento da temperatura superficial do oceano Índico, produzido por uma acumulação dos gases do efeito estufa. O oceano Índico é o que mais rapidamente se aquece na Terra, e o estudo no computador revelou que, conforme ele esquenta, enfraquecem as condições que geram as monções sahelianas. Como resultado disso, a "seca" saheliana já havia começado na década de 1960.

Como é comum nesses estudos, nem todo declínio das chuvas pode ser explicado, o que significa que algum mecanismo não identificado estava em ação. Mas agora os cientistas acham que encontraram a causa, e ela é chamada de "escurecimento global".

O escurecimento global é um fenômeno que reduz a quantidade de luz solar que chega à superfície da Terra. Este provocou um resfriamento dos oceanos em torno da Europa, o que, por sua vez, enfraqueceu as monções. O escurecimento global é devido, em grande parte, às partículas lançadas no ar por usinas de energia movidas a carvão, automóveis e fábricas. Isso reforça o argumento de que a catástrofe saheliana não foi o resultado de um mal gerenciamento ecológico por pastores primitivos e ignorantes. Apesar das profundas implicações morais desse estudo, ele passou quase despercebido pela imprensa global.

Na região de Darfur, no oeste do Sudão, a mudança climática saheliana tem levado muitos ao desespero. Os nômades condutores de camelos foram forçados a levar seus rebanhos para as regiões agrícolas, onde entraram em conflito com os fazendeiros. Embora os criadores de camelos sejam caracterizados como árabes, e os fazendeiros como africanos, com exceção de seus estilos de vida, eles são física e culturalmente idênticos. Quando o jornalista Tim Judah esteve lá, o governador de El Fasher lhe disse que "todos aqui têm laços sanguíneos e vivem como uma família".[202] E Judah observou que havia tanto nômades assustados e famintos quanto fazendeiros. Com as Nações Unidas alimentando 1,3 milhão de uma população seis vezes maior, a miséria induzida pela mudança climática parece que vai continuar.

A mudança climática saheliana é emblemática da situação enfrentada pelo mundo como um todo, pois nela vemos o Ocidente pensando no problema em termos de religião e política, em vez de abordar a catástrofe ambiental evidente e bem documentada que é a sua verdadeira causa. Por décadas nós nos iludimos em relação às suas origens, mas o dia do ajuste de contas vai chegar. A mudança climática saheliana é tão grande que pode afetar o clima do planeta inteiro. Isso foi notado pela primeira vez por Joseph Prospero e Peter Lamb, pesquisadores que estudaram a poeira que sopra do Sahel.[167]

A poeira é um material importante, porque suas minúsculas partículas podem espalhar e absorver a luz, abaixando, portanto, a temperatura. Essas partículas também carregam nutrientes para os oceanos e para terras distantes, favorecendo o crescimento das plantas e do plâncton, o que aumenta a absorção do CO_2. Cerca de metade da poeira que paira no ar do mundo, hoje em dia, se origina da África árida, e o impacto da seca foi tão grande que a carga de poeira na atmosfera do planeta aumentou em torno de um terço. Os pesquisadores ainda calculam qual será o resultado, pois tudo é tão ligado a tudo no mundo de Gaia que um fenômeno dessa escala certamente terá algum impacto.

Os cidadãos do mundo industrializado tendem a achar que sua tecnologia os protegerá de desastres na escala saheliana, mas a natureza tem se ocupado em mostrar que eles estão enganados. A Austrália é um país seco, e os australianos — mesmo os urbanos — são obcecados com a chuva. A extremidade sudoeste da Austrália ocidental já teve um dos regimes de chuva mais confiáveis. Tradicionalmente, a chuva caía durante o inverno, com um acúmulo anual de 100 centímetros em alguns locais. Isso tornou a região famosa por sua produção primária, com o cinturão do trigo ocidental sendo um dos maiores e mais previsíveis centros de produção de grãos de todo o continente. Mais recentemente, vinhedos se espalharam pelas áreas mais úmidas, produzindo alguns dos melhores e mais caros vinhos do hemisfério Sul.

Antes do povoamento, a maior parte do sudoeste era coberta por uma vegetação dura e espinhosa, semelhante à urze, e conhecida como *kwongan*. Depois das chuvas de inverno ela se transformava num vasto jardim natural de flores silvestres. Somente em uma floresta tropical e em uma região semelhante da África do Sul, existem mais espécies reunidas num único hectare, e a variedade de plantas mantinha famílias antigas de animais como o gambá-mel (*Tarsipes rostratus*), o peixe-salamandra (*Lepidogalaxias salamandroides*) e a tartaruga-dos-pântanos ocidentais (*Pseudemydura umbrina*). Todos adaptados ao padrão de chuva no inverno e seca no verão. De fato, durante milhões de anos foi assim que funcionou.

Durante os primeiros 148 anos de habitação europeia do sudoeste (1829-1975), as chuvas certas do inverno trouxeram prosperidade e oportunidade. Mas então as coisas mudaram e desde então a região tem sofrido um decréscimo das chuvas que chega a 15%. Os modelos climáticos indicam que cerca de metade do declínio resulta do aquecimento global, que empurrou a zona de clima temperado para o sul. O climatologista australiano David Karoly pensa que a outra metade vem da destruição da camada de ozônio, que esfriou a estratosfera sobre a Antártida, acelerando a circulação do ar frio em torno do polo e arrastando a zona de chuvas austral ainda mais para o sul.[45]

Embora uma perda de 15% possa parecer trivial, seu impacto tem sido considerável. O déficit foi sentido imediatamente nas fazendas, sobretudo na periferia da região, onde uma variação de algumas dezenas de milímetros faz a diferença entre uma boa colheita e um fracasso. Nessas áreas, o trigo é o principal produto e é cultivado de uma maneira pouco comum. Na década de 1960, o objetivo dos fazendeiros era limpar 1 milhão de acres de arbustos por ano. Quando os tratores terminavam o seu trabalho, os fazendeiros se viam diante de extensões estéreis de areia — alguns dos solos mais inférteis encontrados na Terra —, pois lá, como nas florestas tropicais, a riqueza natural da região está ligada à sua vegetação. Isso entretanto era o que os fazendeiros queriam, pois o cultivo de trigo no sudoeste era uma versão gigante de cultura hidropônica: os fazendeiros plantavam o seu trigo, pulverizavam a areia estéril com nutrientes, e então esperavam que as inevitáveis chuvas de inverno acrescentassem a água.

Mas em 2004, depois de décadas em que a natureza se recusou "a acrescentar a água", a região de cultivo de trigo começou a encolher para oeste, substituindo a produção de leite em terras antes consideradas muito úmidas para o cultivo. O oceano Índico é a derradeira barreira nessa retração e, à medida que as condições pioram no novo século, uma a uma, as atividades dependentes da chuva enfrentarão a perspectiva de serem varridas para o mar. Mas essa redução aparentemente trivial de 15% das chuvas esconde uma catástrofe ainda maior: as chuvas de inverno diminuíram ainda mais do que isso, enquanto as de verão (que eram muito mais incertas) aumentaram. Como as chuvas de verão não são confiáveis, os fazendeiros não plantam nessa época, assim a chuva cai sobre campos vazios, permitindo que a água afunde até a camada impermeável. Lá ela encontrará o sal que os constantes ventos do Ocidente têm soprado do oceano Índico durante milhões de anos.

Sob cada metro quadrado dessa terra encontra-se uma média de 70 a 120 quilos de sal. Antes que a área fosse limpa isso não importava, pois a diversificada vegetação nativa usava cada gota de água que caía do céu, e o sal permanecia em sua forma cristalina. Mas, à medida que as chuvas de verão começaram a cair sobre os campos de trigo vazios, uma água mais salgada que a do mar começou a brotar, matando tudo o que tocava. O primeiro sinal do problema foi um gosto salgado nos riachos anteriormente doces da região. Em muitos casos eles rapidamente se tornaram salobros, a vegetação nas margens morreu, e dentro de uma década ou duas tinham se tornado escoadouros de água salgada. Hoje em dia, fazendeiros empobrecidos ou falidos enfrentam o pior caso de salinidade em terras secas do mundo. Nem a ciência nem o governo têm conseguido encontrar uma solução, e os prejuízos chegam a bilhões. Estradas, ferrovias e aeroportos agora estão sendo atacados pelo sal, e a menos que a vegetação original seja replantada, e induzida a crescer nas condições secas e salinizadas que hoje prevalecem, parece não haver esperança de recuperação.

Perth, a capital do oeste da Austrália, é uma cidade sedenta de 1,5 milhão de habitantes, a metrópole mais isolada do mundo. Lá o motorista de táxi provavelmente será um fazendeiro de trigo falido, tentando ganhar a vida enquanto não consegue vender sua fazenda agora inútil. Pois para Perth o impacto crucial com o declínio das chuvas de inverno foi menos água nos seus açudes, já que, após 1975, a chuva passou a cair em pequenas pancadas, que umedeciam o solo mas não chegavam às represas. Durante a maior parte do século XX, uma média de 338 gigalitros de água por ano fluiu para as represas que matam a sede da cidade. Mas, entre 1975 e 1996, a média foi apenas de 177 gigalitros — o que representa um corte de 50% no suprimento de água da cidade. Entre 1997 e 2004, a quantidade reduziu-se para apenas 120 gigalitros — pouco mais de um terço de fluxo que era recebido três décadas antes.

Um severo racionamento de água foi implantado em 1976, mas a situação foi logo contornada com a retirada de uma reserva de água do subsolo, conhecida como Barreira Gnangara. Durante um quarto de século a cidade extraiu essa água subterrânea, mas a redução das chuvas significa que tais reservas não estão sendo recarregadas. Em 2001 os açudes de Perth não receberam nenhuma água, e em 2004 a situação da Barreira Gnangara era crítica, com o Departamento de Proteção Ambiental do estado advertindo que a extração de mais água deixaria algumas espécies ameaçadas de extinção.[181] Hoje em dia, a tartaruga-dos-pântanos ocidentais, um fóssil vivo, só sobrevive porque a água é bombeada para seu hábitat.

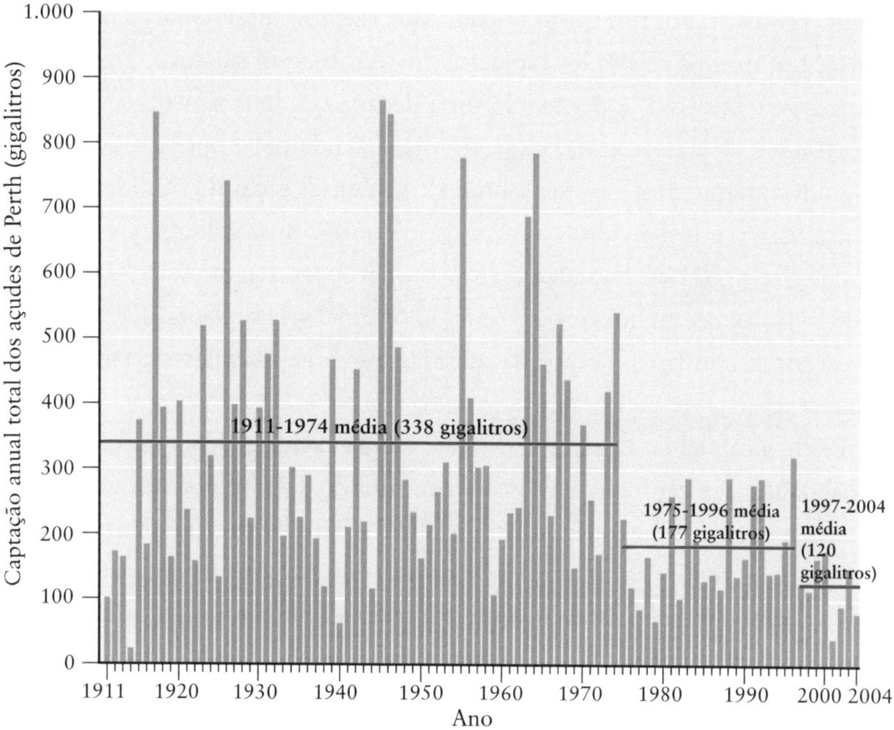

Este gráfico mostra o fluxo de água para os reservatórios de Perth entre 1911 e 2004. As maiores reduções se seguiram aos anos dos portais mágicos de 1976 e 1998, e a cidade perdeu dois terços de seu suprimento de água de superfície nos últimos trinta anos.

No início de 2005, quase trinta anos depois do início da crise, os especialistas em água da cidade consideraram que a possibilidade de uma "falha catastrófica no suprimento" — o que significa torneiras secas — era de uma em cinco. Nessa eventualidade, a cidade não teria outra escolha senão espremer toda água que puder de Gnangara, e ao fazê-lo destruirá grande parte da antiga e maravilhosa biodiversidade. E ainda assim a *solução* seria apenas temporária. Planos foram apresentados para uma usina de dessalinização ao custo de 350 milhões de dólares, o que a tornaria a maior do hemisfério Sul. Entretanto, ela só conseguiria fornecer 15% da água da cidade.

A costa leste da Austrália não desconhece a seca, mas a temporada que começou em 1998 é diferente de tudo o que aconteceu anteriormente. Até agora ela consistiu em sete anos de chuvas abaixo da média, e trata-se de uma "seca quente", com temperaturas em torno de 1,7 grau mais quente do que nas secas anteriores, o que a torna excepcionalmente hostil.[169] Acredita-se que a causa do declínio das chuvas na costa leste da Austrália seja um golpe duplo da mudança climática — a perda das chuvas de inverno e o prolongamento das condições de El Niño.[134]

A crise de abastecimento de água resultante é potencialmente mais séria que no oeste, porque cidades como Sydney não têm reservas de água no subsolo, como as de Perth. O único recurso contra o déficit de chuva são os açudes, o que significa que um declínio no fluxo dos riachos vai se transformar imediatamente em racionamento de água. O reservatório de água de Sydney é o maior do mundo, capaz de armazenar quatro vezes mais por pessoa do que a quantidade do reservatório de Nova York, e nove vezes a de Londres. E, no entanto, mesmo essa enorme capacidade se revelou insuficiente. Entre 1990 e 1996, o fluxo total para todas as 11 represas de Sydney chegou a uma média de 71.635 megalitros, mas em 2003 esse valor tinha caído para apenas 39.881 megalitros, uma queda de 45%. E, em meados de 2005, a situação permanece crítica, com os 4 milhões de moradores de Sydney contando com apenas dois anos de suprimento de água nas reservas.[203] Se persistirem as condições de seca, isso deixa muito pouco tempo para providenciar fontes alternativas de água, como usinas de dessalinização em grande escala.

Do outro lado do oceano Pacífico, uma boa parte do Oeste americano encontra-se em seu quinto ano de seca. As pesquisas mostram que condições tão secas não ocorrem na região há setecentos anos, numa época em que o Sudoeste americano era mais quente do que hoje.[171] Isso sugere uma relação entre a seca e as condições mais quentes, e, como no caso do Sahel, a causa parece estar no aumento das temperaturas do oceano.[44]

Entre 1998 e 2002, o oceano Pacífico encontrava-se em condições fora do comum. As águas no Pacífico tropical leste estavam alguns graus mais frias do que o normal, enquanto no Pacífico central oeste estavam mais quentes

— em torno de 30 graus — do que a média. Essas condições empurraram a Corrente de Jato para o norte, levando as tempestades, que normalmente circulam em torno dos 35 graus de latitude, para uma região de 40 graus ao norte. "Isso reforça a ligação do sistema climático através de grandes distâncias e escalas de tempo", observou Kelly Redmond, do Instituto de Pesquisa do Deserto de Nevada. E, é claro, o que estava elevando a temperatura do oceano era o CO_2 na atmosfera.

As condições de seca no Oeste americano são frequentemente apresentadas na imprensa como sendo parte de um ciclo natural. O único meio de ter certeza absoluta nesse caso é esperar pelas décadas, ou centenas de anos necessários para que qualquer ciclo natural se complete. Mas o fato de as mudanças serem compatíveis com as esperadas do aquecimento global e de terem sido observadas durante épocas quentes do passado é preocupante. Além disso, o potencial da mudança climática, para gerar secas em quase toda parte do planeta, é tão grande que importantes climatologistas advertiram recentemente que "é um erro presumir que qualquer região esteja livre de uma megasseca".[231] Nesse aspecto, vale notar que as chuvas próximas do recorde que os Estados Unidos experimentaram, durante o inverno de 2005, em partes do Sudoeste, não foram suficientes para compensar os anos da seca precedente, enquanto o Noroeste permanece em meio a uma seca sem precedentes.

Grande parte da água do Sudoeste americano chega na forma de neve do inverno, que se acumula nas altas montanhas. Como se derrete na primavera e no verão, ela alimenta os cursos de água quando os fazendeiros mais precisam. De fato, os picos nevados têm proporcionado uma forma barata de armazenamento de água que minimiza a necessidade de açudes. A quantidade de neve que cai tem variado consideravelmente de ano para ano, e isso pode ocultar qualquer tendência a longo prazo para o observador eventual. Contudo, nos últimos cinquenta anos, houve um declínio na quantidade média de neve que é recebida. Se essa tendência continuar por mais cinco décadas, a cobertura de neve nas montanhas do Oeste pode ser reduzida em até 60% em algumas regiões, o que cortaria pela metade o volume de água nos rios durante o verão.[165] Isso devastaria não apenas os suprimentos de água, mas as fontes de energia hidrelétricas e os hábitats dos peixes.

As mudanças no volume total de neve, contudo, não são tão preocupantes como as mudanças no modo como a neve se acumula e se derrete. Durante os últimos cinquenta anos, a região Sudoeste se aqueceu por volta de 0,8°C — ligeiramente acima da média global e, mesmo nas regiões que agora estão recebendo mais neve, isso e mais mudanças sazonais na chuva e na temperatura estão afetando o suprimento de água. Esses fatores se unem para reduzir as reservas de neve, o que acontece porque as altas temperaturas estão derretendo os lençóis de neve antes que estes possam consolidar-se. Ao todo, a neve está derretendo mais cedo, o que significa que o pico do volume de água nos rios agora acontece três semanas mais cedo do que em 1948. Assim, resta menos água para o auge do verão, quando ela é mais necessária, mas aumenta o fluxo de água no inverno e na primavera, o que pode provocar enchentes. Com as temperaturas na região previstas para subir entre 2°C e 7°C durante este século (a menos que possamos reduzir significativamente as emissões de CO_2), podemos prever que mais água vai fluir no inverno, quando ela é menos necessária.[165]

Posso imaginar a resposta de muitas pessoas ao lerem isso: "E daí? É só construirmos mais represas." É possível que, à medida que a crise se agravar, seja exatamente isso o que as pessoas vão fazer. Mas existe um limitado número de locais adequados para represas na região, e represas significam que os fazendeiros terão que pagar pelo armazenamento de água que outrora era fornecida pela natureza. Além disso, as mudanças a caminho são tão vastas que mesmo um novo programa de construção de barragens é insuficiente para contrabalançá-las. Os pesquisadores preveem que as mudanças na cobertura de neve podem reduzir em 15% o valor das fazendas, ao custo de bilhões. O maior problema, contudo, é certamente o que fazer com as cidades do Oeste americano, que dependem de suprimentos de água cada vez menores.

Essas vastas metrópoles são impossíveis de remanejar, e algumas — como aconteceu com as antigas cidades da Mesopotâmia — terão que ser abandonadas se a taxa de mudança se acelerar. E, se isso parece extremo, é bom lembrar que estamos apenas no começo da crise de água do Oeste. Há 5 mil anos, quando o Sudoeste americano era um pouco mais seco e mais quente do que hoje, as culturas indígenas que se desenvolviam na região quase desapareceram. Só quando o clima esfriou é que a região se tornou habitável novamente. Por mais de um milênio o Sudoeste foi pouco mais do que uma grande cidade-fantasma.[227]

14

UMA CASCA DE CEBOLA ENERGÉTICA

> Algumas tempestades são tão violentas que nenhuma estrutura humana pode resistir, enquanto as árvores maiores e mais vigorosas são feitas em pedaços ou então derrubadas. Se nossa atmosfera recebesse uma quantidade maior de calor solar, essas tempestades poderiam aumentar em frequência e violência, tornando consideráveis porções do globo inabitáveis.
>
> Alfred Russel Wallace, *Man's place in the universe*, 1903.

Em 2003, os cientistas do clima anunciaram que a tropopausa tinha subido várias centenas de metros. Por que deveríamos nos preocupar com esse pequeno ajustamento entre camadas da atmosfera, que ocorria quilômetros acima de nossas cabeças? Pelo bom motivo de que os climatologistas agora percebem que grande parte das condições climáticas são geradas na tropopausa. Mude-a e você não vai apenas mudar os padrões do clima, mas também os eventos climáticos extremos.

A causa da mudança são dois exemplos de poluição causada pelos seres humanos — substâncias destruidoras do ozônio e gases do efeito estufa. Como já vimos, os clorofluorocarbonos (CFCs) destroem o ozônio e o ozônio absorve a radiação ultravioleta, emitindo calor no processo. Com menos calor produzido na estratosfera, esta camada da atmosfera esfriou e encolheu. Enquanto isso, na troposfera, níveis cada vez maiores de gases do efeito estufa estão aprisionando mais calor, fazendo-a expandir. Entre esses dois efeitos a tropopausa está subindo rapidamente. Ao mesmo tempo, mudanças dentro da troposfera têm manifestado seus próprios efeitos. Ao aquecer a troposfera, ao mesmo tempo mudamos globalmente os padrões do clima e aumentamos a probabilidade de eventos climáticos extremos.

À medida que a troposfera se aquecia durante a década passada, o mundo viu o mais poderoso El Niño já registrado (1997-8), o furacão mais devastador em duzentos anos (Mitch, 1998), o verão europeu mais quente da história (2003), o primeiro furacão no Atlântico Sul (2002) e uma das piores temporadas de tempestades já experimentadas na Flórida (2004). Essa série de eventos, muitos acreditam, indica que o potencial do novo clima para gerar eventos extremos já começou.

De onde você acha que vem a energia que impulsiona um furacão? Em seu livro didático de estudos atmosféricos, Frederick Lutgens e Edward Tarbuck explicam que "um furacão é uma máquina de calor abastecida pelo calor latente liberado quando imensas quantidades de vapor de água se condensam. Para botar essa máquina em funcionamento é preciso uma grande quantidade de ar úmido e quente, e um suprimento contínuo é necessário para mantê-la em atividade".[117] Todos estamos familiarizados com o princípio de que a evaporação pode transportar calor para a atmosfera: num dia quente, todos nós transpiramos, e, à medida que evapora, nosso suor carrega calor do nosso corpo para o ar. Trata-se de uma forma extremamente eficiente de transferência de calor, já que a evaporação de apenas 1 grama de água da nossa pele é suficiente para transferir 580 calorias.[199] Pense na diferença de escala entre o seu corpo e todo o oceano e poderá perceber o poder da energia calórica derivada da evaporação e carregada para o grande oceano aéreo.

Não é amplamente percebido, de modo exato, quanto calor latente extra o ar quente produzido pela mudança climática pode transportar. Para cada 10°C de aumento em sua temperatura, a quantidade de vapor de água que o ar pode conter dobra. Assim, o ar a 30°C pode conter quatro vezes mais "combustível de furacão" do que o ar a 10°C.[117]

A mudança mais marcante nos furacões, desde a década de 1950 — quando o aquecimento global começou a ser sentido —, talvez seja uma mudança em suas rotas. Um dos exemplos mais bem documentados dessa mudança vem do leste da Ásia. A frequência dos tufões que devastam o leste da China e o mar das Filipinas diminuiu desde 1976, mas o número aumentou no mar do Sul da China.[105] Mais para oeste, no mar Arábico e na baía de Bengala, tem havido poucos tufões, o que é uma boa notícia para os milhões de pessoas que vivem ao nível do mar nessas regiões. Outra mudança muito marcante tem sido notada nas altas latitudes do hemisfério Sul, onde houve uma drástica redução no número de ciclones que ocorrem no oceano Subantártico, ao sul da latitude 40, acompanhada por um modesto aumento no oceano Antártico.[106] Embora a escala de tempo da mudança seja curta, o último par de décadas testemunhou o desenvolvimento de intensos sistemas de baixa pressão entre 30° e 40°S em partes do hemisfério Sul, com um sistema de baixa pressão extraordinário aproximando-se da intensidade de um ciclone em fevereiro de 2005.

Existem sinais perturbadores de que os furacões estão se tornando mais frequentes na América do Norte. Em 1996, 1997 e 1999, os Estados Unidos enfrentaram mais do dobro do número de furacões experimentados anualmente durante o século XX, e em 1998, o que faltou em número de furacões foi mais do que compensado em sua intensidade. Em outubro daquele ano, o furacão Mitch abriu caminho pelo Caribe, matando 10 mil pessoas e deixando 3 milhões desabrigadas. Com ventos com velocidade acima de 290 quilômetros horários, o Mitch foi o quarto furacão mais forte já registrado na bacia do Atlântico. Foi também a tempestade mais destruidora a atingir as Américas em duzentos anos; somente o Grande Furacão de 1780, que matou pelo menos 22 mil pessoas, foi mais severo em seu impacto.

Depois de alguns anos de relativa calma, as tempestades voltaram com força total em 2004, quando quatro grandes tormentas tropicais cruzaram a costa da Flórida em rápida sucessão, devastando grande parte do estado. Muitas das casas danificadas por essas tempestades continuam inabitáveis e o Departamento de Meteorologia dos Estados Unidos prevê que a temporada de furacões de 2005 tem probabilidade de ser mais destrutiva do que o normal. Essa temporada pode, é claro, passar serenamente, mas, com o combustível dos furacões aumentando na atmosfera, é só uma questão de tempo antes que as tempestades voltem com fúria redobrada. E, dada a extensão dos danos produzidos em 2004, a ocorrência de furacões intensos nos próximos anos pode fazer despencar o valor das propriedades na Flórida.

No rastro dos furacões chegam as enchentes, e, como o ar mais quente contém mais vapor de água, a incidência de inundações severas está aumentando e deve aumentar ainda mais. No verão de 2002, 2/5 do volume anual de chuvas da República da Coreia caíram em uma semana, produzindo tamanha destruição que o país teve que mobilizar suas tropas para ajudar as vítimas da enchente. Ao mesmo tempo, a China sofreu inundações de magnitude histórica, que afetaram 100 milhões de pessoas.

Olhando globalmente, esse aumento nos danos provocados por inundações tem sido grande nas décadas recentes. Na década de 1960, em torno de 7 milhões de pessoas eram afetadas por enchentes anualmente. Hoje, o número chega a 150 milhões.[112] E no rastro das enchentes chegam as pragas. A cólera desenvolve-se nas águas estagnadas e poluídas e os mosquitos que propagam a malária, febre amarela, a dengue e a encefalite proliferam. As pragas também se beneficiam do transtorno, quando pulgas, ratos e homens se reúnem nos locais mais elevados.

Como os eventos climáticos extremos são raros, por sua natureza, pode passar muito tempo antes que sejam acumulados dados suficientes para a detecção de uma tendência. Mudanças menos extremas na temperatura e nas chuvas são mais fáceis de se quantificar, e com registros climáticos que recuam por séculos a Europa é um bom lugar para se começar a pesquisar esses impactos. A década de 1990 foi a mais quente no centro da Inglaterra desde que começaram os registros na década de 1660, com 1998 sendo o ano mais quente já registrado e 2001 ficando em terceiro lugar. Como resultado disso, a estação de crescimento das plantas estendeu-se por um mês, as ondas de calor tornaram-se mais frequentes e os invernos, mais úmidos, com chuvas mais pesadas.[104] O Centro Hadley é uma instituição de ponta criada para prever e examinar os impactos da mudança climática. Situado em Exeter, na Inglaterra, ele determinou que o Reino Unido tem experimentado um aumento significativo de tempestades severas no inverno, uma tendência com previsão de continuação.[103]

No continente, eventos mais alarmantes aconteceram. O verão europeu de 2003 foi tão quente que, em termos estatísticos, um evento tão fora do comum só deveria acontecer uma vez a cada 46 mil anos.[52] Ele foi acentuado pela escassez de água para as plantas, o que reduziu suas emissões de umidade. E, com menos calor do Sol sendo usado na evaporação, havia mais para esquentar o ar. A onda de calor foi tão extrema que 26 mil pessoas morreram em junho e julho, quando as temperaturas ultrapassaram os 40°C na maior parte do continente. As ondas de calor, aliás, matam um grande número de pessoas todo ano, no mundo inteiro; e mesmo nos Estados Unidos, climaticamente turbulento, as mortes relacionadas com o calor excedem as provocadas por todos os outros fatores climáticos combinados.[117] E, apenas um ano depois da onda de calor europeia, o Egito experimentou uma das mais altas temperaturas já registradas: 51°C.[162]

Outros amplos estudos climáticos foram completados nos Estados Unidos e na Austrália. Em 2003, os climatologistas publicaram um estudo detalhado dos registros climáticos ao longo de um século na América do Norte. Estes se concentraram nas mudanças de temperatura, porque elas são o indicador mais direto de mudança climática, e descobriram que, antes de 1950, não havia sinal detectável de influência de atividades humanas no clima da América do Norte. Depois de 1950, contudo, a história ficou muito diferente, pois eles encontraram sinais abundantes de que a queima de combustíveis fósseis não somente causou um aumento médio na temperatura, mas também diminuiu o gradiente de temperatura entre o norte e o sul, alterou o contraste entre a temperatura em terra e no mar e reduziu a variação de temperatura durante o dia. Em resumo, esse estudo conservador — que não tentou examinar os indícios de eventos climáticos extremos ou mudanças no declínio das chuvas — estabeleceu sem dúvida o fato de que a mudança climática está tendo um impacto no continente norte-americano.

Em termos de eventos climáticos extremos, vale a pena registrar que os Estados Unidos já têm o clima mais variável entre todos os países da Terra, com os tornados mais intensos e destruidores, enchentes súbitas, trovoadas intensas, furacões e nevascas superiores às de qualquer outro lugar.[117] E, com a projeção de que a intensidade de tais eventos vai aumentar, à medida que nosso planeta esquentar, os Estados Unidos parecem ter mais a perder, em termos puramente humanos, do que qualquer outra nação. De fato, a conta cada vez maior nas seguradoras resultante de eventos meteorológicos extremos e a crescente escassez de água no Oeste significam que os Estados Unidos já estão pagando muito caro por suas emissões de CO_2.

Como já vimos no caso das bruscas quedas de volume de chuvas, a Austrália também está sofrendo os efeitos da mudança climática. Muitos outros impactos, contudo, têm sido bem documentados, incluindo aumento do número de dias muito quentes, aumento nas temperaturas noturnas, decréscimo do número de dias muito frios e da incidência de geadas.[4] Algumas regiões, como o entorno de Alice Springs, na Austrália central, têm experimentado um aumento de temperatura de mais de 3°C ao longo do século XX. Houve também um aumento na ocorrência de ciclones intensos, assim como sistemas de baixa pressão severos no Sudeste da Austrália, particularmente nos últimos vinte anos. A frequência das enchentes também aumentou, sobretudo depois da década de 1960.[160] Numa visão geral, é difícil encontrar dois países que tenham sido mais prejudicados pela mudança climática do que os Estados Unidos e a Austrália.

Algumas regiões do mundo, em contraste, até agora registraram poucas mudanças. A Índia, em especial, parece ser uma exceção nesse quadro de crescente desconforto, pois o subcontinente foi até agora pouco afetado. De fato, as notícias que temos parecem ser boas, pois, excluindo-se o Gujarat e a Orissa ocidental, a maior parte da região sofre menos secas do que há vinte anos, e, como vimos, os ciclones parecem estar evitando a baía de Bengala. Temperaturas extremas também parecem menos frequentes sobre a maior parte do norte da Índia do que em épocas passadas, embora estejam se tornando mais comuns no Sul. Só o Noroeste da Índia está sofrendo um aumento expressivo do número de dias extremamente quentes, e lá as ondas de calor provocam um grande número de perdas de vidas.[107]

Não é minha intenção aqui fazer um comentário sobre o clima de cada região do mundo, mas apenas mostrar os tipos de mudanças no clima que já foram documentadas até agora em resposta ao aumento de 0,63°C na temperatura. Existe, entretanto, um impacto resultante do aquecimento global que se manifesta em toda parte e está sendo sentido de modo igual em todos os continentes: todos eles estão encolhendo, porque, graças ao calor e ao derretimento do gelo, os oceanos estão se expandindo.

Será que isso é uma ameaça para a humanidade? Vamos ver até onde a água vai subir e com que rapidez.

15

O JOGO DA ENCHENTE

> Quando a noite chegou, o condutor da tormenta mandou a chuva. Eu olhei para o céu e estava terrível. Com a primeira luz da aurora, uma nuvem negra veio do horizonte; ela trovejava em seu interior, onde Adad, o senhor da tempestade, cavalgava. Então os deuses do Abismo se ergueram; Nergal abriu as represas das águas do céu; Ninurta, o senhor da guerra, derrubou os diques e o deus da tempestade transformou a luz do dia em escuridão.
>
> *O épico de Gilgamesh.*

Acomodado nas profundezas do inconsciente humano encontra-se um medo primal do terrível poder das águas. O épico de Gilgamesh nos fala disso, assim como o dilúvio de Noé e centenas de mitos menos conhecidos do mundo inteiro. Como já vimos, o berço da nossa espécie foi provavelmente uma região de lagos nos vales africanos, onde nossos ancestrais buscavam sua dieta de peixe, ostras, pássaros e mamíferos. Temos buscado viver junto da água desde então, pois a água atrai os seres vivos de perto e de longe. Acampe perto de um poço de água e cedo ou tarde os animais virão beber. Por motivos profundamente enraizados, nossa espécie sempre preferiu viver com uma vista para a água, especialmente se esta incluir uma praia, um lago ou um gramado aparado como se tivesse servido de pasto para grandes animais. Os corretores de imóveis conhecem muito bem essas preferências e a quantidade de dinheiro que estamos dispostos a desembolsar por elas. Hoje em dia, duas em cada três pessoas na Terra vivem a menos de 80 quilômetros da costa, e no entanto, em nosso subconsciente, compreendemos que as águas podem erguer-se sobre a terra, fazendo a nossa propriedade, adquirida com tanta dificuldade, não valer mais coisa alguma.[124]

Há 15 mil anos, os oceanos encontravam-se 100 metros abaixo de onde estão hoje. Então, o continente norte-americano era um verdadeiro império do gelo, superando mesmo a Antártida no volume de água congelada que abrigava. Quando a grande calota polar americana derreteu, liberou água suficiente para fazer o nível dos mares subir 74 metros. O mar elevou-se rapidamente, até que, há cerca de 8 mil anos, chegou ao seu nível atual, e as condições se estabilizaram. Em todo o mundo as pessoas viram a subida das águas, às vezes tão rapidamente a ponto de mudar a linha costeira de ano para ano. Hoje em dia, até mesmo uma modesta elevação do nível do mar seria desastrosa, pois a população humana é densa ao longo das linhas costeiras, e muitos de nós levamos vidas vulneráveis.

Embora não esteja relacionado com a mudança climática, o catastrófico tsunami asiático de 2004 nos deu uma indicação de como o clima turbulento e a elevação dos mares podem ser devastadores. A Holanda já está planejando a construção de um superdique para salvá-la da invasão do oceano, e a barreira do Tâmisa vai ser reforçada. Mas outros incontáveis milhões vivem junto do mar — alguns em propriedades caras, outros em vilarejos humildes — e não têm proteção. Só em Bangladesh, mais de 10 milhões de pessoas vivem a 1 metro do nível do mar.[119]

Tudo o que resta da grande calota polar do hemisfério Norte hoje em dia é a capa de gelo da Groenlândia, o mar congelado do oceano Ártico e algumas geleiras continentais, e há sinais de que, depois de 8 mil anos, esses remanescentes estão começando a derreter. A espetacular Geleira Colúmbia, do Alasca, recuou 12 quilômetros nos últimos vinte anos; dentro de algumas décadas, não haverá mais geleiras no Parque Nacional das Geleiras da América. Mas essas geleiras só contêm água suficiente para alterar o nível do mar por alguns centímetros. Já a calota polar da Groenlândia é um verdadeiro remanescente daquelas calotas polares continentais que os mamutes reconheceriam, e contém água suficiente para elevar o nível dos mares em 7 metros, no mundo inteiro. No verão de 2002, ela encolheu, junto com a capa de gelo do Ártico, num valor recorde de 1 milhão de quilômetros quadrados — a maior redução já registrada.[155] Dois anos depois, em 2004, descobriu-se que as geleiras da Groenlândia estão derretendo dez vezes mais rápido do que se pensava.

Assim, você pode ficar surpreso ao saber que as temperaturas permanecem frias — de fato está esfriando — nas partes mais elevadas da Groenlândia e da Antártida. Esses são os únicos locais da Terra onde uma tendência a temperaturas mais negativas está ocorrendo. Isso é confortador, porque um estudo recente concluiu que, se a calota polar da Groenlândia derreter, será impossível restaurá-la, mesmo que os níveis de CO_2 na atmosfera do planeta retornem aos níveis pré-industriais.[147]

A maior extensão de gelo no hemisfério Norte é o mar congelado do polo e, desde 1979, sua extensão no verão se reduziu em 20%. Além disso, o gelo remanescente ficou mais fino. Medições com submarinos revelam que tem apenas 60% da espessura de quatro décadas atrás. As consequências desse derretimento prodigioso para a elevação dos mares, no entanto, não são maiores que as da dissolução de gelo num copo de uísque para elevação do nível num copo. Isso porque a calota polar do Ártico é água do mar congelada, com 9/10 submersos. E, quando derrete, ela se condensa em água na mesma proporção em que se projeta do mar. Somente o gelo de terra, quando derrete e escorre para o mar, aumenta os níveis do oceano.

Embora o derretimento do mar gelado não tenha efeito direto, seus efeitos indiretos são importantes. Em sua atual taxa de declínio, restará pouco ou nada da capa de gelo do Ártico no final deste século, e isso mudará significativamente o albedo da Terra. Lembre-se de que um terço dos raios de Sol que caem na Terra são refletidos de volta para o espaço. O gelo, principalmente nos polos, é responsável por grande parte desse albedo, porque reflete de volta para o espaço cerca de 90% da luz solar que o atinge. A água, em contraste, é um refletor pobre. Quando o Sol está a pino, ela reflete apenas de 5% a 10% da luz de volta para o espaço, embora, como você já deve ter notado ao apreciar um pôr do sol no mar, a quantidade de luz refletida pela água aumenta à medida que o Sol se aproxima do horizonte. Trocar o gelo do Ártico por um oceano escuro vai resultar em muitos raios solares sendo absorvidos pela superfície da Terra e reirradiados como calor. Isso vai gerar um aquecimento local, que, num caso clássico de retroalimentação positiva, acelerará o derretimento do gelo remanescente.

Ainda em 2001, a elevação dos mares parecia ser um dos problemas menos urgentes a confrontar a humanidade como consequência da mudança climática. Porque nos 150 anos anteriores o oceano tinha subido apenas entre 10 e 20 centímetros, o que equivale a 1,5 milímetro por ano — cerca de um décimo da velocidade com que o seu cabelo cresce.[70] Mas na última década do século XX, contudo, a taxa de elevação do nível do mar dobrou para em torno de 3 milímetros ao ano. Embora ainda seja um quinto da velocidade de crescimento do cabelo, os cientistas estão preocupados com o momento dessa elevação, pois o mar é a maior bola de neve do nosso planeta e, quando os movimentos dentro dele chegam a uma certa aceleração, todo o esforço de todas as pessoas na Terra nada pode fazer para detê-lo.

Os oceanos, é claro, são muito possantes quando comparados com a atmosfera, tendo quinhentas vezes a sua massa, e são muito densos. Assim, quando pensamos na atmosfera mudando os oceanos, temos que imaginar algo como um fusquinha puxando um tanque de guerra morro abaixo. É necessário um certo esforço para fazer o monstro começar a andar, mas, quando ele deslizar, o fusca poderá fazer muito pouco para alterar a trajetória do tanque. Outro fator importante a retardar a reação dos oceanos em face da mudança climática é a estratificação de suas águas. Se toda a água dos oceanos fosse homogeneizada a uma única temperatura, esta seria fria, 3,5°C. Longe dos polos, as camadas superiores do oceano são mais quentes, mas se tornam cada vez mais frias até que, nas profundezas (porque a água é salgada), a temperatura pode chegar abaixo do ponto de congelamento.

Qualquer resfriamento da superfície ajuda as camadas a se misturar, acelerando assim o processo de resfriamento. À medida que se aquecem, os oceanos tornam-se mais estratificados, e, como resultado disso, a interação da água de superfície com a das profundezas é impedida, de modo que só depois de muito tempo o calor encontra um caminho até a planície abissal, quilômetros abaixo.[64] Isso significa que, quando a Terra tende a esfriar, existe um espaço de tempo pequeno entre a redução dos gases do efeito estufa e a mudança de clima que eles provocam. Já quando o nosso planeta está esquentando, leva três décadas para as camadas superficiais do oceano absorverem o calor da atmosfera, e mil anos ou mais para esse calor chegar às profundezas. Tudo isso significa que, da perspectiva do aquecimento global, os oceanos ainda estão vivendo em 1970.

Apesar dessa grande inércia, elevações de temperatura estão acontecendo na superfície dos mares, e também surgem informações de brusco aumento de temperatura nas profundezas.[55] Não há nada que possamos fazer para evitar essa lenta transferência de calor do ar para o mar, o que é uma notícia muito ruim, já que o calor age de dois modos para provocar a elevação das águas.

Quando a maioria de nós pensa na elevação dos mares, imagina geleiras se derretendo e calotas polares se derramando nos oceanos. Mas no século passado a elevação do nível do mar foi provocada em grande medida pela expansão dos oceanos, já que a água morna ocupa mais espaço do que a fria. Espera-se que essa "expansão térmica" dos oceanos eleve o nível dos mares entre 0,5 e 2 metros nos próximos quinhentos anos. Em 2001, o Painel Intergovernamental sobre a Mudança Climática estimou que (em números redondos) os oceanos se elevariam entre meros 10 centímetros a 1 metro neste século. A expansão térmica, eles sugerem, contribuiria com 10 a 43 centímetros, enquanto o derretimento das geleiras de montanhas acrescentaria mais 23 centímetros, sobretudo das geleiras não polares e da Groenlândia.

No final da década de 1990, quando o painel juntava dados para esse relatório, a taxa de derretimento de muitas geleiras não era conhecida, e a situação em torno do polo Sul era particularmente incerta. Esforços heroicos já produziram novos dados, transformando a ciência da mudança no nível do mar num dos aspectos de crescimento mais rápido da ciência climática. Típico dessa nova geração de estudos é um trabalho publicado por Eric Rignot e colaboradores, do Jet Propulsion Laboratory, em Pasadena.[153] Eles mediram a taxa de derretimento dos campos de gelo da Patagônia — as maiores massas de gelo em áreas temperadas do hemisfério Sul — e descobriram que elas fornecem mais água por unidade de área para a elevação global dos mares (0,1 milímetro por ano) do que as gigantescas geleiras do Alasca.

Mas é da Antártida que chegam as notícias mais alarmantes sobre o derretimento do gelo. Em 2004, um relatório científico após outro enchia as páginas das principais revistas especializadas com notícias de sombrias mudanças no gelo da Península Antártica e áreas adjacentes. Esses estudos tornam claro que um grande efeito dominó — em que a desestabilização de um campo de gelo leva à destruição do vizinho — está acontecendo na extremidade sul do planeta. E, como o declínio está afetando áreas cada vez maiores do gelo, torna-se evidente que o degelo polar dará a maior contribuição para a elevação dos mares nas próximas décadas.

Os primeiros sinais drásticos de que as coisas não estavam bem surgiram em fevereiro de 2002, quando a plataforma glacial Larsen B — com 3.250 quilômetros quadrados, era do tamanho de Luxemburgo — fragmentou-se em questão de semanas. Embora os cientistas soubessem que a Península Antártica estava se aquecendo mais rapidamente do que qualquer outro lugar da Terra, a velocidade e o colapso repentino da Larsen B deixaram muitos chocados. Depois do ocorrido, os cientistas descobriram uma importante, e até então despercebida, exceção à regra de que o derretimento do gelo do mar não afeta o nível do oceano. Quase imediatamente após a fragmentação, as geleiras que alimentavam a plataforma glacial partida começaram a fluir mais rapidamente. As geleiras, é claro, fluem bem mais lentamente do que os rios. E, no entanto, elas se movem, e o colapso da Larsen B mostrou que um dos fatores mais determinantes da velocidade das geleiras é a extensão do gelo em sua entrada. Uma espessa calota polar age como uma represa, retardando o fluxo de gelo glacial para o mar e assim reduzindo sua taxa de derretimento. Remova a planície de gelo e a geleira se moverá mais aceleradamente.

É difícil e caro estudar as geleiras da Antártida, mas o destino da Larsen B logo mobilizou pesquisadores para um exame dos detalhes de seu fim e das outras calotas polares da região. Em 2003, um estudo que resume três décadas de dados colhidos por satélites revelou a causa definitiva do colapso de Larsen. O derretimento no verão, por ocorrer ao mesmo tempo no topo e no fundo da geleira, foi provocado pelo aquecimento da atmosfera e do oceano. Ele deixou a geleira tão fina e tão cheia de fendas que sua destruição era inevitável.[148] Mas o derretimento do gelo por baixo foi o fator mais importante. Embora as águas profundas do mar de Weddell, que fluem em torno do gelo, ainda estivessem frias o bastante para matar uma pessoa em minutos, sua temperatura aumentara em 0,32°C desde 1972, e tal mudança foi suficiente para iniciar o derretimento.[148]

Os cientistas estão convencidos de que ainda neste século o resto da geleira Larsen vai se fragmentar, mas a essa altura nossa atenção estará voltada para o destino de massas de gelo ainda maiores.[152] A primeira a invadir nossa consciência provavelmente será a planície de gelo de Amundsen, uma extensa área do mar congelado diante da costa oeste da Antártida. No final de 2002, uma equipe de cientistas liderados por pesquisadores da Nasa descobriu que ela estava ficando mais fina rapidamente. Em seu estudo, publicado em outubro de 2004, eles relatam que grandes trechos da planície de gelo tinham se tornado tão finos que estavam chegando ao ponto em que poderiam flutuar livres de suas "âncoras" no leito do oceano e desmoronar como Larsen B.[72] O momento fatal para a Amundsen pode acontecer em apenas cinco anos, pois a redução de sua espessura já levou a uma aceleração do fluxo glacial. Na época da pesquisa, as geleiras que desembocavam na Amundsen tinham aumentado sua taxa de descarga para cerca de 250 quilômetros cúbicos de gelo por ano — o suficiente para elevar globalmente o nível dos mares em 0,25 milímetro por ano. E, como existe gelo suficiente naqueles glaciares para erguer o nível dos mares em cerca de 1,3 metro, a iminente fragmentação da planície que lhes serve de "freio" deve preocupar a todos.

Do outro lado da Península Antártica encontra-se uma das maiores extensões de mar gelado que ainda sobrevive no mundo. A calota polar do Oeste da Antártida também se encontra tenuemente ancorada ao fundo de um mar raso. A possibilidade de que se desestabilize foi levantada na década de 1970, quando o glaciologista John Mercer, da Universidade de Ohio, chamou a atenção para as semelhanças entre essa calota e o Ártico Eurasiano. Ambas as regiões, ele notou, são mares rasos de topografia semelhante que escoram (ou escoravam) vastas placas de gelo. A calota do Ártico Eurasiano fragmentou-se de modo espetacular entre 15 mil e 12 mil anos atrás, e Mercer ficou preocupado com a possibilidade de que, devido ao aquecimento global (algo de que pouco se ouvia falar na época), a calota do Oeste da Antártida pudesse logo sofrer o mesmo destino.[182]

Descobriu-se recentemente que a calota polar do Oeste da Antártida é limitada por "correntes de gelo" de movimento rápido, que fluem sobre cascalho que, em certas circunstâncias, facilitam seu movimento.[154] A dificuldade para medir a taxa de fluxo dessas "correntes" ficou demonstrada durante um estudo de duas semanas da corrente de gelo Whillans. Há muito se acreditava que ela fosse estável — de fato pensava-se que sua velocidade estivesse diminuindo —, o que teria sido uma boa notícia em relação à estabilidade da calota polar acima. E no entanto a pesquisa revelou que ela podia se mover com uma velocidade extremamente rápida — para gelo, pelo menos — de 1 metro por hora! Isso contudo só acontecia em certas condições de maré; em outras ocasiões a corrente de gelo parava.[138] E com a corrente de gelo tão pouco equilibrada, é fácil perceber como a elevação do nível dos mares ou a redução da espessura do gelo podem tornar o fluxo permanente.

Se a calota polar do Oeste da Antártida se soltar do fundo do oceano, ela acrescentará de 15 a 60 centímetros ao nível dos mares em 2100. E, o que é pior, as geleiras que desembocam nela vão se acelerar, aumentando ainda mais o nível dos mares. Ao todo, os 3,8 milhões de quilômetros cúbicos de gelo glacial e marítimo contidos na calota do Oeste da Antártida contêm água suficiente para elevar de 6 a 7 metros o nível global dos mares.

Mas existe um ponto positivo em tudo isso. O aumento da precipitação de chuva deve levar mais neve para a calota polar da alta Antártida, o que pode compensar parte do gelo sendo perdido nas margens do continente. Mas o nível de compensação que isso trará e por quanto tempo é coisa que não se sabe.

Tão rápidas têm sido as mudanças na ciência das geleiras e tão grande é a inércia dos oceanos que os pesquisadores do clima agora debatem se os seres humanos já acionaram o interruptor que criará uma Terra sem gelo. Se assim for, já condenamos nosso planeta, e a nós mesmos, a uma elevação do nível dos mares de cerca de 67 metros. E a próxima grande pergunta é: quanto tempo levará para o gelo derreter? Muitos cientistas acham que, a despeito da quantidade que pode derreter, o grosso da elevação marítima vai acontecer depois de 2050 e levará milênios para todo o gelo derreter. Já outros cientistas preveem um aumento no nível dos mares de 3 a 6 metros dentro de um século ou dois.[231]

Prever o futuro nunca foi o forte da humanidade, mas, com os avanços tecnológicos de duas décadas — incluindo o monitoramento por satélites das mudanças na superfície do nosso planeta, melhores computadores e uma sólida compreensão de sistemas terrestres, como o ciclo do carbono —, os cientistas têm conseguido desenvolver mundos virtuais para visualizar as condições futuras, e como tudo ficará se mudarmos nosso comportamento. Essas novas ferramentas maravilhosas da ciência têm muito a nos dizer sobre o nosso futuro climático nas próximas décadas.

PARTE 3

A CIÊNCIA DA PREVISÃO

16

MODELOS DE MUNDO

> Nós fizemos do mundo natural o nosso laboratório, mas a experiência é involuntária e não foi programada para fornecer resultados facilmente decifráveis [...] Existem indícios perturbadores de que os modelos estão subestimando no lugar de superestimar as consequências climáticas do acúmulo de gases do efeito estufa.
>
> Lee Kump, "Reducing uncertainty about carbon dioxide as a climate driver", Nasa, 2002.

A ciência da previsão do impacto do aquecimento global sobre o clima da Terra tem suas origens na previsão do tempo. Sob a liderança do capitão Fitzroy (famoso em razão de Darwin e da viagem do *Beagle*), o Serviço Meteorológico Britânico foi uma das primeiras instituições a desenvolver um sistema de previsão do tempo com bases científicas. Hoje, com o estabelecimento da Organização Meteorológica Mundial das Nações Unidas, a atividade científica relacionada ao tempo e ao clima é coordenada em escala mundial. Cento e oitenta e cinco países participam do programa, e monitoram 10 mil estações de observação baseadas em terra, 7 mil baseadas em navios e dez satélites.

A ferramenta básica usada na previsão da mudança climática é um modelo computacional dos processos físicos que ocorrem na superfície da Terra. Os cientistas então alteram os dados introduzidos, para ver, por exemplo, como o nosso clima reagiria se dobrasse a quantidade de CO_2 na atmosfera, ou como o buraco do ozônio afeta o clima. Os primeiros modelos ficavam restritos ao exame dos padrões de circulação na atmosfera. Daí que esses modelos — mesmo os mais sofisticados, que simulam tudo, do ciclo de carbono à vegetação — são conhecidos como "modelos de circulação geral da atmosfera". Há pouco mais de cinquenta anos, o modelo mais sofisticado de circulação atmosférica da Terra era uma bacia cheia de água, colocada em cima da uma mesa giratória, a qual, à medida que rodava no laboratório da Universidade de Chicago, tinha sua borda aquecida por uma chama que representava o Sol dos trópicos.[70] Embora primitivo, o modelo exibia as correntes na mesma posição do mundo real. E, para surpresa do criador do modelo bacia, ele até mesmo produziu um modelo de Corrente de Jato e redemoinhos semelhantes a tempestades. Estimulados pelo sucesso de sua experiência, os pesquisadores se voltaram para computadores como simuladores da atmosfera ainda em 1949.

Já em 1975, Syukuro Manabe, que trabalhava então para o Departamento do Clima dos Estados Unidos, e seu colaborador, Richard Whetherald, usaram modelos de computador para investigar a duplicação dos níveis de CO_2 na atmosfera.[88] Descobriram que ela causaria um aumento médio de 2,4°C na temperatura da superfície da Terra. Em 1979, modelos tecnologicamente mais avançados tinham sido empregados, e estes sugeriam que o aumento mais provável seria de 3,5 a 3,9°C, com margem de erro de dois graus para mais ou para menos.[70] Espantosamente, em mais de vinte anos, esta previsão, e seu grau de incerteza, ainda não mudou: em 2001, o Painel Intergovernamental para a Mudança Climática (IPCC) ainda dava o resultado como sendo de 3°C, com um grau de incerteza de dois graus. A explicação parece ser que, embora o aumento da sofisticação dos modelos computacionais tenha eliminado fontes de incerteza em seus programas, estes passaram a incorporar mais incertezas do mundo real. Essa situação, todavia, já começa a mudar.

Hoje em dia existem por volta de dez modelos diferentes de circulação geral tentando simular como a atmosfera se comporta, e prever como se comportará no futuro.[23] Os mais sofisticados se encontram no Centro Hadley, na Inglaterra, no Laboratório Nacional Lawrence Livermore, na Califórnia, e no Instituto Max Planck de Meteorologia, na Alemanha. Embora os três centros sejam capazes de reproduzir as tendências gerais de mudança de temperatura experimentadas no século XX, uma avaliação independente considera o Centro Hadley como o líder mundial.[70]

O Centro Hadley para Previsão Climática e Pesquisa parece uma moderna catedral da pesquisa climática. O novo prédio, terminado em 2003, ergue-se como um elegante amálgama de vidro e aço projetado para minimizar o consumo da energia e seu impacto sobre o meio ambiente. Nesse complexo, mais de 120 pesquisadores tentam reduzir as incertezas das previsões produzindo modelos cada vez mais sofisticados para imitar o mundo real.

Se nosso planeta fosse uma esfera negra uniforme, o pessoal do Hadley teria uma tarefa simples, pois a duplicação do nível de CO_2 na atmosfera elevaria a temperatura superficial da nossa hipotética esfera de fuligem em 1°C. Mas a Terra não é preta, nem a sua superfície é uniforme. Em vez disso, ela é cheia de irregularidades e azul, verde, vermelha e branca; e são as partes brancas — principalmente as nuvens — que estão dando dores de cabeça aos pesquisadores, porque ainda não são tão bem parametrizadas nos modelos de circulação geral. E, como são capazes não só de prender o calor, mas também de refletir a luz solar de volta para o espaço, as nuvens podem, de acordo com as circunstâncias, ser poderosos aquecedores ou resfriadores.

Assim, até que ponto essa bola de cristal, enevoada e computadorizada, do Centro Hadley, é boa para prever o futuro? Existem quatro grandes testes que qualquer modelo global de circulação deve vencer antes que possa ser considerado confiável. O primeiro é se sua base física é compatível com as leis da física — a conservação de massa, calor, umidade e assim por diante. Em segundo lugar, será que ele pode simular com precisão o clima atual? O terceiro teste é se ele pode simular, dia a dia, a evolução dos sistemas climáticos que formam o nosso clima. E a quarta pergunta é se o modelo é capaz de simular climas passados.

Modelos de computador como os usados no Centro Hadley passam em todos esses testes com um razoável grau de precisão, e, no entanto, descobertas no mundo real estão forçando constantemente mudanças sobre estes modelos.[89]

O pesquisador canadense Nathan Gillett e seus colegas documentaram recentemente como a mudança climática induzida pelo homem está alterando a pressão ao nível do mar. Trata-se do primeiro indício claro de como os gases do efeito estufa afetam diretamente um fator meteorológico que não a temperatura.[43] Aumentos na pressão ao nível do mar ainda não haviam sido incorporados aos modelos de circulação, o que os levou a subestimar o impacto da mudança climática sobre as tempestades no Atlântico Norte.

Entre os céticos, que continuam a desprezar os modelos de circulação geral, está Jack Hollander, professor emérito de Energia e Recursos na Universidade da Califórnia. Em seu livro mais recente, *The real environmental crisis*, Hollander diz que "simulações em computadores não fornecem uma base adequada para generalizações catastróficas sobre o futuro do clima. Em todo caso, para a maioria de nós, é difícil distinguir entre evidência empírica sólida e especulação baseada em modelos de computador altamente incertos".[108]

A divisão que Hollander faz entre evidência empírica e especulação revela sua pobre compreensão de como funcionam os modelos computacionais. Todos os modelos se baseiam nas evidências e incorporam o maior número possível de dados empíricos para criar hipóteses verificáveis sobre mudanças futuras. Desde que baseado num sólido entendimento da ciência, o ceticismo é inestimável, porque é assim que a ciência progride. Mas a crítica pobre pode levar aqueles não familiarizados com a ciência envolvida a duvidar de qualquer fato a respeito da previsão de mudanças climáticas.

Um dos aspectos mais citados da ciência das mudanças climáticas era a discrepância entre as medições de temperatura fornecidas pelos 17 mil termômetros da Organização Meteorológica Mundial (que ficam alojados em caixas com persianas chamada de caixas de Stevenson) e as medições dos dez satélites. Os termômetros estavam fornecendo indícios aparentemente indubitáveis de que a superfície do nosso planeta se aquecia a uma taxa de 0,17°C por década — a qual, aliás, era a taxa prevista pelos modelos — e no entanto os satélites indicavam uma taxa muito menor de aquecimento da atmosfera inferior. Isso era um presente para aqueles que queriam repudiar as noções de mudança climática. Não obstante, eles precisavam alterar os dados, já que, para afirmar que nenhuma mudança tinha acontecido, precisavam rejeitar os 17 mil termômetros, cujas medições pareciam ser o indício mais confiável de uma mudança.

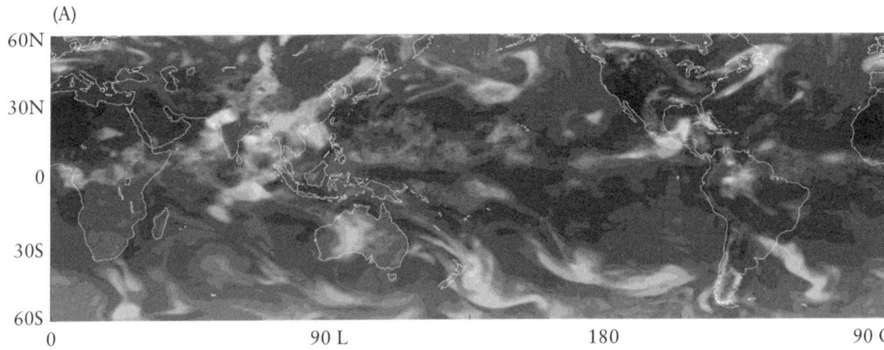

O clima em 1º de julho de 1998. (A) é uma simulação dos computadores do Centro Hadley para o tempo no mundo naquele dia; (B) é o tempo real observado por um satélite. As setas brancas indicam áreas nubladas que o computador não conseguiu simular, mas de outro modo as duas imagens são muito parecidas.

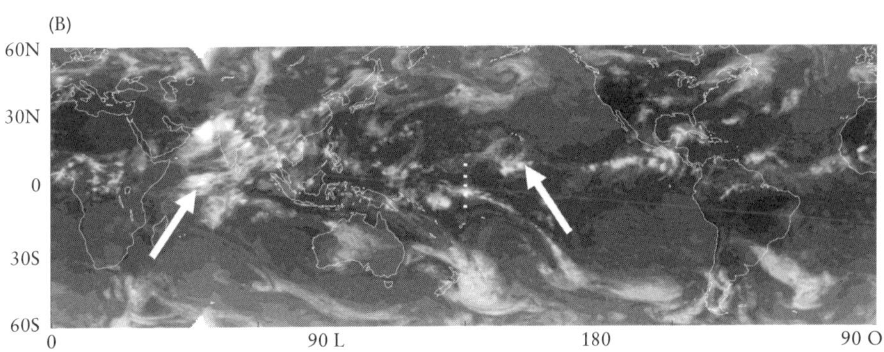

Em 2004, depois de anos de pesquisas complexas, os cientistas identificaram a fonte do erro, e esta se encontrava nos dados dos satélites.[9] Já vimos antes que o esgotamento do ozônio estava esfriando a estratosfera, enquanto os gases do efeito estufa aqueciam a troposfera. Os satélites, foi revelado, estavam medindo ao mesmo tempo uma troposfera cada vez mais quente e uma estratosfera cada vez mais fria, e era essa média sem sentido de temperaturas divergentes que deixava os pesquisadores confusos.[101]

Enquanto estamos no tópico dos céticos, vale a pena lembrar um dos primeiros grandes enigmas nas mudanças de temperatura. Entre as décadas de 1940 e 1970, apesar dos níveis crescentes dos gases do efeito estufa na atmosfera, a temperatura média da superfície da Terra declinara. Além disso, os primeiros modelos de circulação previam que, diante da quantidade de CO_2 liberada na atmosfera ao longo do século, a Terra devia estar se aquecendo duas vezes mais rapidamente que o registrado. Os céticos se agarraram a essas anomalias para repudiar os modelos e também para alardear a ideia de que o CO_2 e outros gases do efeito estufa não tinham nada a ver com a elevação das temperaturas. Mas ficou demonstrado que ambas as discrepâncias resultavam de um fator que não fora considerado — a poderosa influência sobre o clima das minúsculas partículas que flutuam na atmosfera.

Conhecidas como aerossóis, elas podem ser qualquer coisa entre a poeira ejetada pelos vulcões ao coquetel de partículas mortíferas que sai das chaminés das usinas de energia a carvão. As regiões desérticas as produzem em grande quantidade, e os motores diesel, pneus de borracha e incêndios também são fontes importantes. Os primeiros modelos não incluíam os aerossóis em seus cálculos, em parte porque ninguém tinha percebido a extensão com que as atividades humanas estavam aumentando a sua quantidade. Hoje sabemos que entre um quarto e a metade de todos os aerossóis na atmosfera atualmente foram colocados lá pela atividade humana.[70]

Aerossóis podem causar muito dano à saúde humana. Eles foram a causa da significativa mortalidade na Londres do século XVII, e hoje em dia, mesmo com os aperfeiçoamentos, os aerossóis gerados pela queima do carvão matam em torno de 60 mil pessoas anualmente nos Estados Unidos.[81] Até certo ponto o motivo é que o carvão age como uma esponja, absorvendo mercúrio, urânio e outros minerais nocivos que são liberados quando ele é queimado. O estado do Sul da Austrália abriga a maior mina de urânio do mundo, e no entanto, o ponto de maior radiação não é a mina e sim uma usina elétrica a carvão em Whyalla. E não surpreende que o câncer de pulmão seja um resultado comum da queima do carvão. No Hunter Valley da Austrália, onde se concentra a geração de energia por usinas de carvão, a taxa de casos de câncer de pulmão é um terço maior do que na vizinha Sydney, apesar dos níveis de poluição na metrópole.

Quando criança, eu me lembro de ver os sinais de "É proibido cuspir" nas paredes dos túneis do metrô na minha cidade natal, Melbourne, e ouvir falar nas escarradeiras que eram usadas na época do meu avô. Quando fui à China, já adulto, e vi os habitantes de cidades extremamente poluídas como Hefei tossindo e escarrando com a congestão em seus pulmões, percebi que meus antepassados não tinham, necessariamente, hábitos de higiene piores que os da minha geração. Eles simplesmente enfrentavam a atmosfera fétida criada pela queima do carvão.

Os cientistas agora acreditam que a queda de temperatura entre as décadas de 1940 e 1970 foi causada por aerossóis, com o dióxido de enxofre sendo especialmente responsável. Dióxido de enxofre é liberado sempre que carvão de baixa qualidade é queimado, e na década de 1960 os lagos e as florestas das latitudes elevadas, do hemisfério Norte, estavam morrendo. As árvores perdiam suas folhas enquanto os lagos se tornavam cristalinos e vazios de vida. A causa era a chuva ácida resultante das emissões de dióxido de enxofre das usinas elétricas a carvão. A descoberta produziu uma legislação que tornava obrigatório o uso de filtros nas usinas de energia do mundo industrializado. Eles têm sido usados desde a década de 1970 e reduziram drasticamente as emissões de dióxido de enxofre.

Isso produziu, entretanto, uma consequência indesejada. Aerossóis de sulfato são muito eficientes para refletir a luz solar de volta para o espaço, e assim agem de maneira poderosa no resfriamento do planeta. E, como a maioria dos aerossóis fica apenas algumas semanas na atmosfera (com o dióxido de enxofre se degradando na taxa de 1% a 2% por hora na umidade normal), o efeito da instalação dos filtros foi imediato. À medida que o ar ficava limpo, as temperaturas globais, impulsionadas pelo CO_2 liberado pelas mesmas usinas de energia, recomeçaram a subir.[58] A experiência foi um exemplo perfeito de como em nosso mundo de Gaia tudo está interligado e a tudo influencia.

Em 1991 a erupção do monte Pinatubo, nas Filipinas, forneceu um teste excepcional para a capacidade dos novos modelos de circulação de prever a influência dos aerossóis. Ela injetou 20 milhões de toneladas de dióxido de enxofre na atmosfera, e um grupo liderado pelo cientista James Hansen, da Nasa, previu que o resultado seria um esfriamento mundial de 0,3°C — número que correspondia *exatamente* ao que se viu no mundo real.

Entre as previsões mais importantes e mais confiáveis desses modelos é de que os polos vão se aquecer mais rapidamente que o resto da Terra; as temperaturas sobre os continentes se elevarão mais rapidamente do que a média global; haverá mais chuvas e os eventos climáticos extremos aumentarão em frequência e intensidade. As mudanças também serão evidentes nos ritmos diários e, como foi previsto primeiramente por Arrhenius, as noites serão mais quentes em relação aos dias, pois é durante a noite que a Terra perde calor através da atmosfera para o espaço. Haverá uma tendência na direção do desenvolvimento de condições semipermanentes de El Niño, o que, como vimos, terá um grande impacto.

Agora nos voltemos para a principal incerteza que permanece em todos os modelos: será que a duplicação do CO_2 levará a um aquecimento de 2°C ou 5°C e podemos esperar uma redução nesta incerteza no futuro próximo? Essa é uma questão crítica, porque o atual governo dos Estados Unidos disse que não vai considerar uma mudança em sua política climática enquanto não houver uma certeza maior. E, como quase trinta anos de trabalho duro e espantosos avanços tecnológicos não conseguiram reduzir o grau de incerteza, não devemos contar muito com um aumento na precisão. Muitos afirmam que já sabemos o suficiente: mesmo um aumento de 2°C será catastrófico para grandes segmentos da humanidade.

A rã dourada foi a primeira espécie a se tornar extinta como consequência da mudança climática. Ela desapareceu de seu hábitat na Costa Rica no final dos anos 1980.

Branqueamento do coral na Ilha Grande Keppel, parte da Grande Barreira de Recifes, em 2002. O coral logo se fragmentará em entulho.

A vegetação desértica mais diversificada do mundo, o suculento Karoo, deve perder 99% de sua área de distribuição por volta de 2050.

Acima: O espantoso panorama do mundo iluminado à noite. A maior parte da eletricidade usada vem de usinas elétricas alimentadas com carvão, o que significa emissões de CO_2.

À direita: A precipitação de chuvas na Austrália nos últimos 54 anos. As áreas vermelhas mais escuras indicam perdas de mais de 50 milímetros de chuva por década, enquanto nas áreas azuis mais escuras o índice aumentou em quantidade similar. No último meio século isto equivale a um aumento ou déficit de 250 milímetros.

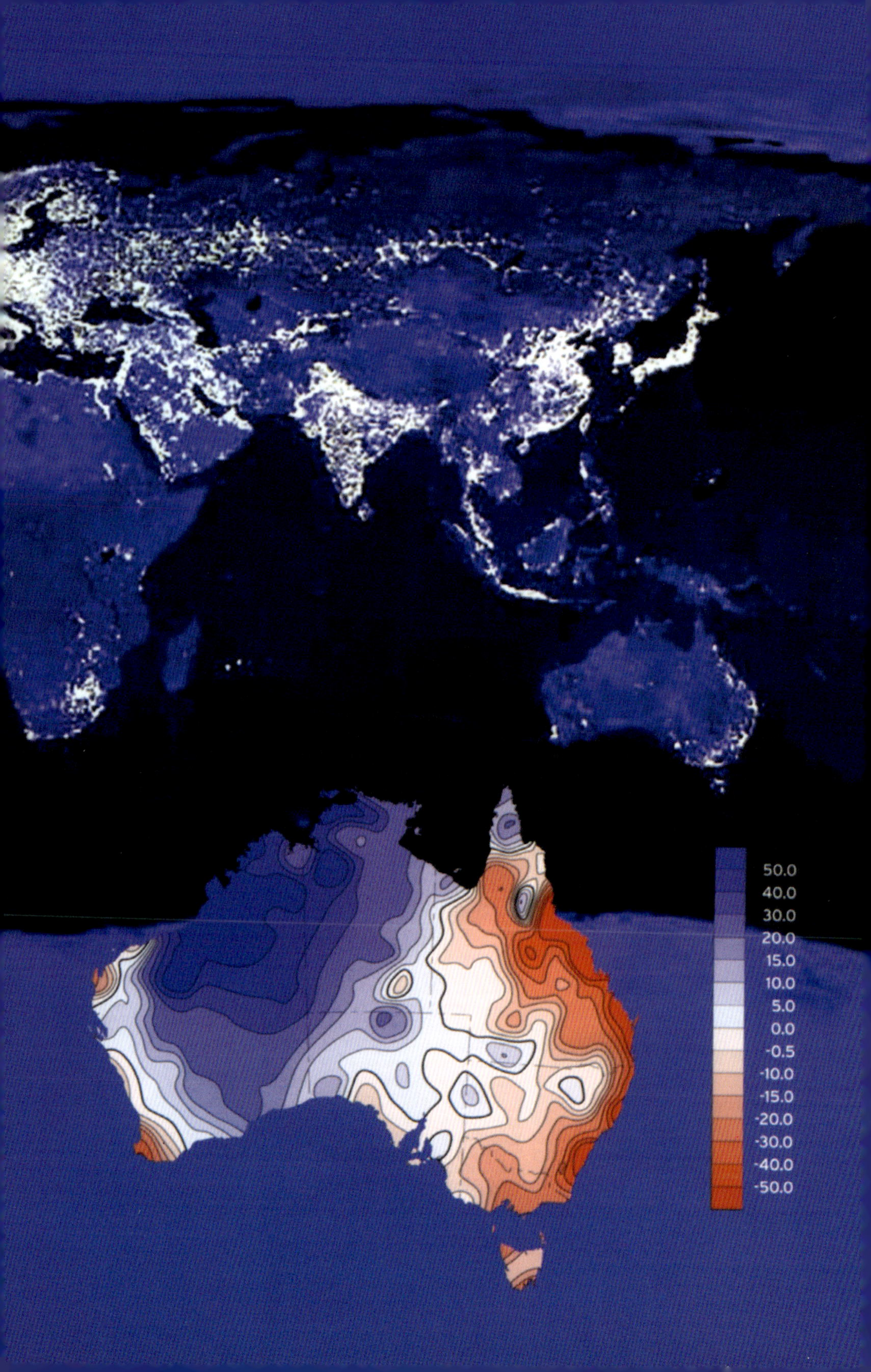
50.0
40.0
30.0
20.0
15.0
10.0
5.0
0.0
-0.5
-10.0
-15.0
-20.0
-30.0
-40.0
-50.0

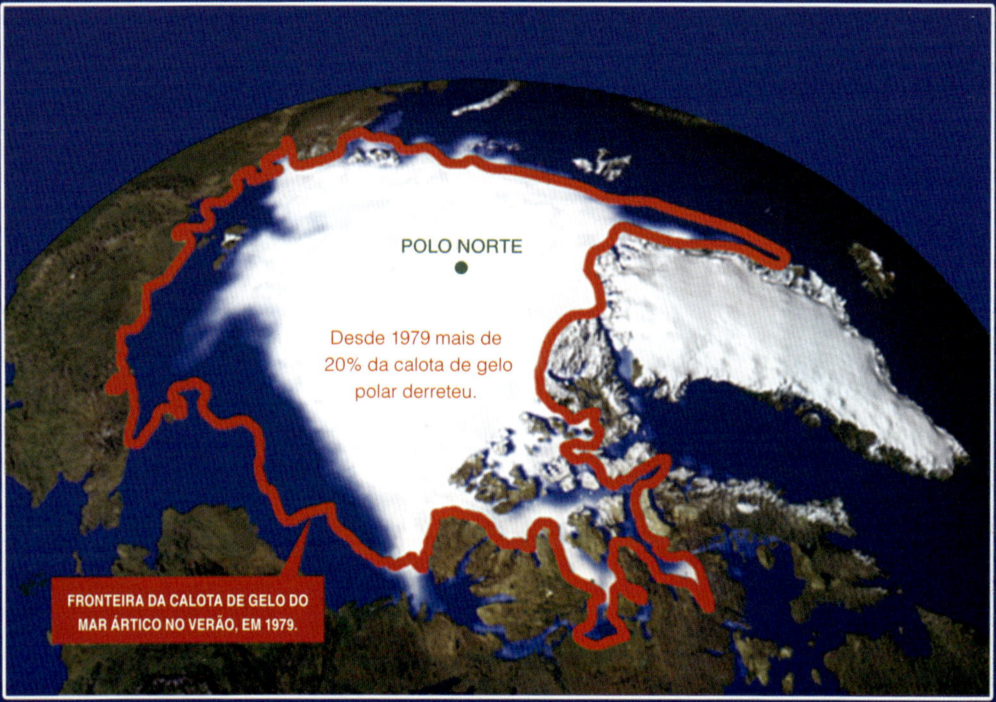

Imagem de satélite do Ártico em 2003, que ilustra a redução crescente do gelo no verão desde 1979. A capa de gelo da Groenlândia pode ser vista à direita.

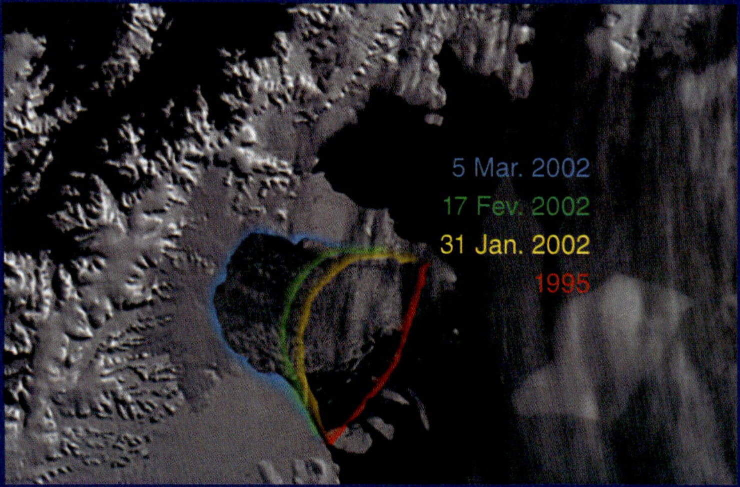

Esta imagem composta da península Antártica mostra a progressiva fragmentação da capa de gelo Larsen-B.

O estudo mais recente sobre a mudança climática, e o maior já realizado, foi publicado no início de 2005 por uma equipe da Universidade de Oxford. Foi realizado utilizando o tempo ocioso de mais de 90 mil computadores pessoais e voltou-se para as implicações sobre a temperatura da duplicação do nível de CO_2 na atmosfera. O resultado médio de muitas simulações indica que isso levará a um aumento de 3,4°C. Mas, no geral, houve um espantoso espectro de possibilidades — indo de um aquecimento de 1,9°C a 11,2°C, este patamar mais alto não tendo sido previsto anteriormente.[213]

Enquanto leio esses resultados, uma anomalia que há muito tempo vem me incomodando ressurgiu. No final da última Era do Gelo os níveis de CO_2 subiram em cem partes por milhão e a temperatura média da superfície da Terra subiu 5°C. Isso sugere que o CO_2 tem uma influência poderosa na temperatura global. E no entanto, na maioria das análises de computador, um aumento de CO_2 quase três vezes maior (dobrando os níveis pré-industriais) leva à previsão de um aumento de apenas 3°C na temperatura.

Essa anomalia tem sérias implicações para a sobrevivência de nossa civilização e de incontáveis espécies. Os cientistas que agora trabalham com aerossóis acham que têm a resposta. Medições diretas da intensidade da luz solar ao nível do solo, e registros mundiais das taxas de evaporação (que são influenciadas principalmente pela luz solar) indicam que a quantidade de luz solar que atinge a superfície da Terra tem declinado significativamente (em até 22% em certas áreas) nas três últimas décadas. É como se estivéssemos fechando aquela pequena "janela" na atmosfera através da qual a luz visível penetra.

Trata-se do fenômeno do escurecimento global, que funciona de duas maneiras: aerossóis como a fuligem aumentam a refletividade das nuvens, e os rastros de vapor deixados pelos aviões a jato criam uma persistente cobertura de nuvens. As partículas de fuligem mudam as propriedades refletoras das nuvens ao estimularem a formação de grande quantidade de minúsculas gotículas de água no lugar de gotículas maiores e em menor quantidade. E essas minúsculas gotículas de água fazem as nuvens refletirem muito mais luz solar de volta para o espaço do que as gotículas maiores. A história dos rastros dos jatos é diferente. Em 2001, nos três dias que se seguiram ao 11 de setembro, toda a frota de jatos dos Estados Unidos ficou no solo, e durante esses dias os climatologistas notaram um aumento sem precedentes nas temperaturas durante o dia, em relação às temperaturas noturnas. Isso resultou, presumem eles, da luz solar adicional que chegava ao solo na ausência dos rastros.

Se cem partes por milhão de CO_2 podem realmente fazer a temperatura subir 5°C e se os aerossóis e as esteiras dos jatos têm contrabalançado isso, de modo que experimentamos apenas um aquecimento de 0,63°C, então sua influência sobre o clima deve ser intensa. É como se duas grandes forças — ambas liberadas pelas chaminés do mundo — empurrassem o clima em direções opostas, só que o CO_2 é ligeiramente mais intenso.

Isso nos deixa com um grave problema, pois a poluição por partículas dura apenas dias ou semanas, enquanto o CO_2 é difícil de limpar e dura um século ou mais. Assim, o que significa um aumento de 2°C ou 5°C na temperatura — no solo — para os vários povos e ecossistemas? Essas são questões às quais retornaremos, mas por ora podemos dizer o seguinte: se nossa compreensão do escurecimento global está correta, então temos apenas uma opção. *Devemos* começar a extrair CO_2 da atmosfera.

Antes de seguir adiante, devemos aprender que perguntas podem e não podem ser respondidas pelos modelos computacionais. Uma das reações humanas mais fundamentais diante de qualquer mudança é perguntar o que a causou. Mas o sistema climático da Terra é tão cheio de círculos de retroalimentação positiva e negativa que nossos conceitos normais de causa e efeito não se sustentam mais. Pense no exemplo, frequentemente usado, extraído da teoria do caos; o bater das asas de uma borboleta na Amazônia provoca um ciclone no Caribe. Mas dizer simplesmente que alguma coisa provocou outra não é uma linha de pensamento útil. Em vez disso, o que temos são ocorrências iniciais, aparentemente insignificantes — como um aumento da concentração de CO_2 na atmosfera — que levam a uma mudança descontrolada.

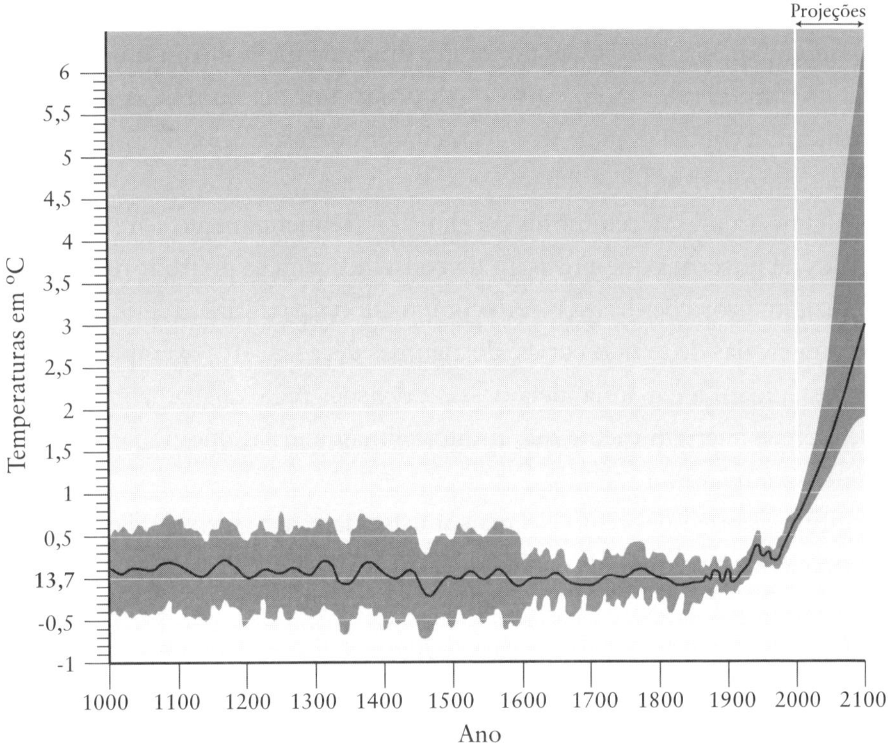

Este gráfico, conhecido como "taco de hóquei", mostra as tendências na temperatura superficial média da Terra do ano 1000 a 2100. Antes de 1900 era de 13,7 graus. A área cinza ilustra incerteza, que se reduz por volta de 1850, quando a rede de termômetros foi estabelecida. As projeções à direita mostram a faixa de aumentos prováveis de temperatura até 2100.

Outra reação natural é perguntar o que tudo isso significa para mim e para a região onde vivo, no futuro próximo. Como as condições de tempo variam muito de dia para dia, de ano para ano, não existe maneira segura de determinar isso.[23] Da perspectiva do tempo de uma vida humana, o aquecimento global é lento — faz cada década ser um pouco mais quente do que a anterior —, enquanto a variabilidade climática de ano para ano, ou mesmo a variação diária nas condições do tempo, pode ser muito maior do que a mudança climática provocada por uma mudança na média de uma década.

Nesse aspecto, prever o tempo é muito diferente de prever os impactos da mudança climática: a previsão do tempo funciona melhor para um local específico num período bem curto — digamos, um dia ou três. A mudança climática, em contraste, pode ser feita melhor numa escala global e com muitas décadas de antecipação.

Alguns grupos de estudiosos do clima — frequentemente em resposta a pedidos de governos que precisam de conselhos para se preparar melhor — produziram projeções baseadas em computadores para várias regiões da Terra e para escalas de tempo curtas, de algumas décadas. Três exemplos desses estudos ajudam a dar uma ideia dessas previsões regionais tão abundantes. Mas é preciso ter em mente que muitos climatologistas questionam a utilidade desses relatórios.

Uma das previsões regionais mais sofisticadas é a do Centro Hadley para o clima do Reino Unido da década de 2050 até 2080.[104] Eles presumem uma variação das emissões de gases do efeito estufa que vai de baixa a alta. Baixa significa que medidas vigorosas para reduzir as emissões de CO_2 terão sido implementadas com sucesso e que teremos sorte com os ciclos de retroalimentação. Alta significa que tudo vai continuar na mesma e teremos má sorte com os mecanismos de retroalimentação.

Em todos os cenários eles descobriram que, em 2050, a influência humana sobre o clima terá ultrapassado todas as influências naturais. Em outras palavras, não haverá mais "fatalidades" climáticas, apenas desastres climáticos feitos pelo homem. Eles preveem que a cobertura de neve se reduzirá em 80% perto da costa britânica e até em 60% nas terras altas da Escócia. A chuva no inverno deve aumentar em até 35%, com mais casos de chuvas intensas, enquanto as de verão vão diminuir, e um verão em cada três será "muito seco". Um evento semelhante ao severo verão de 1995 (que teve 17 dias com temperaturas acima de 25°C e quatro dias acima de 30°C) pode ocorrer duas vezes por década, enquanto a grande maioria dos anos será mais quente do que o ano recorde de 1999.[104]

As mudanças sentidas na Europa continental serão mais extremas do que o aumento na média global. De fato, uma elevação global de apenas 2°C na temperatura da superfície trará um aumento de 4,5 graus nas temperaturas em toda a Europa, Ásia e Américas.[105] Para a Grã-Bretanha isso significa um clima mais semelhante ao do mediterrâneo e, como afirmaram alguns jornais, "o fim do jardim inglês". Mais importante são os desafios que essa mudança apresenta em questões como segurança da água, controle de enchentes e a saúde humana.

Em 2003 e 2004, dois outros estudos regionais, preparados por cientistas de Stanford e da Universidade da Califórnia, em Los Angeles, abordaram os impactos climáticos na Califórnia.[163] Eles postulam que o aquecimento global trará verões muito mais quentes para o estado e um esgotamento da cobertura de neve, que ameaçarão os suprimentos de água e a saúde. No fim do século, as ondas de calor em Los Angeles serão de duas a sete vezes mais mortíferas do que hoje. As reservas de neve vão se reduzir à metade, ou mais, e entre 3/4 a 9/10 de todas as florestas alpinas da Califórnia estarão perdidas.

O terceiro exemplo focaliza o estado da Nova Gales do Sul, com as previsões feitas pelo principal grupo de pesquisa científica da Austrália, o CSIRO. A escala de tempo usada é curta — apenas três décadas, em alguns casos — e eles utilizam 12 simulações de clima separadas para fornecer um espectro mais amplo de possibilidades. Estas incluem aumentos de temperatura que variam de 0,2 a 2,1°C, enquanto o número de noites frias e geadas se reduzirá. O número de dias muito quentes (acima de 40°C) vai aumentar, assim como as secas de inverno e primavera, chuvas extremas e velocidade dos ventos. Também haverá mudanças nos padrões das ondas e possivelmente na frequência das marés tempestuosas.[207]

Ao ler esses relatórios regionais, fica evidente que, quanto mais curta a escala de tempo, menos infalíveis são as previsões. No entanto, quanto mais longa a escala de tempo e maior a região envolvida, mais elas se assemelham aos modelos globais, que são a nossa melhor fonte de informação. Existe outra razão muito importante para os estudos a curto prazo não serem tão significativos. O gás já está no ar e até agora não temos meios de retirá-lo. Isso significa que o curso da mudança climática já está estabelecido por pelo menos várias décadas.

17

O COMPROMETIMENTO E A PROXIMIDADE DO PERIGO EXTREMO

O que torna o aquecimento global tão sério e tão urgente é que Gaia, o grande sistema da Terra, está preso num círculo vicioso de retroalimentação positiva. Calor extra, de qualquer fonte, seja dos gases do efeito estufa, da desaparição dos gelos do Ártico ou da floresta amazônica, é amplificado e seus efeitos são mais do que uma soma. É quase como se tivéssemos acendido um fogo para nos aquecermos e, enquanto empilhamos a lenha, não percebêssemos que o fogo já fugiu ao controle e incendiou a mobília. E quando isso acontece resta pouco tempo para apagar o fogo. O aquecimento global é como um incêndio, está se espalhando e quase não resta mais tempo para fazer alguma coisa.

James Lovelock, *Independent*, 24 de maio de 2004.

Os pesquisadores do Centro Hadley falam do "comprometimento físico com a mudança climática".[164] Isso se refere ao fato de que o impacto total dos gases do efeito estufa que já se encontram na atmosfera só será sentido em 2050. A implicação disso é que, se as emissões desses gases parassem imediatamente, a Terra atingiria um novo estado estável, com um novo clima, em 2050. E, como não temos meios de tirar os gases do efeito estufa da atmosfera, esse período de cinco décadas de "ajustamento" é um verdadeiro comprometimento físico devido à longa vida do CO_2 na atmosfera. Grande parte do CO_2

liberado quando nossas bisavós acendiam seus fogões a carvão, nos anos posteriores à Primeira Guerra Mundial, continua a aquecer o nosso planeta hoje em dia. Contudo, a maior parte dos danos começou a ser provocada a partir da década de 1950, quando nossos pais e avós dirigiam aqueles Chevrolets rabo de peixe e faziam funcionar seus eletrodomésticos com a energia de usinas termoelétricas ineficientes, movidas a carvão. Mas a maior culpada é a geração *baby-boomer*: metade da energia gerada desde a Revolução Industrial foi consumida nos últimos vinte anos.

É fácil condenar a extravagância que levou à situação em que nos encontramos agora, mas precisamos nos lembrar de que, até recentemente, ninguém tinha a menor ideia de que as emissões dos canos de descarga de seus carros, ou que seus aspiradores de pó, teriam um impacto sobre seus filhos e netos. O mesmo não pode ser dito sobre nós, hoje em dia, pois o verdadeiro custo de nossos carros com tração nas quatro rodas, condicionadores de ar, aquecedores de água elétricos, secadores de roupa e refrigeradores é cada vez mais evidente para todos. Além disso, em muitas nações desenvolvidas, as pessoas são, em média, três vezes mais abastadas do que os pais foram no mesmo estágio de suas vidas, e podemos portanto presumir o custo de uma mudança de hábitos.

Uma olhada mais minuciosa na inércia dos sistemas climáticos terrestres é necessária para entender o que de fato significa o nosso "comprometimento". Como já vimos anteriormente, a atmosfera, a superfície da terra e os oceanos respondem em ritmos diferentes ao aumento dos gases do efeito estufa. Em 2002 a superfície do nosso planeta, como um todo, encontrava-se 0,8°C acima dos níveis pré-industriais, a superfície terrestre estava 1,2°C mais quente e a troposfera entre 1 e 8 quilômetros acima de nossas cabeças (de acordo com os satélites) estava 0,25°C mais quente do que a média nos vinte anos precedentes. Partes diferentes do sistema terrestre variam em sua reação ao aquecimento, e a distribuição do calor extra é um dos motivos dessa defasagem.

Nosso comprometimento também é influenciado pelo CO_2 que já liberamos, a retroalimentação positiva, que amplifica a mudança climática, o escurecimento global, e a velocidade com que as economias humanas podem se descarbonizar. Desses, o primeiro fator — volumes existentes de gases do efeito estufa — é conhecido e nos fornece o nosso "comprometimento atual". O segundo e o terceiro fatores — os elos entre retroalimentação positiva e o escurecimento global — ainda estão sendo estudados pelos cientistas. E o quarto — a taxa com a qual podemos mudar nossas emissões — está sendo discutido nesse momento nos parlamentos e gabinetes ao redor do mundo. Ele é também o único impacto sobre o qual temos controle.

Os cientistas dizem que uma redução de 70% nas emissões de CO_2 a partir dos níveis de 1990, em meados do século XXI, é necessária para estabilizar o clima da Terra. Isso resultaria em uma atmosfera com 450 partes por milhão de CO_2, e o nosso clima global se estabilizando em 2100 com uma temperatura 1,1°C mais alta que a do presente, com algumas regiões chegando a esquentar 5°C. Os países da Europa falam em cortes nas emissões dessa magnitude, mas, levando em conta a intransigência da indústria do carvão e a política do governo atual dos Estados Unidos, isso pode ser inatingível como meta global. Um cenário mais realista pode ser a estabilização do CO_2 atmosférico em 550 partes por milhão — o dobro dos níveis pré-industriais. Isso resultaria em uma estabilização climática daqui a séculos, e um aumento na temperatura global em torno de 3°C, com dois graus a mais ou a menos ("a mais" sendo mais provável do que "a menos"). Mas lembre-se de que mesmo isso depende de nossa boa sorte, porque, apesar dos nossos melhores esforços, os gases já existentes na atmosfera podem acionar mecanismos de retroalimentação positiva com o potencial para desestabilizar o ciclo do carbono.

Assim, como esse comprometimento se liga às preocupações de que a Terra pode cruzar algum limite para a mudança climática além do qual se encontra o perigo extremo? A Convenção das Nações Unidas para a Mudança Climática declara que seu objetivo final é a estabilização dos gases do efeito estufa em níveis que "evitariam interferência antropogênica perigosa no sistema climático". Isso significa que a mudança climática não deve acontecer num ritmo mais rápido do que aquele ao qual os sistemas de produção de alimentos e os ecossistemas podem se adaptar, e também num ritmo que não ameace o desenvolvimento econômico.[188] Mas que proporção é essa? Onde está o limite para a "mudança climática" perigosa?

Em 2002, o economista Thomas Schelling, da Universidade de Maryland, que é um defensor da recusa americana de ratificar o Protocolo de Kyoto, estabeleceu esse valor como "provavelmente entre 600 e 1.200 partes por milhão".[123] Ou seja, em algum lugar entre um aumento de temperatura superficial de 2°C a 9°C. Uma visão mais amplamente aceita coloca esse limite em torno de 2°C de aquecimento. E, como já ocorreu um aquecimento de 0,63°C, isso nos deixa uma faixa de 1,3°C de aumento de temperatura. Michael Mastrandea e o climatologista Steven Schneider escreveram:

> É possível que alguns dos limites para a interferência antropogênica perigosa no sistema climático já tenham sido cruzados, e é provável que outros estejam bem próximos [...] apesar da grande incerteza em muitos aspectos da avaliação integrada, ações prudentes podem reduzir substancialmente a probabilidade e assim o risco de uma interferência antropogênica perigosa.

Em outras palavras, é tarde demais para evitar uma mudança no nosso mundo, mas ainda temos tempo, se for implementada uma boa política, para evitar o desastre. Uma boa política, no modelo de Mastrandea e Schneider, significa uma taxação sobre o carbono de duzentos dólares por tonelada, implementada em 2050, o que seria suficiente para reduzir a zero a probabilidade de uma mudança climática perigosa.[56]

Um modo mais produtivo de abordar o problema talvez seja quantificar *taxas* de mudança perigosas. Afinal, a vida é flexível e, com tempo suficiente, pode adaptar-se às mudanças mais extremas. Assim, o importante é a velocidade, não a direção ou a escala total da mudança. Os cientistas do clima que defendem esse argumento dizem que "taxas de aquecimento acima de 0,1°C por década têm probabilidade de aumentar rapidamente o risco de danos significativos ao ecossistema".[188] Mas a questão do que constitui uma mudança climática perigosa levanta outra pergunta: perigosa para quem? Para os *inuit*, cujas fontes principais de alimentação, o caribu e a foca, já estão difíceis de encontrar devido à mudança climática, o limite econômica e culturalmente prejudicial já foi excedido.

Quando consideramos o destino do planeta como um todo, não devemos ter ilusões sobre o que está em jogo. A temperatura média da Terra é em torno de 15°C, e, se permitirmos que ela suba um único grau, ou 3°C, vamos definir o destino de centenas de milhares de espécies, e muito provavelmente de bilhões de pessoas. Nunca na história da humanidade existiu uma análise de custo-benefício que exigisse tamanho cuidado.

18

NIVELANDO AS MONTANHAS

Oh, Deus, se pudéssemos ler o livro do destino,
E ver a revolução dos tempos
Nivelar as montanhas, e fazer os continentes —
Cansados de sua sólida firmeza — se dissolverem
No mar!

William Shakespeare,
Henrique IV, parte 2.

Para cada 100 metros que você sobe em uma montanha, a temperatura cai mais de meio grau Celsius. Sem esse esfriamento as montanhas seriam nada mais que versões topograficamente desafiadoras das terras baixas que as cercam. E é nesse sentido — ao ameaçar transformá-las em clones biológicos das regiões baixas ao redor — que a mudança climática pode nivelar as montanhas do mundo. O processo pode ser visto hoje mais claramente no destino das geleiras tropicais do mundo e dos picos cobertos de neve. Esses hábitats já estão restritos aos cumes, e estamos "ameaçados" de perdê-los, porque nem as neves do Kilimanjaro, nem as geleiras da Nova Guiné podem sobreviver aos níveis atuais de CO_2 por mais de um par de décadas. E, abaixo desses reinos gelados, cada hábitat — dos campos de ervas alpinas às florestas e matas úmidas do meio das montanhas —, cada um com suas espécies únicas, está subindo montanha acima.

Nada na ciência da previsão da mudança climática é mais certo do que a extinção de muitas das espécies que habitam as montanhas do mundo. Podemos prever até quais se extinguirão primeiro. Esse alto grau de certeza científica vem de três fatores. Primeiro, o efeito da elevação das temperaturas nos hábitats de montanha é facilmente calculado, e os ajustes passados, em resposta ao aquecimento, estão bem documentados. Em segundo lugar, as condições toleráveis por muitas espécies que habitam montanhas são conhecidas. E, finalmente, à medida que o clima esquenta, as espécies de montanha não têm aonde ir a não ser subir, e a altura dos picos das montanhas do mundo já foi determinada com precisão. Dada a taxa de aquecimento, podemos calcular o tempo que resta para a extinção da maioria das espécies das montanhas.

A última vez que o mundo se aqueceu rapidamente — no final da última era do gelo — o recuo das espécies para as regiões mais altas e frias foi rápido e inexorável. Na ilha da Nova Guiné, os campos de ervas alpinas, que agora se restringem sobretudo a elevações com mais de 3.900 metros (a linha das árvores), ocorriam então a 2.100 metros. Esse recuo de uma milha de altura reduziu suas extensões em 9/10, e hoje eles só podem ser encontrados nos topos das montanhas mais altas da ilha — joias isoladas em uma paisagem dominada pelas florestas. O motivo da sua ascensão foi um aumento na temperatura superficial global em torno de 5°C durante 7 mil anos.

Sabemos que nosso planeta deve se aquecer em 1,1 grau neste século, haja o que houver, e a continuação das práticas atuais nos condenará a um aumento de 3°C na temperatura. O pico mais alto da Nova Guiné — Puncak Jaya — tem pouco menos de 5 mil metros, o que significa que, levando em consideração as mudanças passadas, mesmo um aumento de 3°C empurrará os últimos hábitats alpinos da Nova Guiné para cima de seu cume. De fato, levando-se em conta tais mudanças extremas, existem poucas montanhas na Terra altas o bastante para fornecer refúgios alpinos.

Caminhar em meio ao ar fresco no topo de uma montanha da Nova Guiné, observando as delicadas teias de aranha estendidas entre as samambaias gigantes, brilhantes com o orvalho, é uma experiência para se guardar. À luz da manhã, as cores dominantes nesses prados abertos, equatoriais, são o bronze e o verde brilhantes, entremeados pelos vermelhos, laranja e brancos vivos das orquídeas e rododendros. Aos seus pés, no solo cheio de musgo, estão os rastros das equidnas de bicos compridos e 1 metro de comprimento (*Zaglossus bartoni*) — o maior mamífero que põe ovos na Terra — e as tocas do rato alpino peludo (*Mallomys gunung*), o qual, com quase 1 metro de comprimento, do focinho a ponta da cauda, também é um gigante.

Na aurora, o ar fica cheio com o canto dos pássaros, pois essas montanhas são o refúgio das aves-do-paraíso, dos papagaios e de hordas de beija-flores que enxameiam no matagal cheio de flores. No meio da manhã, das poças espalhadas, você ouvirá um *oooh, oooh*, que pode achar parecido (como aconteceu comigo) com o som de sua tia solteirona favorita, embriagada depois da ceia de Natal. Mas aqui se trata de uma minúscula perereca rosada — que não é maior que a unha do polegar de uma criança —, e tão nova para a ciência que ainda não recebeu um nome.

Cada montanha tropical elevada tem um hábitat alpino equivalente, rico em biodiversidade, e abaixo dele estão florestas de montanha ainda mais ricas em vida. De fato, as cordilheiras do mundo abrigam uma assombrosa variedade de vida — de espécies icônicas, como os pandas e os gorilas-das-montanhas, aos humildes liquens e insetos. Na escala global, a importância dos hábitats de montanha é ilustrada pela diversidade da zona alpina — a área entre o limite das árvores e a neve eterna dos picos. É a região dos arbustos e moitas de capim, dos campos de ervas que geralmente têm uma fauna e flora altamente endêmica. E, embora os hábitats alpinos correspondam a meros 3% da superfície terrestre, são o lar de mais de 10 mil espécies de plantas, junto com incontáveis insetos e animais maiores, formando regiões de megadiversidade.

O estudo que identificou a "impressão digital" global da mudança climática descobriu que, ao longo do século XX, as espécies de montanha recuaram, subindo uma média de 6,1 metros ao longo de suas encostas a cada década.[27] As criaturas e plantas fizeram isso porque as condições nas margens inferiores de seus hábitats se tornaram intoleráveis — muito quentes ou secas — ou devido à chegada de espécies novas com as quais não podiam competir. Isso pode parecer uma mudança pequena, mas devemos nos lembrar de que o nosso planeta há milhões de anos não está tão quente quanto agora, uma situação que deixou muitas espécies antigas se agarrando às últimas centenas de metros de picos de montanha do mundo.

Poucos estudos sobre os impactos da mudança climática em regiões de montanha específicas foram completados, talvez porque o trabalho seja muito deprimente. O mais detalhado até agora foi o de Steve Williams e seus colegas, da Universidade James Cook, que abordaram o impacto da mudança climática nas montanhas cobertas de floresta do nordeste de Queensland.[35]

Essas cadeias de montanhas estão centradas nas Atherton Tablelands, a oeste de Cairns, e cobrem 10 mil quilômetros quadrados. E no entanto, apesar de seu pequeno tamanho, são o mais importante hábitat de toda a Austrália, porque são o lar de um ajuntamento arcaico de plantas e animais — sobreviventes de uma Austrália mais úmida e fria de 20 milhões de anos atrás. O significado dessa região para o mundo, como um todo, foi reconhecido em 1988, quando as florestas úmidas foram classificadas como a primeira área australiana de Patrimônio da Humanidade. Os turistas agora se agrupam na região, e uma das atividades mais populares é o passeio noturno, quando os abundantes marsupiais podem ser vistos de perto no foco das lanternas. Em alguns lugares a floresta está viva, cheia de grunhidos, guinchos e farfalhar de mato.

Bem alto nas árvores da floresta é possível ouvir os gambás lemuroides de cauda anelada saltando de ramo em ramo. Eles são fósseis vivos — remanescentes de uma linhagem que deu origem ao majestoso planador de 1 metro de comprimento das florestas de eucaliptos. Os lemuroides não têm a membrana de planeio, mas são extraordinários saltadores, cujas quedas barulhentas nas copas das árvores produzem um dos ruídos mais constantes durante a noite. Mais baixo nas árvores você poderá ver os gambás verdes de cauda anelada com seus filhotes maiores. Eles são tão seletivos em suas dietas que, para aprender quais folhas são as melhores, os jovens ficam na companhia de suas mães até quase o tamanho adulto. O motivo de essas criaturas assombrarem o alto das montanhas é claro. Se passarem de quatro a cinco horas numa temperatura de 30°C ou mais elas morrem, e tais temperaturas são um evento quase diário nas terras baixas ao redor.

Sessenta e cinco espécies de pássaros, mamíferos, rãs e répteis são exclusivos dessa região e nenhum pode tolerar condições mais quentes. Entre estas espécies incluem-se o pássaro dourado das folhagens (*Prionodura newtoniana*), a rã Bloomfield (*Cophixalus exiguus*) e o canguru das árvores de Lumholts (*Dendrolagus lumholtzi*). É pouco conhecido, fora da Austrália, o fato de que alguns cangurus habitam o topo das árvores das florestas úmidas, mas tais criaturas já foram comuns, pois seus fósseis foram encontrados bem ao sul, na região de Vitória. Hoje em dia eles sobrevivem apenas nas florestas úmidas de Queensland, no nordeste. Eles, e outras espécies das florestas, devem seu declínio pré-histórico a uma conspiração de forças climáticas e tectônicas. Há 40 milhões de anos a deriva continental começou a mover a Austrália para o norte, e o calor adicional e a mudança no clima secaram o continente, banindo as florestas úmidas frias para a costa leste. Então as eras do gelo devastaram as florestas do sul, deixando apenas as florestas úmidas do nordeste, em Queensland, como refúgio.

O estudo de Steve Williams indica que as temperaturas em elevação afetarão diretamente criaturas como o gambá de cauda anelada verde, que precisa ficar no frio, e que os períodos de temperaturas extremas se tornarão mais comuns. E além disso há o impacto que os níveis mais elevados de CO_2 vão provocar no crescimento das plantas. Plantas cultivadas experimentalmente, em ambientes enriquecidos com CO_2, apresentam a tendência a ter um valor nutricional reduzido, folhas mais duras e concentrações mais altas de defensivos químicos (tais como taninos e fenólicos), tornando-se uma fonte de nutrição mais pobre. A previsão é de que essa mudança por si só vá reduzir a densidade de gambás, e, à medida que as espécies ficarem restritas às elevações maiores, os solos muito pobres, que dominam os cumes, vão reduzir ainda mais o valor nutritivo de sua comida. E, se isso não for o bastante, a variabilidade das chuvas deve aumentar, com as secas se tornando mais pronunciadas, enquanto a camada de nuvens, que agora fornece 40% da água que nutre as florestas de montanha, vai subir, expondo as matas a mais luz solar e mais evaporação. Tudo isso se soma num impacto catastrófico.

Com um aumento de temperatura de apenas 1°C (que vai acontecer, a despeito do que façamos) pelo menos uma espécie única dos trópicos úmidos — a rã de Thornton Peak (*Cophixalus* sp.) — vai se extinguir. Trata-se de uma tragédia, pois essa criatura foi descoberta tão recentemente que ainda não recebeu um nome científico. E, com um aumento de 2°C, os ecossistemas úmidos dos trópicos começarão a desfazer-se. Com um aumento de 3,5°C, cerca de metade das 65 espécies de animais únicas desses trópicos terão desaparecido, enquanto o resto ficará restrito a hábitats muito tênues de menos de 10% de sua distribuição original. De fato, suas populações se tornarão inviáveis e a extinção será apenas uma questão de tempo.

As implicações do estudo de Williams para o futuro da biodiversidade australiana são revoltantes. As 65 espécies de criaturas maiores, exclusivas das regiões úmidas, são apenas o cume de uma montanha de diversidade. Considere os pinheiros nativos, que são uma minúscula proporção da flora da região. Duas espécies com folhagens que lembram samambaias e frutos carnudos de um vermelho e azul gloriosos (*Prumnopitys amara* e *P. ladei*) estão restritas aos topos da cordilheira, enquanto a araucária-da-austrália (*Araucaria bidwili*), um parente do pinheiro-do-paraná e a espécie mais antiga em uma linhagem ancestral, está restrita a duas cadeias de montanhas. Essas espécies, ou algo semelhante a elas, estão na Terra desde a Era Jurássica, há 230 milhões de anos. Sua perda seria calamitosa; e no entanto, em muitos casos, não teremos nem ideia do que estamos perdendo, pois em 1994 um gênero inteiramente novo de árvore de floresta úmida foi descoberto nos dois picos mais altos da cordilheira — monte Bartle Frere e monte Pieter Botte.[208] Parente distante das cigarrilheiras e próteas, ela tem frutos duros como nozes, cujos fósseis aparecem em depósitos de 30 milhões de anos em Victoria. E esses exemplos não estão completos quando lembramos da diversidade de orquídeas, samambaias e liquens. E eu ainda não cheguei aos invertebrados — a legião de minhocas, besouros e outros seres que voam e rastejam encontradas às dezenas de milhares.

A iminente destruição das florestas úmidas da Austrália é um desastre biológico no nosso horizonte, e a geração responsável será amaldiçoada pelos que vierem depois. O que dirão a seus filhos se suas casas cada vez maiores, seus carros de tração nas quatro rodas e a recusa em assinar o Protocolo de Kyoto custarem à nação suas principais joias naturais?

Em qualquer lugar do mundo, cada continente e muitas ilhas têm cadeias de montanhas que são o último refúgio de espécies de notável beleza e diversidade. E estamos a ponto de perder todas elas, dos gorilas aos pandas e ao capim-de-carneiro da Nova Zelândia (uma planta de touceira única). Nenhum esforço de salvamento será suficiente para estabelecer colônias cativas para mesmo 1/10 de 1% das espécies ameaçadas. Só existe um meio de salvá-las. Precisamos cortar o problema pela raiz — a emissão de CO_2 e outros gases do efeito estufa.

Surpreendentemente, existe um grupo de espécies que se beneficiará bastante desse aspecto da mudança climática. São os parasitas que causam os quatro tipos de malária. À medida que as chuvas aumentarem, os mosquitos que transportam o parasita se espalharão, a estação da malária vai se alongar e a doença proliferará. Da Cidade do México a Mont Hagen, na Papua-Nova Guiné, os vales de montanha do mundo comportam populações humanas de alta densidade. São lugares saudáveis e gloriosos onde as doenças são raras, desde que a densidade da população não seja muito grande. Logo abaixo dessas comunidades — no caso da Nova Guiné, em torno dos 1.400 metros — existem grandes florestas onde não vive ninguém. Isso porque a malária é tão dominante em partes dos trópicos que controla a população humana. Num futuro próximo, o aquecimento global fornecerá acesso a esses vales de montanha ao parasita da malária e ao seu vetor, o mosquito *Anopheles*, e lá eles encontrarão dezenas de milhares de pessoas sem nenhuma resistência à doença.[196]

19

COMO ELES PODEM MANTER-SE EM MOVIMENTO?

Olharam para trás, e viram o lado leste
Do Paraíso, por tanto tempo seu lar feliz....
O mundo se estendia diante deles, onde escolher
O lugar de repouso....

John Milton,
Paraíso reconquistado, Livro XII.

Os pesquisadores Camille Parmesan e Gary Yohe definiram a "impressão digital" da mudança climática. Mas que aspecto terá esta impressão digital depois de um aquecimento de 1,1°C ou mesmo da média prevista de 3°C?

Espécies sobreviveram a mudanças passadas porque as montanhas eram altas o bastante, os continentes amplos o bastante e a mudança gradual o bastante para elas migrarem. Algumas vezes as distâncias percorridas eram enormes. Há 14 mil anos, por exemplo, as florestas decíduas que agora crescem em torno de Montreal, no Canadá, podiam ser encontradas apenas no norte da Flórida. As mudanças climáticas que promoveram aquela migração, embora muito mais lentas, foram semelhantes em escala às previstas para ocorrer neste século. Isso nos diz que a chave para a sobrevivência no século XXI será manter-se em movimento. Mas como as espécies conseguirão perfazer longas distâncias no mundo moderno?

O problema apresentado por esse aspecto da mudança climática, no que se refere às plantas, foi delineado primeiramente em 1996 por um grupo de botânicos australianos liderados por Lesley Hughes, da Universidade Macquarie.[159] Já em 1992 ele percebeu que, como resultado da mudança climática, as temperaturas na Austrália podem subir em até 5°C em reação a um aumento global de apenas 2°C.

Preocupado com o impacto sobre a biodiversidade australiana, Hughes examinou a distribuição de 819 espécies de *Eucalyptus*, e descobriu que, embora essas árvores caracterizem a paisagem australiana, a maioria das espécies ocupa regiões muito pequenas definidas por zonas de temperatura muito estreitas. Mais de duzentas espécies (25%) toleram mudanças de temperatura de apenas 1°C, enquanto 41% aceitam variações de 2°C. De fato, 75% delas vivem numa faixa de menos de 5°C. Se a temperatura da Austrália subir apenas 3°C neste século (que é uma previsão realista se tudo continuar como está), metade das espécies de *Eucalyptus* da Austrália crescerão fora de sua atual zona de temperatura.[159] Para sobreviver, elas terão que migrar, mas há numerosas barreiras no caminho, incluindo o oceano Austral e as áreas modificadas pelo homem.

Em 2004 foi divulgada a notícia de que as florestas de eucaliptos da área de patrimônio mundial da Tasmânia estavam morrendo em consequência de condições mais secas e quentes. Ver a previsão do dr. Hughes sobre o destino da árvore do látex se realizar menos de uma década depois de ser feita, na mesma região da Austrália onde (devido à sua alta latitude) a mudança climática avança mais rapidamente, foi assustador.

William Hare, em nome do Instituto Potsdam, está escrevendo um prognóstico global dos impactos que devem ocorrer nos sistemas naturais do mundo como consequência da mudança do clima.[188] A observação dos resultados deixa claro que não restará um ecossistema da Terra imune à mudança climática. Alguns ambientes, todavia, estão ameaçados até por pequenas mudanças.

A exuberante flora do Karoo, da África do Sul, abrange cerca de 2.500 espécies de plantas que não são encontradas em nenhum outro lugar — é a mais rica zona de flora árida da Terra — e é famosa pela beleza de suas flores primaveris, que dependem de reduzidas chuvas de inverno. À medida que o clima se altera, simplesmente não há lugar para essa vegetação migrar, pois para o sul e para leste — direções para onde a mudança climática vai empurrá-las — ficam as montanhas Cape Fold, cujos solos e topografia são inadequados para as plantas do Karoo. Simulações em computadores indicam que, em 2059, 99% do exuberante Karoo terá desaparecido.

Ao sul das montanhas Cape Fold fica o fabuloso *fynbos*, um dos seis reinos florais da Terra e a mais diversa comunidade de plantas encontrada fora das florestas tropicais. As plantas quase não passam da altura dos joelhos, mas suas formas são extraordinárias. Juncos exibem flores brilhantes em forma de sino cujo néctar é bebido por "moscas beija-flor" de cores brilhantes com trombas de dois centímetros de comprimento que mergulham nos sinos. As encostas rochosas são adornadas com arbustos crivados de flores em formato de estrela, do tamanho de pires, e cores rosadas, enquanto a profusão de parentes das margaridas, íris e outras flores parece interminável. Cercado pelo oceano na ponta sul do continente, o *fynbos* é um paraíso natural. Mas, à medida que a Terra esquenta, o limite do mar azul significa que não há para onde ir, e ele perderá metade de sua extensão em 2050 junto com um número significativo de suas 8 mil espécies endêmicas.

Os diversos prados do sudoeste da Austrália contêm mais de 4 mil espécies de plantas florais. Com apenas meio grau de aquecimento, as 15 espécies de mamíferos e rãs que têm sido estudadas e são exclusivas da região ficarão restritas a minúsculos hábitats ou serão extintas. Poucos grupos de plantas foram estudados em detalhes, uma exceção sendo o gênero *Dryandra*. Dois terços das 92 espécies desses arbustos e pequenas árvores serão extintos por tal mudança. E, no entanto, já sabemos que um aquecimento de meio grau é inevitável.[28]

É a topografia dessa região e sua história de desmatamento que a tornam tão vulnerável. A mudança climática vai empurrar essas diversas comunidades de plantas sempre para o sudoeste, em direção ao oceano. E no entanto aquelas que puderem se mover terão sorte, porque o sudoeste hoje em dia é um vasto campo de trigo. Algumas espécies sobrevivem apenas na beira das estradas, ao longo das ferrovias e em minúsculas reservas florestais. Algumas áreas excepcionais foram preservadas em forma de grandes parques nacionais, mas, diante da mudança climática galopante, eles se tornarão pouco mais do que armadilhas.

O ponto crítico aqui é que o aquecimento global não poderia ter vindo numa época pior para a biodiversidade. No passado, sempre que ocorreram mudanças abruptas no clima, as árvores, os pássaros e os insetos — de fato biotas inteiras — podiam migrar através dos continentes à procura de condições adequadas. No mundo moderno, com 6,3 bilhões de seres humanos, tais movimentos não são possíveis. Hoje, a maior parte da biodiversidade está restrita aos parques nacionais e florestas frequentemente cercados por uma imensidão de paisagens profundamente modificadas pela atividade humana.

Embora as comunidades de plantas do tipo mediterrâneo da África do Sul e da Austrália sejam especialmente vulneráveis em face da mudança do clima, mudanças enormes vão ocorrer em quase toda parte.

Devido à tendência para a seca no Oeste americano, à elevação dos mares e ao aumento das tormentas, o refúgio invernal dos pássaros das praias da América do Norte se reduzirá de modo significativo. Verões mais quentes, altas taxas de evaporação e um clima mais variável prejudicarão as áreas de reprodução das aves aquáticas em regiões como os Prairie Potholes. O aquecimento dos rios vai reduzir a população do salmão, enquanto no Atlântico Norte os peixes comercialmente valiosos já estão acompanhando as águas frias para baixo e para o norte. A fauna do México será espremida pelo calor, pela seca e pelos eventos climáticos extremos, o que resultará em muitas extinções, e esses mesmos fatores levaram botânicos a declarar que um terço das espécies de plantas da Europa enfrentam graves riscos.

Nas massas de terra menores, a situação é ainda pior. Ondas de mudança climática passarão por cima de ilhas, tornando-as inadequadas para muitos de seus residentes. Muitos pássaros das ilhas do Pacífico serão levados além de seus limites e haverá extinções de todas as formas de vida, das árvores aos insetos exclusivos das ilhas. E, como já vimos, os parques nacionais agora são ilhas num mar de ambientes modificados pelo homem. O Parque Nacional Kruger, na África do Sul, é quase do tamanho de Israel, e no entanto está ameaçado de perder 2/3 de suas espécies.[188]

Esses, devemos lembrar, são apenas alguns exemplos das projeções de perda da biodiversidade em regiões estudadas. Imagine as zonas climáticas do mundo mudando drasticamente durante a sua existência — de modo que o clima de Washington fique mais parecido com o clima atual de Miami —, e tente pensar no que isso significará para as florestas, os pássaros e outros animais da região onde vive, e você começará a ver todo o quadro.

Eu estava em Londres, incumbido dessa pesquisa, e uma madrugada, afetado pelo *jetlag*, acordei antes do amanhecer e fiquei sentado, vendo o céu se iluminar a leste. Lentamente, uma forma familiar começou a aparecer. Uma árvore de goma, crescendo teimosamente em uma região tradicionalmente fria demais para ela se desenvolver. Então, à medida que os primeiros raios da alvorada atingiam o pequeno jardim abaixo, um grupo de pássaros despertou na árvore. Eram periquitos indianos. Eu havia imaginado que veria pardais, mas me disseram que eles estão quase extintos na cidade. Aquilo me fez pensar no aspecto da cidade atingida pelo clima no futuro.

Existe outro meio de tentar entender como a mudança climática afetará os ecossistemas do planeta. Podemos juntar todos os dados disponíveis, o que envolve observações de mais de mil espécies, como árvores, crustáceos e mamíferos, e ver o que eles dizem, estatisticamente, como um todo. Essa foi a abordagem realizada por um grupo de pesquisadores liderados por Chris Thomas, da Universidade de Leeds, que publicaram suas descobertas na *Nature* no final de 2004.

O projeto examinou o destino de 1.103 espécies de plantas e animais, dos mais simples aos primatas, em face da mudança climática de 2050. Os locais foram escolhidos entre regiões que cobriam 20% da superfície da Terra, incluindo México, África do Sul, Europa, América do Sul e Austrália.

Thomas e seus colegas descobriram que, no grau mais baixo de aquecimento global (inevitável) — entre 0,8°C e 1,7°C —, cerca de 18% das espécies examinadas estarão — na linguagem fria das revistas científicas —

"ameaçadas de extinção" — em outras palavras, condenadas. Na previsão de média intensidade — 1,8°C a 2°C —, cerca de 1/4 das espécies será extirpado, enquanto na intensidade mais alta das temperaturas previstas (mais de 2°C), 1/3 das espécies será extinto.

E, acredite ou não, esta é a parte boa da notícia; nessa análise se presumiu que as espécies podem migrar. Mas que chance tem uma prótea de se dispersar através da planície costeira altamente povoada da Província do Cabo, na África do Sul, ou um mico-leão-dourado de cruzar os campos agrícolas que praticamente acabaram com a mata atlântica brasileira? A resposta é muito pouca, e para espécies que não podem se dispersar a probabilidade de extinção dobra. Isso significa que, no extremo de temperaturas previstas, mais da metade (58%) das 1.103 espécies examinadas estão "condenadas à extinção".[33]

Extrapolando a partir dos dados de Thomas, ao que tudo indica, um em cada cinco seres vivos deste planeta está ameaçado de extinção pelos níveis existentes dos gases do efeito estufa. O Fundo Mundial de Vida Selvagem, o Sir Peter Scott Trust e a Conservação da Natureza há décadas vêm trabalhando para salvar, em termos reais, relativamente poucas espécies. Agora parece que outras incontáveis milhares de espécies serão varridas pela maré da mudança climática, a menos que as emissões de gases do efeito estufa sejam reduzidas.

Precisamos nos lembrar, contudo, que, se agirmos agora, temos o poder de salvar *duas* espécies para cada uma que está atualmente ameaçada. Mas, se continuarmos a agir como antes, com toda a probabilidade, três em cada cinco espécies não estarão mais aqui na aurora do próximo século.

20

FERVENDO O FUNDO DO MAR

Vamos pensar naqueles que dormem
A muitas braças de profundidade

Thomas Campbell,
"A batalha do Báltico".

Quando os biólogos marinhos lançam suas redes no fundo do mar, pescando as estranhas criaturas que lá vivem, os animais — inevitavelmente — chegam agonizantes à superfície. Os corpos negros dos diabos-marinhos dentuços ficam inertes, sua luminescência começa a falhar, enquanto predadores como o peixe-luz (*Malacosteus niger*) ficam pálidos e vomitam sua última refeição, geralmente um peixe maior do que eles. Em questão de minutos o movimento cessa e os olhos da criatura que foi arrancada de seu elemento ficam vidrados.

Os cientistas costumavam dizer que fora a mudança de pressão que os matara, pois, no mundo dessas criaturas, a força da coluna de água com quilômetros de altura é tão intensa que um submarino seria esmagado num instante. Como prova dessa ideia, apontavam aqueles poucos peixes do alto-mar que possuem bexigas natatórias. Eles chegam à superfície muito deformados, seus sacos de ar tão inflados com a expansão do gás que seus corpos se esticam para estourar. Mas, apesar desta "prova" desagradável, nós agora sabemos que não é assim.

Em sua imaginação, cerre os dentes e pegue aquele diabo-marinho cabeludo (*Caulophryne polynema*) que acabou de emergir de uma profundidade de 3 quilômetros. Então jogue seu corpo negro, em forma de saco e coberto de filamentos (pode estar certo de que é o mais grotesco de todos os peixes), num balde cheio de água do mar gelada. Agora recue. Em questão de minutos a vitalidade retornará ao corpo da criatura, a grande mandíbula, cheia de dentes, vai morder, e a "vara de pescar" coberta de filamentos, projetando-se de um ponto entre os olhos, vai piscar. A criatura se recuperou do trauma da ascensão, demonstrando que há um momento sua vida estava sendo ameaçada não pela pressão, mas pelo calor; eles são habitantes das águas oceânicas profundas, onde as temperaturas oscilam em torno de zero grau. Mesmo águas com temperaturas que nos congelariam em minutos são fatalmente quentes para esses peixes.

A estrutura dos oceanos do mundo é crítica para o nosso clima. Existem três camadas separadas por suas temperaturas. Os 100 metros perto da superfície têm uma temperatura muito variada; perto dos polos, pode estar abaixo de zero, enquanto no equador pode passar dos 30°C. Abaixo desse mundo familiar, cheio de luz, até a profundidade de 1 quilômetro, fica uma zona de transição de temperatura — à medida que você desce, o mercúrio no termômetro também desce. A cerca de 1 quilômetro de profundidade chegamos ao mundo das águas oceânicas profundas, e de lá até o fundo a temperatura é notavelmente estável — variando entre –0,5°C (pode estar abaixo do ponto de congelamento sem se transformar em gelo devido ao sal) e 4°C. A maior parte da água nesse reino sem luz é exportada da Antártida, onde foi resfriada até quase o ponto de congelamento por correntes submarinas.

Vamos analisar brevemente os polos, onde a água gelada do oceano profundo vem à superfície. Richard Feely, do Laboratório Ambiental Marinho do Pacífico, e seus colegas têm investigado o que pode acontecer nessas regiões à medida que mais CO_2 é absorvido. Os oceanos se tornam ácidos, e como o moderador do oceano, os carbonatos, se encontram em suprimento limitado, eles devem cair abaixo dos níveis em que podem ser usados para formar conchas de animais. Depois que se chega a esse ponto, o carbonato passa a vazar das conchas das criaturas de volta para o oceano, tornando impossível para elas manterem suas coberturas protetoras.[75]

Animais como as ostras e pectens, que usam aragonita (um carbonato de cálcio de estrutura diferente da maioria das conchas de moluscos), são especialmente vulneráveis, porque o limite de dissolução da aragonita (o ponto onde ela se dissolve na água salgada) é um terço mais baixo que o da calcita, mas no fim até mesmo os caranguejos, os pitus e as minhocas vão sofrer.

O problema pode levar centenas de anos para aparecer, mas, quando observarmos os primeiros sinais, já será tarde demais para fazer alguma coisa. E o lugar para procurar as primeiras ostras sem concha é o norte do Pacífico subártico, porque lá o ponto de saturação para os carbonatos é mais baixo (exatamente 2/3 em relação ao oceano tropical) do que em outros locais.

As primeiras influências serão sentidas no inverno, quando as temperaturas baixas e a mistura das águas superficiais e profundas pela ação dos ventos criam as condições exatas. Daí em diante o mal se espalhará em direção ao equador, onde, no devido tempo, todas as espécies que produzem conchas serão afetadas.[73] E, devido à inércia dos oceanos, quando os primeiros sinais da mudança forem notados, já será tarde demais para revertê-los. Se você quer que seus bisnetos, e aqueles que vierem depois deles, possam provar ostras, nós precisamos limitar a emissão de CO_2 agora.

Embora a maioria das pessoas vá lamentar a perda das ostras, elas podem igualmente achar que o mundo está melhor sem criaturas como o diabo-marinho cabeludo e o peixe-luz; mas o alto-mar é um dos reinos mais extensos e maravilhosos do nosso planeta. É também a última fronteira onde podemos ser surpreendidos por um tubarão de 5 metros de comprimento que não é apenas de uma espécie nova, mas de toda uma família desconhecida pela ciência.

Foi o caso do tubarão-bocudo (*Megachasma pelagios*), cujo primeiro exemplar a ser encontrado ficou preso à âncora de um navio da marinha dos Estados Unidos que flutuava sobre águas com 4,5 quilômetros de profundidade, ao largo do Havaí, na década de 1970. Esses grandes tubarões se alimentam por filtragem e — até onde sabemos — passam suas vidas equilibrados sobre suas caudas, migrando verticalmente no oceano.

E, se tais monstros permaneceram desconhecidos, imagine quantas criaturas menores ainda esperam por ser descobertas. E a vida nas águas profundas é tão especializada que certamente nos esclarecerá a respeito de como criaturas sobrevivem nos limites extremos de habitabilidade.

Os engolidores são criaturas semelhantes a enguias, que parecem ser só boca, estômago e cauda, cuja ponta é esplendidamente iluminada. Eles esperam nas profundezas, com a cauda curvada de modo que sua ponta com luz de néon fique bem diante da boca aberta — e, quando alguma coisa se aproxima para investigar, eles a engolem. E, tendo agarrado a presa pela cauda, eles precisam engolir o que, com frequência, é um peixe espinhento, de trás para a frente. Algo que conseguem fazendo seus corpos escorregarem lentamente sobre a comida, como uma meia sendo calçada. O engolidor de boca de sombrinha (*Eurypharynx pelecanoides*) tem a maior boca, em relação ao tamanho, de qualquer criatura vertebrada da Terra, e no entanto, tem tão pouco cálcio que, depois do acasalamento, ele reabsorve os dentes e as mandíbulas de modo a fornecer cálcio suficiente aos ovos fertilizados, para que formem esqueletos embriônicos.

Ainda mais estranhos são os diabos-marinhos. O diabo de rede iluminado (*Linophryne arborifera*) é o mais fosforescente entre todos os peixes, sua grande barba e "vara de pescar" parecendo uma árvore de Natal totalmente iluminada. Isso no que se refere à fêmea, porque o macho é um ser inútil e parasita. Quando era do tamanho de um peixe-mosquito, ele encontrou sua parceira e se prendeu com a boca ao ventre dela. Agora não passa de um testículo parasita que se alimenta do sangue dela, e é estimulado a liberar o esperma quando necessário.

O fundo do mar não é apenas outra região em que há vida; é quase um universo paralelo, cheio de possibilidades evolutivas. Que possível ameaça a atividade humana poderia representar para esse mundo, você pode perguntar. Embora a ameaça não seja imediata, lições do passado indicam que mesmo esse vasto reino pode ser vítima da mudança climática.

Há 55 milhões de anos, quando uma erupção de metano aqueceu o nosso planeta, o fundo do mar se tornou quase tão quente quanto sua superfície, e a vida na região abissal foi quase aniquilada. Não temos remanescentes dos peixes de alto-mar sobreviventes dessa época (de fato quase nem temos fósseis deles) mas os sinais que restaram nas rochas falam eloquentemente da extinção em massa das criaturas menores que partilhavam seu hábitat.

Grande parte da diversidade encontrada nas profundezas oceânicas modernas provavelmente evoluiu desde que a Terra esfriou há 33 milhões de anos, e a Antártida, rapidamente refrigerada, começou a exportar água gelada para o mundo. Embora os cientistas já estejam detectando aquecimento no fundo do mar, centenas de anos, e mais um século de poluição, ainda serão necessários para aquecê-lo. Mas no mundo possível do efeito estufa descontrolado, no futuro, os diabos-marinhos e os engolidores vão se contorcer na agonia do calor, mesmo nos refúgios mais profundos de seu reino de escuridão.

21

OS CURINGAS NO BARALHO

> Pode-se argumentar que a maior mudança oceânica já registrada na era dos modernos instrumentos é a queda na salinidade dos mares subpolares que fazem fronteira com o Atlântico Norte
>
> Daniel Glick, *National Geographic*, 2004.

Até agora analisamos o que pode acontecer se as atuais tendências se mantiverem. Mas o registro fóssil revela que, mesmo quando as causas da mudança climática são lentas, as coisas nem sempre correm tranquilamente no planeta Terra. Às vezes os sistemas entram em colapso e uma nova ordem mundial é criada subitamente, na qual os sobreviventes devem se adaptar ou perecer.

Existem três "pontos de colapso" principais conhecidos pelos climatologistas: um retardamento ou um colapso total da Corrente do Golfo, o fim da floresta amazônica e a liberação dos hidratos de gás do fundo do mar.

Todos os três ocorrem ocasionalmente nos mundos virtuais dos modelos de circulação geral da atmosfera, e existem alguns indícios geológicos de que todos já aconteceram na história da Terra. Isso constitui um forte sinal de que tais eventos são possíveis, e que, dada a taxa atual e a direção da mudança, um, dois ou talvez os três possam acontecer neste século. Assim, o que leva a essas mudanças súbitas, quais são os sinais de aviso, e como elas podem nos afetar?

CENÁRIO 1: COLAPSO DA CORRENTE DO GOLFO

A importância da Corrente do Golfo para os países que margeiam o Atlântico é enorme. Em 2003, Andrew Marshall, criador do sistema de defesa Guerra nas Estrelas e eminência parda no Pentágono, encarregou Peter Schwartz (ex-chefe de planejamento de cenários da Royal Dutch Shell) e Doug Randall da Emeryville (uma empresa especializada em análise de cenários) de escreverem um relatório delineando as implicações, para a segurança nacional dos Estados Unidos, no caso do colapso da Corrente do Golfo. O objetivo do relatório, como declararam seus autores, era "pensar no impensável". De modo a fazer isso, eles "criaram um cenário de mudança climática que, embora não seja o mais provável, é plausível, e desafiaria a segurança nacional dos Estados Unidos de modos que devem ser avaliados imediatamente".[53]

O cenário envolve o retardamento da Corrente do Golfo como consequência do acúmulo de água doce no Atlântico Norte, resultante do derretimento dos gelos. Presume que um lento aquecimento do planeta vai continuar por mais seis anos (até 2010), e então acontecerá uma mudança drástica — "uma porta mágica" que mudará abruptamente o clima do mundo.

Como resultado dessa mudança, sua "previsão do tempo" para 2010 é de uma seca persistente sobre regiões agrícolas críticas, e uma queda nas temperaturas médias de mais de 3°C na Europa, um pouco abaixo de 3°C na América do Norte e aumentos de 2°C na Austrália, América do Sul e sul da África.

Ao imaginar a reação humana a uma mudança tão rápida, os autores do relatório se basearam no trabalho do arqueólogo de Harvard Steven LeBlanc, que descreve a relação entre "a capacidade humana de se manter" e a guerra do seguinte modo: "Seres humanos lutam quando esgotam a capacidade de manutenção de seu ambiente", e "cada vez que há uma escolha entre morrer de fome e saquear, o homem saqueia".

Levando em consideração seus leitores no Pentágono, Schwartz e Randall também preveem uma proliferação de armas nucleares e que a cooperação global irá desmoronar devido à crescente pressão para a sobrevivência. Só as sociedades mais combativas vão sobreviver, e dentro dessas sociedades as coisas não serão muito melhores. As atitudes vão mudar:

> À medida que a fome, as doenças e os desastres relacionados ao clima acontecerem, as necessidades de muitos países vão exceder sua capacidade de produção. Isso vai criar uma sensação de desespero. E o desafio mais frustrante é que nunca saberemos quantos anos mais — dez, cem, mil — vão se passar antes de um retorno às condições mais amenas.[53]

Os impactos se compõem da projetada falta de cooperação entre os países diante do desastre, e da fome em massa, seguida de migração em massa à medida que regiões tão diversas quanto a Escandinávia, Bangladesh e o Caribe não conseguirem prover suas populações. Novas alianças políticas serão constituídas quando ocorrer uma corrida pelos recursos, e o potencial de guerra terá grande aumento.

Em 2010-20, com as reservas de água e energia sendo pressionadas, Austrália e Estados Unidos aumentarão a proteção das fronteiras, de modo a impedir a entrada das hordas de emigrantes da Ásia e do Caribe. A União Europeia poderá agir de duas maneiras, diz o relatório — ou se unificará visando à proteção das fronteiras (para evitar a entrada daqueles escandinavos sem lar, entre outros), ou mergulhará no colapso e no caos devido a lutas internas. E eles postulam que a Rússia, tornando-se subitamente aceitável devido a suas imensas reservas de energia, pode se filiar à União Europeia. O relatório faz sete recomendações ao governo dos Estados Unidos, de modo a se preparar para tais eventualidades, incluindo a exploração de opções de geoengenharia (tais como captura do CO_2), que podem ajudar a retardar a mudança climática. E no entanto, inacreditavelmente, Schwartz e Randall deixam de mencionar a opção que se encontra no cerne do problema — a redução do uso dos combustíveis fósseis!

Em 2004, o filme-catástrofe de Hollywood *O dia depois de amanhã* também imaginou as consequências de um possível colapso da Corrente do Golfo.

Para efeito de impacto, as escalas de tempo para o colapso foram muito comprimidas no filme e as mudanças, muito aumentadas em relação às imaginadas no relatório do Pentágono. Enquanto isso, os cientistas têm trabalhado para entender as consequências de um colapso da Corrente do Golfo para a biodiversidade como um todo, e estas *são* catastróficas. A produtividade biológica do Atlântico Norte vai declinar em 50%, e a produtividade oceânica no mundo inteiro se reduzirá em 20%.[228]

Assim, quais são as chances de a Corrente do Golfo desaparecer neste século? Sob que condições isso pode ocorrer, e quais seriam os sinais de aviso?

Embora a Corrente do Golfo seja conhecida pelos marinheiros desde a época de Colombo, o primeiro mapa só foi produzido quando Benjamin Franklin imprimiu um, em 1770. Hoje sabemos que é a mais rápida corrente oceânica do mundo, e que é complexa, espalhando-se em uma série de redemoinhos e subcorrentes à medida que suas águas se movem para o norte. O volume de água em seu fluxo é simplesmente espantoso. Você deve se lembrar que as correntes oceânicas são medidas em *sverdrups*, e 1 *sverdrup* equivale a um fluxo de 1 milhão de metros cúbicos de água por segundo por quilômetro quadrado. Em frente ao cabo Hatteras, onde a Corrente do Golfo se afasta da costa em direção ao alto-mar, seu fluxo chega a 87 *sverdrups*, enquanto no pico, por volta dos 65 graus de longitude oeste, a Corrente do Golfo flui a uma taxa de 150 *sverdrups*. Em média, seu fluxo fica em torno dos 100 *sverdrups*, que é cem vezes maior que o do rio Amazonas.[137]

Em seu trecho norte, a Corrente do Golfo é muito mais quente do que as águas que a circundam. Entre as ilhas Faroés e a Grã-Bretanha, apresenta uma morna temperatura de 8°C, enquanto as águas ao seu redor estão a zero. A fonte de calor da Corrente do Golfo é a luz do sol tropical que incide no meio do Atlântico, e a corrente é um meio extremamente eficiente de transportá-la, pois, como Alfred Russel Wallace notou em 1903, "o ar é 770 vezes mais leve do que a água, daí que o calor de um pé cúbico de água vai aquecer mais de 3 mil pés cúbicos de ar".[5] No Atlântico Norte, onde a Corrente do Golfo libera o seu calor, ela aquece o clima da Europa tanto como se a luz solar naquele continente fosse aumentada em 1/3.

E, à medida que liberam seu calor, as águas da Corrente do Golfo afundam, formando uma grande queda-d'água no meio do oceano. Essa queda-d'água é a usina de força, assim como o calcanhar de aquiles das correntes oceânicas de todo o planeta, pois a história nos mostra que ela já foi interrompida várias vezes.

Quando o clima da Terra mudou do "modo geladeira" há 20 mil anos para o clima ameno de hoje em dia, a Corrente do Golfo foi desestabilizada repetidamente — de maneira mais espetacular entre 12.700 e 11.700 anos atrás, quando as temperaturas de inverno na Holanda caíram abaixo de –20°C e as temperaturas de verão oscilaram entre 13°C e 14°C. Entre 8.200 e 7.800 anos atrás, houve outro colapso, e a corrente também pode ter se retardado entre 4.200 e 3.900 anos atrás. Nas duas primeiras ocasiões, a desestabilização foi causada por vastos fluxos de água doce para o Atlântico Norte: o primeiro quando rompeu a barragem de gelo de um lago (do qual os Grande Lagos são um remanescente) e houve um redirecionamento da água derretida do rio Mississippi para o rio São Lourenço; e depois com a implosão dos remanescentes da Calota Polar Laurentida da América do Norte e o escoamento do lago Agassiz para a baía de Hudson.[85] A água doce destrói a Corrente do Golfo porque dilui sua salinidade, impedindo-a de afundar e assim provocando a disrupção da circulação oceânica no mundo inteiro.

A probabilidade de a Corrente do Golfo se retardar novamente depende da geração de um fluxo suficiente de água doce. Fluxos de 1 *sverdrup* podem ter algum efeito, mas vários *sverdrups* de água doce são necessários para abalar seriamente a corrente. O norte gelado contém gelo bastante para produzir esse potencial líquido, e a isso devemos acrescentar o aumento das chuvas que já se manifesta naquela região.

Desde a década de 1970 tem sido registrada uma queda na salinidade das águas no nordeste do Atlântico: os gráficos de salinidade descrevem um gracioso arco para baixo que revela de forma contundente uma tendência emergente. Há três décadas a salinidade média da corrente era de 34.960 partes por milhão, mas em 2000 tinha caído para perto de 34.900. No estreito da Dinamarca o declínio foi maior; de 34.920 partes por milhão para 33.870, embora aqui o gráfico revele uma série de calombos e cavidades que testemunham a influência dos fluxos locais de água doce. A salinidade média da água do mar fica em torno de 33 mil partes por milhão; assim, mesmo pequenas mudanças são motivo de preocupação, pois é a diferença no conteúdo de sal — atualmente de apenas 1.900 partes por milhão — que mantém a Corrente do Golfo em movimento.

Indícios de mudanças maiores no Atlântico foram relatados em 2003 por Ruth Curry, do Woods Hole, e seus colegas.[149] Eles realizaram um estudo exaustivo que examinou a salinidade do oceano Atlântico de polo a polo durante dois períodos de 14 anos, 1955-69 e 1985-99. E descobriram mudanças de "notável amplitude" indicativas de que "água doce foi perdida nas baixas latitudes e acrescentada nas altas latitudes, num ritmo que excede a capacidade de compensação da circulação oceânica".[149] Em outras palavras, em todas as profundidades o Atlântico tropical está ficando mais salgado, enquanto o Atlântico polar, no norte e no sul, está ficando mais doce. A mudança, deduzem os pesquisadores, é devida ao aumento da evaporação junto do equador e ao aumento das chuvas junto dos polos. Quando encontraram mudanças semelhantes em outros oceanos, eles perceberam que alguma coisa — muito provavelmente a mudança climática — tinha acelerado as taxas mundiais de evaporação e precipitação entre 5% e 10%.

Essa notável descoberta tem um potencial ainda maior sobre a Corrente do Golfo. O aumento da salinidade tropical, sugerem os pesquisadores, terá como resultado uma aceleração temporária da Corrente do Golfo, que, paradoxalmente, vai anunciar seu desaparecimento abrupto. Isso ocorrerá devido ao calor extra transferido para os polos, que vai derreter mais gelo e assim adoçar o Atlântico Norte até que os *sverdrups* necessários escorram para ele, fazendo o sistema entrar em colapso.[150]

A Corrente do Golfo é parte de um sistema de circulação global de correntes oceânicas, e os pesquisadores também têm observado mudanças em outras partes. No início de 2004, os pesquisadores do CSIRO, na Austrália, anunciaram que haviam detectado uma redução nos níveis de oxigênio em torno dos 3% no alto-mar subantártico. Nosso conhecimento da variabilidade dos níveis de oxigênio no fundo do mar ao longo do tempo é ainda escasso, e vários fatores podem explicar o decréscimo (uma proliferação de fitoplâncton que afundou e apodreceu é uma explicação); e no entanto os números preocupam alguns pesquisadores do clima, porque uma queda na oxigenação é o que se deveria esperar se a circulação térmica do oceano estivesse diminuindo, impedindo o oxigênio das camadas superiores de se misturar com as águas profundas.

Se a Corrente do Golfo desaparecer, com que rapidez isso acontecerá? Núcleos de gelo da Groenlândia indicam que, quando a Corrente do Golfo perdeu velocidade no passado, a ilha sofreu uma queda maciça de 10°C na temperatura no curto período de uma década.[124] Presumivelmente mudanças tão rápidas também foram sentidas na Europa, embora nenhum registro preciso do clima tenha sobrevivido para nos contar. Assim, é concebível que mudanças extremas possam ser sentidas sobre a Europa e a América do Norte um par de invernos depois de a Corrente do Golfo perder força. É até possível que a oscilação climática do final da era do gelo volte a ocorrer.

E quando isso deve acontecer? Dada a incerteza sobre as taxas de derretimento das calotas polares, e a complexidade de outros fatores, é difícil ser preciso. Alguns eminentes climatologistas acham que já estão vendo sinais de um prelúdio para o desaparecimento da corrente. Se fosse forçado a dar um palpite, eu diria que, em 2080, a Groenlândia poderá estar 4°C mais quente do que hoje, o que derreterá gelo suficiente para elevar o nível do mar em 5 centímetros, fornecendo *sverdrups* suficientes para "desligar" a Corrente do Golfo durante alguns séculos. Mas, com o derretimento da Groenlândia detido pelas condições frias, a corrente pode, por fim, se reativar, e com isso o derretimento do gelo recomeçaria, iniciando um padrão de serra no gráfico que continuará até que a reserva de gelo atinja um limite no qual haverá um fluxo insuficiente para interromper a Corrente do Golfo. Nem todos concordam, entretanto, que um colapso ou mesmo um retardamento da Corrente do Golfo seja iminente. Cientistas do Centro Hadley, na Inglaterra, avaliam que a possibilidade de uma grande ruptura na Corrente do Golfo durante este século é de 5% ou menos. Sua preocupação maior, no que se refere a mudanças abruptas, é um acontecimento que, embora menos conhecido, pode ser até mais catastrófico do que a ruptura da Corrente do Golfo — o colapso da floresta amazônica.

Cenário 2: colapso da floresta amazônica

Na década de 1990, os cientistas do Hadley usaram um modelo global de circulação chamado HadCM3LC, que foi o primeiro a incorporar tanto o ciclo de carbono como as principais comunidades vegetais da Terra. Ao usar esta ferramenta nova e poderosa, os pesquisadores produziram resultados espantosos que reforçam a importância dos elos de retroalimentação positiva.[136]

O aspecto mais significativo do ciclo do carbono, conforme manifestado no modelo, é a reserva de carbono no solo, pois trata-se de potencial fonte de dióxido de carbono tão poderosa que faz parecer pequena a quantidade armazenada na vegetação viva. E o carbono nesse depósito encontra-se em equilíbrio tão delicado que basta uma pequena mudança na temperatura para transformar os solos de absorvedores em emissores em grande escala do CO_2. Essa mudança é produzida pela decomposição bacteriológica: nas temperaturas baixas, ela é lenta, permitindo que o carbono se acumule, mas, à medida que o solo se aquece, a decomposição acelera e o CO_2 é liberado num volume prodigioso.[190] Esse é um exemplo clássico de retroalimentação positiva, em que o aumento da temperatura leva diretamente a um vasto aumento de CO_2 na atmosfera.

O modelo de vegetação do Centro Hadley, conhecido de um modo meio jocoso como TRIFFID (Top-down Representation of Interactive Foliage and Flora Including Dynamics), ainda é uma simples representação da realidade, pois admite apenas cinco categorias de plantas: árvores de folhas largas, árvores de folhas finas, os dois tipos principais de capim (C3 e C4) e arbustos. Não obstante, essa categoria abrange a maioria dos tipos de vegetação da Terra. À medida que a concentração de CO_2 atmosférico aumenta em seu mundo virtual, as plantas — principalmente na Amazônia — começam a se comportar de modo pouco comum.

O problema começa com a natureza da chuva sobre a Amazônia. Lembre-se dos isótopos ^{16}O e ^{18}O. Dos dois, o ^{16}O é mais leve e por isso é levado preferencialmente pela evaporação. Quando examinaram a água que caía na bacia amazônica ocidental, os cientistas descobriram que tinha uma quantidade muito baixa de ^{18}O. Isso acontece porque ela foi reciclada na atmosfera tantas vezes que a maioria do ^{18}O foi deixada para trás, bem para o leste. Isso nos diz que as plantas da Amazônia efetivamente criam a própria chuva, pois o volume de água que transpiram é tão vasto que forma nuvens, sopradas para oeste, onde a umidade cai novamente na forma de chuva, apenas para ser transpirada de novo.

A transpiração é vital para a chuva na floresta amazônica, mas o CO_2 faz coisas curiosas com a transpiração das plantas. As plantas, é claro, não querem perder o seu vapor de água, já que se esforçaram para levá-lo das raízes para as folhas. Mas inevitavelmente elas perdem algum sempre que abrem os orifícios de respiração de suas folhas (estômatos). Seu principal propósito ao fazer isso é obter CO_2 da atmosfera, e elas manterão os estômatos abertos só pelo tempo necessário. Assim, conforme aumentam os níveis de CO_2, as plantas da floresta amazônica mantêm seus estômatos fechados por mais tempo e a transpiração é reduzida. E com menos transpiração haverá menos chuva.

TRIFFID indica que, em 2100, os níveis de CO_2 terão aumentado a ponto de as chuvas na Amazônia serem reduzidas de modo drástico, com 20% desse declínio atribuído aos estômatos fechados. O resto do declínio, prevê o modelo, será devido a um clima persistente de El Niño que se instalará conforme nosso mundo esquentar.

A propósito, outro elo de retroalimentação positiva será ativado nesse estágio, pois a pesquisa sobre o impacto do El Niño na captura do carbono revelou que ele transforma as massas de terra do planeta de sumidouros em fontes de carbono que, em média, aumentaram a acumulação de CO_2 na atmosfera em 0,6 parte por milhão.[189]

O impacto cumulativo de todas essas mudanças reduzirá a média de chuva na bacia de 5 milímetros por dia para 2 milímetros por dia em 2100, enquanto que no nordeste da Amazônia ela cairá para quase zero.[135] Essas condições, combinadas com um aumento geral na bacia de 5,5°C, vão, indica o modelo, estressar as plantas a ponto de o colapso da floresta se tornar inevitável. Com a perda da cobertura de árvores da floresta, os solos vão se aquecer e sua decomposição acontecerá numa taxa ainda mais acelerada, o que terá como resultado a liberação de mais CO_2. Isso constitui um abalo maciço ao ciclo do carbono, reduzindo sua armazenagem na vegetação viva em 35 gigatoneladas, e a armazenagem do carbono no solo em 150 gigatoneladas.[135] Esses números são enormes — totalizando em torno de 8% de todo o carbono armazenado na vegetação e nos solos do mundo!

O resultado final dessa série de círculos de retroalimentação positiva é que, em 2100, a atmosfera da Terra terá perto de mil partes por milhão de CO_2 no lugar dos 710 previstos nos modelos anteriores.[190] A temperatura de superfície na Amazônia vai subir em 10ºC no lugar dos 5,5°C previstos, as chuvas na bacia serão reduzidas em 64%, haverá uma perda de 78% do carbono armazenado na vegetação e 72% de perda do carbono nos solos.[134]

Um dos aspectos mais assustadores desse experimento com modelos é o que resta da Amazônia depois da mudança. A maior parte da cobertura de árvores é substituída por capim, arbustos, e na melhor das hipóteses uma savana com algumas árvores sobreviventes. As áreas maiores, todavia, tornam-se tão quentes e ensolaradas que não podem suportar nem mesmo essa vegetação reduzida, e assim se transformam em desertos.[135] E no entanto a equipe do Hadley permanece um tanto otimista sobre o destino dessas regiões, pois embora o TRIFFID não consiga encontrar plantas capazes de viver lá, os cientistas acreditam que "mesmo com uma temperatura média anual se aproximando dos 40ºC, uma cobertura esparsa de plantas semidesérticas pode ser possível".[134]

E quando tudo isso pode acontecer? Se o modelo estiver correto, devemos começar a ver sinais do colapso da floresta em 2040, e o processo deve estar concluído neste século, quando a cobertura florestal terá sido reduzida dos 80% atuais para menos de 10%. Metade da região desflorestada será coberta pelo capim e a outra metade se torna um deserto.[135] Outras florestas tropicais pelo mundo afora podem estar mostrando sinais de um esgotamento semelhante, pois a maioria delas depende, até certo ponto, da água transpirada para as chuvas.

E o mais terrível nesse cenário é que ele vai acelerar bastante a mudança climática, tornando inevitáveis muitas das suas consequências mais perniciosas.

O oceano Ártico é onde as manifestações da terceira das grandes mudanças possíveis deve aparecer primeiro. Nesse cenário específico, a causa é algo que até então não figurava em grande escala no trabalho dos modeladores do clima, mas para a qual a pré-história nos ensina que devemos prestar toda a atenção: uma súbita liberação dos clatratos.

CENÁRIO 3: LIBERAÇÃO DO METANO DOS FUNDOS MARINHOS

Clatrato é a palavra em latim para "enjaulado", e o nome se refere à estrutura dessa combinação de gelo e metano, na qual os cristais de gelo prendem as moléculas de metano em minúsculas "gaiolas". Os clatratos também são conhecidos como "o gelo que queima". Eles contêm um bocado de gás sob alta pressão, motivo pelo qual pedaços da substância chiam e estalam quando trazidos para a superfície. E, se forem acesos, queimam.

Volumes maciços de clatratos encontram-se enterrados no leito dos oceanos no mundo inteiro — totalizando talvez o dobro em termos de energia de todos os outros combustíveis fósseis combinados. As condições ideais para a formação de clatratos encontram-se nos lugares onde o oceano tem mais de 400 metros de profundidade, e as temperaturas no fundo estão abaixo de 1-2°C. O material é mantido sólido apenas pela pressão da água acima dele e pelo frio. Embora a maioria dos clatratos se encontre quilômetros abaixo da superfície do mar, grandes volumes podem ser encontrados no oceano Ártico, pois lá as temperaturas são baixas o bastante, mesmo perto da superfície, para mantê-los estáveis.

É ilustrativo da infinita engenhosidade da vida que alguns insetos marinhos consigam sobreviver alimentando-se do metano nos clatratos. Eles vivem em furos dentro da matriz de gelo, que "escavam" para satisfazer suas necessidades energéticas. E, como existem entre 10 mil e 42 mil trilhões de metros cúbicos do material espalhados pelo leito oceânico (que se compara favoravelmente com os 368 trilhões de metros cúbicos de gás natural recuperável no mundo) não é surpreendente que ambos, os insetos e a indústria do combustível fóssil, vislumbrem um futuro neste material paradoxal.[179]

Se a pressão sobre os clatratos for aliviada, ou se aumentar a temperatura do alto-mar, quantidades colossais de metano serão liberadas. Já vimos as consequências de uma dessas liberações no mar do Norte, há 55 milhões de anos, mas os paleontólogos começam a suspeitar agora de que a liberação de clatratos pode ter sido responsável por uma mudança muito mais profunda — a maior extinção de todos os tempos.

Há 245 milhões de anos, cerca de nove em cada dez espécies sobre a Terra se extinguiram. Conhecido como evento de extinção Permotriássica, ele acabou com uma primeira ramificação de criaturas semelhantes a mamíferos, abrindo assim o caminho para o domínio dos dinossauros — o que parece irônico já que outro evento semelhante poderia destruir a civilização da espécie mais bem-sucedida de mamíferos que já existiu.

A causa da extinção é muito debatida, mas há dois candidatos principais: colisão de um asteroide com a Terra, ou uma erupção maciça dos Vulcões Siberianos, que liberou mais de 2 milhões de quilômetros cúbicos de lava e bilhões de toneladas de CO_2 e dióxido de enxofre. Esta segunda hipótese está ganhando força, e é o modo como esses gases vulcânicos teriam interagido com os clatratos que merece a nossa atenção aqui.

Tão vasta foi essa injeção de gases do efeito estufa na atmosfera que se acredita ter levado a um aumento médio global de temperatura de 6°C. Isso se combinou com uma chuva ácida generalizada causada pelo dióxido de enxofre, e liberou ainda mais carbono. O impacto total da temperatura liberada foi tamanho que provocou a liberação de imenso volume de metano da tundra e dos clatratos do solo oceânico.[204]

A propósito, enquanto nos voltamos para eventos no fundo do mar, não devemos nos esquecer do metano e do CO_2 armazenados no *permafrost*. Quantidades enormes desses gases estão presas no solo permanentemente congelado, e têm muito mais probabilidade de serem liberadas pela mudança climática do que os clatratos. O curioso em relação à atmosfera, na época das extinções, foi seu baixo teor de oxigênio. Há 280 milhões de anos, ele correspondia a 21% (a mesma proporção atual), e no entanto há 260 milhões de anos tinha caído para 15%, e depois para apenas 10% na época da extinção Permotriássica. Isso, pensa pelo menos um pesquisador, pode ter sido causado pela súbita liberação do metano, pois o gás teria rapidamente se oxidado em CO_2 e água na atmosfera, e ao fazer isso absorveu vastas quantidades de oxigênio atmosférico livre.[205]

Clatratos são elementos estruturais importantes para a estabilidade do solo marinho, e sua súbita sublimação levaria a desmoronamentos e à geração de *tsunamis* de força sem precedente. De fato, um desses afundamentos do solo oceânico, diante da costa da Carolina, há 15 mil anos, teria liberado metano suficiente para aumentar em 4% as concentrações atmosféricas.[220] É sensato considerar que pode haver uma bomba de clatrato instável em frente a uma praia perto de você!

Dos três cenários apresentados, a liberação de clatratos é a menos provável de ocorrer neste século. Só um aquecimento maciço poderia provocá-la.

O colapso da Corrente do Golfo é o único, entre as possibilidades apresentadas aqui, por seu efeito de retroalimentação negativa, que, pelo menos nos países que margeiam o Atlântico Norte — e talvez no planeta como um todo —, reverteria de modo drástico e temporário a tendência ao aquecimento. Assim, da perspectiva de Gaia, desligar a Corrente do Golfo é semelhante a cortar um membro gangrenado antes que ele corrompa o corpo inteiro. Os outros dois cenários, em contraste, são elos de retroalimentação positiva, um dos quais é o mais poderoso na história da Terra. Quando pensamos nessas catástrofes potenciais, é importante perceber que, como no caso do disparo de um revólver, a possibilidade de controle humano só existe no princípio do processo — antes de o gatilho ser comprimido.

Existe um outro elo de retroalimentação que eu gostaria de mencionar aqui, não porque sua escala se compare com as três mudanças de fase discutidas acima, mas porque tem relação conosco, já está ocorrendo e pode provocar maiores mudanças.

Ao longo de nossa história, temos travado uma batalha constante para manter o bem-estar térmico, o que tem nos custado muito em termos de tempo e energia. Pense só nas centenas de pequenas mudanças na posição do corpo e na postura que fazemos a cada dia e noite — retirando e colocando casacos, chapéus —, que são manifestações simples dessa luta. De fato, comprar uma casa — nossa maior despesa pessoal — se relaciona primariamente com a regulação de nosso clima local. Hoje em dia podemos usar os combustíveis fósseis para aquecer e resfriar esses ambientes, um empreendimento custoso em termos de utilização da energia e danos ao meio ambiente. Nos Estados Unidos, 55% do consumo doméstico total de energia é dedicado ao aquecimento doméstico e aos condicionadores de ar — e só o aquecimento das casas custa aos americanos 44 bilhões de dólares por ano.[199]

À medida que nosso mundo se torna mais desconfortável, graças à mudança climática, é inconcebível uma redução na demanda por aparelhos de ar-condicionado. De fato, durante as ondas de calor eles podem representar a diferença entre vida ou morte. Mas, a menos que mudemos nossos hábitos, esta demanda será alimentada pelos combustíveis fósseis, o que representa um elo poderoso de retroalimentação positiva. Uma demanda insaciável por aparelhos de ar-condicionado já é evidente em países como os Estados Unidos e a Austrália, onde, até recentemente, as normas de construção de casas eram desanimadoramente relaxadas em relação ao consumo de energia. Daí poder surgir uma situação em que, de modo a refrigerar nossas casas, acabemos por cozinhar o planeta.

22

CIVILIZAÇÃO: ACABANDO NUM GEMIDO?

> Se não pararmos agora, vamos realmente condenar as vidas de nossos descendentes. Se continuarmos a esbanjar por mais quarenta ou cinquenta anos, não haverá escapatória, estaremos de volta à idade da pedra. Ainda haverá pessoas no mundo. Mas a civilização terá desaparecido.
>
> James Lovelock, *Independent*, 24 de maio de 2004.

Nossa civilização ergue-se sobre dois fundamentos: nossa capacidade de produzir comida para sustentar um grande número de pessoas que se dedicam a outras tarefas que não o cultivo do alimento. E nossa capacidade de viver em grupos grandes o bastante para prover grandes instituições. Esses grupamentos são conhecidos como cidades, e é de seus habitantes, os cidadãos, que deriva a civilização.

Hoje em dia, as grandes cidades encontram-se no coração da nossa sociedade global, e nossas instituições mais valiosas se abrigam nelas. A menos que sejam subsidiados de fora, centros populacionais com menos de 10 mil habitantes têm pouca probabilidade de dispor de todo o espectro de serviços médicos; enquanto aqueles com apenas 100 mil geralmente não contam com um centro de ensino de alta qualidade ou uma orquestra. Mesmo as cidades pequenas — aquelas com cerca de 1 milhão de habitantes — podem não ter um teatro de ópera, um museu de nível internacional e alguns serviços médicos especializados. E existe uma diferença drástica nas oportunidades de emprego — principalmente em áreas especializadas — disponíveis em uma cidade de 5 milhões em comparação a outra de 1 milhão.

As cidades são vitais para a civilização, e no entanto são entidades frágeis, vulneráveis às tensões trazidas pelas mudanças climáticas. É portanto importante considerar as cidades em relação ao fornecimento de suas necessidades básicas — comida, água e energia.

As únicas criaturas além de nós que produziram algo semelhante a uma cidade são os insetos sociais, e seus corpos e sua demanda de energia são tão pequenos que um hábitat de poucos hectares é suficiente para satisfazer suas necessidades. Nossas culturas, em contraste, abarcam continentes, e nossas cidades se tornaram semelhantes às florestas tropicais em sua complexidade. Numa cidade quase todos os trabalhos são especializados: ser apenas uma "secretária" não é suficiente — é preciso ser uma secretária jurídica ou uma secretária médica. E um médico se sai melhor se não for simplesmente um clínico geral, mas um proctologista, um geriatra, um especialista em medicina esportiva. Isso é o equivalente, em termos humanos, a ser uma rã dourada ou um cuscus matanim — e no mundo natural tais espécies são encontradas apenas nas florestas tropicais, porque somente lá existe um suprimento de energia e umidade grande e regular o suficiente para alimentar um conjunto de vida tão grande e complexo.

Como já vimos, se cortarmos a água e a luz do sol de uma floresta tropical, mesmo que por um breve período, ela entra em colapso e as espécies especializadas se extinguem. A mudança climática já fez isso em áreas da Costa Rica e da Papua-Nova Guiné, e deve fazer o mesmo em regiões como a Amazônia. Agora vamos fazer uma experiência mental. Pense na cidade que você conhece e imagine como seria se os cidadãos acordassem uma manhã e descobrissem que não sai água potável de suas torneiras. As roupas não seriam lavadas, as descargas nos banheiros não funcionariam, a sujeira se acumularia e as pessoas ficariam sedentas rapidamente. E imagine o resultado se o fornecimento de gasolina fosse interrompido. A comida não seria entregue, o lixo não seria recolhido e não seria possível ir para o trabalho.

Será que a mudança climática pode ameaçar os recursos necessários para a sobrevivência das cidades? O físico Stephen Hawking tem dito que, dentro de mil anos, o aumento do CO_2 vai ferver a superfície do nosso planeta e o homem terá de procurar refúgio em outro lugar. Essa é uma visão extremada. Mais de acordo com o pensamento predominante estão os pontos de vista de Jared Diamond, que estudou civilizações passadas que entraram em colapso.[223] Ele descobriu que o esgotamento da base de recursos é o principal motivo do fracasso até mesmo de sociedades grandes, complexas e cultas como a dos maias. E, nesse aspecto, uma rápida mudança para outro tipo de clima poderia colocar a nossa sociedade global sob pressão semelhante, pois ela alteraria a situação das fontes de água e comida, assim como seu volume.

Os homens parecem eternamente otimistas quanto a sua capacidade de adaptação e, diante dessa possibilidade, pessoas com quem falei sugeriram tirar água de usinas de energia a hidrogênio, rebocar icebergs, ou fazer cultivos hidropônicos. Todas essas sugestões podem servir para uns poucos privilegiados, mas o problema é tão grande, e qualquer uma dessas soluções em escala global vai ser de tão lenta implementação que, diante da rápida mudança climática, elas não oferecem esperança para a grande maioria de nós.

A ameaça representada pelo aumento na variabilidade do clima é muito real. Um bom exemplo de relação entre variabilidade climática e tamanho da população humana é fornecido pela Austrália. Ela é especial entre as grandes nações por ser constituída ou de povoados muito pequenos ou de grandes cidades. Pois as cidades de tamanho médio, que predominam no resto do mundo, são quase inteiramente ausentes. Trata-se de uma consequência do ciclo de seca e inundação que caracterizou a terra desde o princípio do povoamento.

Os pequenos centros regionais de população sobreviveram porque eles podem isolar-se e suportar a seca, e as grandes cidades também sobreviveram porque estão integradas à economia global. A rede de recursos das cidadezinhas, todavia, é menor que a região afetada pela variabilidade climática, tornando-as vulneráveis às oscilações da renda. Em geral, o que acontece é que, conforme a seca se prolonga, o vendedor de máquinas para fazendas e a agência de automóveis fecham as portas. Então, com todos sentindo a crise, o farmacêutico, o vendedor de livros e os bancos vão embora. Quando a seca termina e as pessoas voltam a ter dinheiro, esses negócios não se restabelecem, pois muitos passam a viajar até os grandes centros para comprar o que precisam. E com o tempo acabam se mudando para lá.

O exemplo australiano mostra que a variabilidade do clima tem de fato encorajado a formação de cidades: hoje a Austrália é a nação mais urbanizada da Terra. Mas a única razão de as cidades australianas serem refúgios contra a variabilidade do clima é que extraem seus recursos de uma região maior do que a afetada pelas secas e enchentes do continente. Mas, com a mudança climática, estamos falando de um fenômeno global: toda a Terra será afetada pela mudança climática e pelos eventos meteorológicos extremos de amplitude ainda maior.

A água será o primeiro dos recursos críticos a serem atingidos, pois ela é pesada, tem um preço baixo e transportá-la por grandes distâncias não é lucrativo. Isso significa que a maioria das cidades retira seu suprimento localmente, em áreas pequenas o bastante para uma mudança climática amena já produzir um impacto. Já vimos como Perth e Sydney estão à beira do abismo no que se refere às suas fontes de água, e sem dúvida mais cidades vão entrar na lista conforme a escassez de água aumentar no mundo inteiro. Já o alimento, como no caso dos grãos, é facilmente transportado e costuma ser comprado bem longe, o que significa que só um colapso verdadeiramente global provocará escassez de alimento nas cidades do mundo.

Até agora os impactos da mudança climática têm sido relativamente pequenos. Nos últimos oito anos, secas e verões anormalmente quentes têm provocado quedas ou estagnação na produção mundial de grãos, e nesse período o número de bocas extras para alimentar cresceu em 600 milhões. O pico das reservas de cereais, em torno de cem dias, foi alcançado em 1986 e chegou a cair para 55 dias em 1995. Embora um excesso substancial na produção de trigo tenha sido registrado em 1999 e 2004, a tendência em relação à reserva alimentar no mundo tem sido para baixo.

No que se refere à mudança climática, as cidades se parecem mais com plantas do que com animais, pois são imóveis e dependem de intrincadas redes para o fornecimento da água, comida e energia de que necessitam. Devemos nos preocupar com o fato de que florestas inteiras de árvores já estejam morrendo como resultado da mudança climática, pois as cidades vão morrer de modo semelhante quando esse fenômeno esgotar a capacidade de suas redes de suprir suas necessidades. Isso pode acontecer através de repetidos golpes de eventos meteorológicos extremos, elevação dos mares, aumento de tempestades, ondas de calor ou frio extremos, escassez de água e comida ou mesmo doença.

Vale a pena nos desviarmos aqui da nossa discussão maior sobre as cidades para rever a ideia, proposta pela indústria americana do carvão, de que o aumento nos níveis de CO_2 vai "fertilizar" as colheitas do mundo, fornecendo uma solução para o problema da fome. Muitas experiências nas quais as plantas foram alimentadas artificialmente com altos níveis de CO_2 já foram concluídas e os botânicos Elizabeth Tansley e Stephen Long analisaram os resultados.[215]

Ficou demonstrado que as árvores se beneficiam muito mais do que as gramíneas e os arbustos com os aumentos no CO_2, e que as espécies que menos se beneficiam são as gramíneas pertencentes a um grupo que inclui as nossas colheitas mais importantes. O arroz, por exemplo, mostrou um aumento na produção de apenas 6% quando o nível de CO_2 dobrou, enquanto a produção de trigo subiu em apenas 8%. No futuro, as colheitas sofrerão o impacto das temperaturas mais altas, de mais ozônio ao nível do solo e mudanças na umidade dos solos, tudo contribuindo para a redução nas colheitas. Assim, no lugar de um paraíso agrícola, um mundo rico em CO_2 promete colheitas mais pobres do que hoje em dia.

Ao analisar como algumas espécies de colheitas nos favorecem, o filósofo Ronald Wright comentou que "nos tornamos tão especializados, e portanto tão vulneráveis, quanto o tigre-dentes-de-sabre".[214] Fala-se com frequência que os fazendeiros vão se adaptar plantando novos alimentos adequados ao novo clima, se eles puderem ser encontrados. Mas uma das coisas preocupantes em relação à mudança climática é que a produtividade biológica geral do nosso planeta está diminuindo: em outras palavras, teremos menos alimentos.

Devido às diferentes capacidades de ricos e pobres, e de homens *versus* sistemas naturais, para se adaptar às mudanças climáticas, alguns participantes do movimento ambientalista acham que a adaptação adquiriu um "significado genocida".[197] Com isso querem dizer que alguns ricos e mimados podem sobreviver às mudanças climáticas se abrigando em algum refúgio, enquanto a vasta maioria vai perecer, assim como a maioria das espécies e ecossistemas.

O político ambientalista inglês Aubrey Meyer revelou como essa questão está sendo discutida nos mais altos níveis. Economistas que participaram das reuniões do IPCC disseram que fazer alguma coisa séria para evitar a mudança climática será dispendioso demais para valer a pena, levando, sob o ponto de vista de Meyer, ao "efetivo assassinato dos elementos das populações mais pobres do mundo", cujas vidas, segundo as estimativas dos economistas, valem apenas 1/5 da vida de uma pessoa rica.[197] Concordo com Meyer em que uma adaptação desse tipo é genocídio e uma tentativa de Gaiacídio também. Por isso acho que nossos esforços devem ser concentrados no sentido de evitar a mudança em primeiro lugar.

Assim, pode chegar o dia em que as torneiras ficarão secas, ou a energia e a comida faltem em muitas das cidades do mundo? Isso depende da amplitude da mudança climática trazida pelo aumento dos gases do efeito estufa: se esta exceder a extensão da rede de fornecimento de recursos da cidade, então o colapso será inevitável. Não temos números quanto ao grau de aquecimento que pode provocar tal colapso, mas 0,63°C de aquecimento já se mostrou suficiente para infligir problemas agudos em grandes regiões como o Sahel, o Ártico e as águas subantárticas. Três graus de aquecimento — cinco vezes o que foi experimentado até agora — terão impactos muito mais amplos: suficientes talvez para desestabilizar regiões do tamanho de continentes. E, no topo da escala — 11°C de aquecimento —, os impactos são inimagináveis, e ameaçariam a nossa espécie como um todo.

Ameaças à civilização com o declínio das chuvas e a escassez de alimentos são aquelas que podem resultar de uma continuação das tendências atuais. Se experimentarmos mudanças climáticas abruptas, é possível que um inverno quase eterno baixe sobre as cidades da Europa e do leste da América do Norte, matando as plantações e congelando portos, estradas e corpos humanos. Ou talvez o calor extremo, trazido por uma vasta exalação de CO_2 ou metano, venha a destruir a produtividade dos oceanos e da terra. Dada a escala da mudança que enfrentamos, acho que existem indícios abundantes para defender a ideia de Lovelock de que a mudança climática, ao destruir nossas cidades, traga com ela o fim da nossa civilização.

A espécie humana, é claro, sobreviveria a tal colapso, pois muitos persistiriam em comunidades menores e mais robustas, como vilas e fazendas — uma situação que se assemelharia às florestas temperadas decíduas no lugar das florestas tropicais. Pequenas cidades têm relativamente poucos habitantes, assim como as florestas temperadas têm, relativamente, poucas espécies, e os residentes de ambas são resistentes e de muitas habilidades. Pense no bordo com seu aspecto esquelético no inverno e sua manifestação verdejante de verão, ou na casa de campo, com sua horta e seu próprio reservatório de água. Essas características significam que ambos, o bordo e a família rural, podem suportar períodos de escassez que destruiriam uma cidade ou uma floresta tropical.

Para uma cidadezinha, uma seca pode ser uma preocupação, mas como qualquer chuva que caia num teto impermeável é capturada para a caixa-d'água, ela vai se beneficiar até mesmo da chuva mais rápida. Já os açudes, em contraste, precisam de chuvas substanciais, porque uma parte da água é absorvida pelo solo. Do mesmo modo, um atraso na entrega de combustível ou uma falha no sistema de energia é um aborrecimento para os que vivem em comunidades pequenas, mas o impacto sobre elas não é nada comparado ao dilema enfrentado pelos habitantes de um bloco de apartamentos em uma cidade. A longo prazo, entretanto, mesmo as cidades de porte médio carecem do conhecimento para manter sua complexa infraestrutura — tais como serviços médicos e maquinaria — funcionando. No final, são tão dependentes da nossa civilização quanto os moradores das grandes cidades, o que significa que uma idade das trevas trazida pela mudança climática vai afetá-los também.

Já vimos que a saúde humana, o fornecimento de água e de comida estão ameaçados pelo pouco de mudança climática que já aconteceu. Se o homem persistir em suas práticas atuais durante a primeira metade deste século, creio que o colapso da civilização será inevitável.

Há algumas décadas sabemos que a mudança climática que estamos criando para o século XXI tem uma magnitude semelhante à do final da última era do gelo, só que está acontecendo trinta vezes mais rápido. Sabemos que a Corrente do Golfo desapareceu por pelo menos três ocasiões no fim da última era do gelo, que o nível do mar subiu 100 metros e que a biosfera da Terra foi profundamente reorganizada. E sabemos ainda que a agricultura era impossível antes do Longo Verão de 10 mil anos atrás. Assim, há pouca justificativa para a nossa cegueira, exceto talvez uma relutância em olhar de frente para tamanho horror e dizer: "Você é minha criação."

PARTE 4

PESSOAS EM ESTUFAS

23

ESCAPANDO POR POUCO

> Se o cloro se comportasse quimicamente como o bromo, o buraco na camada de ozônio teria se tornado um fenômeno global, anual, nos anos 1970, e não apenas um fenômeno da primavera antártica. Mais por sorte que por sabedoria, essa situação catastrófica foi evitada
>
> Paul Crutzen, *Nature*, 2002.

Durante o ano de 2004 a humanidade parecia presa num atoleiro e sem esperança de desenvolver uma reação à crise da mudança climática. O destino do Protocolo de Kyoto oscilava na balança enquanto a Rússia decidia se ia ratificá-lo ou não (ela o fez) e os Estados Unidos e a Austrália endureciam sua oposição ao acordo. Era uma época desanimadora para escrever um livro como este. Então eu descobri que, vinte anos antes, o mundo fizera um ensaio completo para Kyoto, com obstáculos e tudo. Ele foi chamado de Protocolo de Montreal e tinha em vista limitar a emissão dos clorofluorocarbonos (CFCs) que destroem o ozônio.

Antes de considerar a reação global à mudança climática, vale a pena dar uma olhada nos CFCs e no acordo internacional que lidou com a ameaça que eles representavam para a vida na Terra.

Uma forma especial de oxigênio, o ozônio, foi descoberta em laboratório na década de 1830, e em 1850 sua ocorrência natural na atmosfera foi detectada. Durante o século XIX foram feitas medições, no nível do solo, por toda a Europa, e é interessante notar que em 1873 os níveis registrados em Paris eram aproximadamente a metade dos de hoje. Isso é sintomático de um aumento global do ozônio no nível do solo, onde ele é um sério poluente tóxico.

Na década de 1920, Gordon Dobson e seu colaborador F. A. Lindeman (mais tarde lorde Cherwell), da Universidade de Oxford, perceberam que o ozônio cumpria uma importante função na estratosfera, e desde esse dia a quantidade de ozônio na atmosfera é medida em "unidades Dobson". Em 1948 foi estabelecida a Comissão Internacional do Ozônio para estudar o gás. Até então, a pesquisa do ozônio fora impulsionada pela pura curiosidade científica, porque ninguém tinha ideia de que ele poderia afetar o futuro da humanidade. Então, em 1957 — no chamado Ano Geofísico Internacional, quando governos ao redor do mundo gastaram 1 bilhão de dólares para entender melhor os processos da Terra —, começou um esforço contínuo para a medição do ozônio.

Os primeiros sinais de que havia um problema surgiram na década de 1970, quando leituras da concentração de ozônio na estratosfera, acima da Antártida, começaram a parecer estranhas. Os instrumentos relatavam uma perda de ozônio numa proporção fenomenal: em 1955 o ar sobre a Antártida tinha 320 unidades Dobson. Em 1975 havia 280 unidades Dobson, e em 1995 apenas noventa. Dada a relativa estabilidade dos níveis de ozônio medidos em outros lugares, as leituras pareciam tão estranhas que durante uma década vital elas foram deixadas de lado, como algum tipo de erro instrumental. E, no entanto, já em 1974, três cientistas — Paul Crutzen, F. Sherwood Rowland e Mario Molina — diziam que o esgotamento era real, e que a causa eram produtos químicos feitos pelo homem. Em 1995 os três receberam o Prêmio Nobel de Química por este trabalho pioneiro.

Quando começou a ser divulgado pela imprensa, o "buraco na camada de ozônio" era às vezes tratado com humor — como se os cientistas tivessem se tornado versões do galinho Chicken Little anunciando que o céu ia desabar. Mesmo Sherwood Rowland reagiu com uma certa incredulidade diante das sombrias descobertas de sua pesquisa. Ele lembra: "Cheguei em casa uma noite e disse a minha esposa: 'O trabalho vai bem, mas parece o fim do mundo.'"

Um "buraco" na camada de ozônio é definido como uma área da atmosfera com menos de 220 unidades Dobson de ozônio. No ano 2000, o buraco se tornara um abismo que abrangia 28 milhões de quilômetros quadrados, e em torno dele espalhava-se um halo de ozônio rarefeito que cobria a maior parte do globo abaixo dos 40ºS. Na década de 1990, um segundo buraco aparecera, dessa vez sobre o Ártico.[62] Mesmo sobre os trópicos, a concentração de ozônio foi reduzida em torno de 7%.

Assim, o que exatamente é o ozônio e por que é importante? O oxigênio que mantém vivo o seu corpo consiste em dois átomos de oxigênio unidos, mas lá em cima, na estratosfera, de 10 a 50 quilômetros acima de nossas cabeças, a radiação ultravioleta ocasionalmente força um átomo extra de oxigênio a se juntar à dupla. O resultado são moléculas de três átomos de um gás azul da cor do céu, conhecido como ozônio. O ozônio é instável, pois está sempre perdendo o seu átomo adicional, mas novos trios continuam sendo criados pela luz do Sol, assim uma quantidade constante é mantida — cerca de 10 partes por milhão (uma em cada 100 mil moléculas) numa atmosfera não danificada. O ozônio é seis vezes mais abundante na estratosfera do que no nível do mar, e no entanto, se todo o ozônio estratosférico do planeta fosse trazido para o nível do mar, formaria uma camada de apenas 3 milímetros de espessura.

Se o grande oceano aéreo é o suprimento de sangue da Terra, então o ozônio é o seu protetor solar. O oxigênio com dois átomos é capaz de bloquear radiação ultravioleta (UV) que chega em comprimentos de onda menores do que 0,28 micrômetro, mas o ozônio pode bloquear comprimentos de onda entre 0,28 e 0,32 micrômetro. Ele nos protege de 95% da radiação ultravioleta (isto é, radiação com comprimentos de onda menores do que 0,4 micrômetro) que chega à Terra. Sem o alto fator de proteção solar do ozônio, a radiação ultravioleta nos mataria rapidamente, desfazendo nosso DNA e quebrando outras ligações químicas dentro de nossas células.

A destruição da camada de ozônio começou muito antes de alguém ter consciência dela. Fluorocarbonos (CFCs e HFCs) foram inventados pelos químicos industriais em 1928, e se descobriu que eles eram muito úteis na refrigeração, na fabricação de espuma plástica, como propelentes em latas de aerossol e nas unidades de ar-condicionado. Sua notável estabilidade química (eles não reagem com outras substâncias) deixou as pessoas confiantes de que haveria poucos efeitos colaterais ambientais, e assim eles foram adotados pela indústria.

Em 1975, só as latas de aerossol lançavam 500 mil toneladas do material na atmosfera, e em 1985 o uso global dos principais tipos de CFC chegou a 1,8 milhão de toneladas. Foi sua estabilidade, contudo, o fator principal no dano que eles causaram, pois eles permanecem um longo tempo na atmosfera.

Os CFCs evaporam facilmente e, uma vez liberados no grande oceano aéreo, leva cerca de cinco anos para as correntes de ar levá-los para a estratosfera, onde a radiação UV os decompõe, causando a liberação de seu átomo de cloro. E é este cloro nos CFCs que é tão destrutivo para o ozônio — um único átomo apenas pode destruir 100 mil moléculas de ozônio — e sua capacidade destrutiva é maximizada pelas temperaturas abaixo de -43°C. É por isso que o primeiro buraco do ozônio surgiu sobre o Polo Sul, onde a estratosfera se encontra a frígidos -62°C. A -42°C a estratosfera sobre o Polo Norte é morna em comparação, e levou mais tempo para o cloro destruir o ozônio naquela região a ponto de formar um "buraco".

Foi James Lovelock — o criador da hipótese de Gaia, na época um cientista que trabalhava sem vínculo com instituições — que inventou a máquina usada para detectar CFCs na atmosfera. Como não conseguia financiamento para seu projeto, ele fez a máquina com peças sobressalentes que encontrou em sua garagem, então levou a engenhoca para um cruzeiro na Antártida. Apesar de extensas medições, Lovelock só encontrou quantidades minúsculas dos compostos na atmosfera e a princípio ele pensou que sua invenção fosse inútil. Só em 1973, como resultado de um encontro casual com um dr. Machta, durante uma pausa para o café em uma conferência, é que o verdadeiro significado das medições foi revelado.

O dr. Machta era um químico que trabalhava para a DuPont, a empresa que fabricava a maior parte dos CFCs, e um rápido cálculo revelou que, embora minúscula, a concentração total que Lovelock registrara abrangia quase todos os CFCs já fabricados. O material simplesmente não desaparecia, e isso foi o suficiente para que Machta debatesse as descobertas de Lovelock com outros químicos, incluindo o dr. Mario Molina, que descobrira a ligação entre os CFCs e o ozônio.[230]

Molina descobriu que os CFCs tinham elevado os níveis de cloro na estratosfera cinco vezes acima do normal. Isso já era ruim o bastante, mas foi por uma questão de sorte que o nosso mundo não mergulhou numa crise ambiental ainda mais grave — talvez uma crise capaz de levar ao colapso da sociedade — há uns trinta anos. Isso poderia ter acontecido se os químicos industriais tivessem usado o bromo no lugar do cloro.

Bromo e cloro podem ser usados igualmente para vários propósitos, e o fato de o cloro ser usado com mais frequência tem motivos econômicos, pois o bromo é um pouco mais caro (e mais reativo) do que o cloro, uma situação tornada pior pelo fato de que se obtém um pouco menos de fluorocarbono por grama do que o produto baseado em bromo.[185]

Embora dure apenas um ano na estratosfera, comparado com os cinco anos do cloro, o bromo é 45 vezes mais eficiente na destruição do ozônio do que o cloro, e teria desintegrado tão rapidamente aquelas 10 partes por milhão de ozônio que o protetor solar da Terra teria sido destruído antes mesmo de Sherwood Rowland fazer a descoberta que lhe deu o Nobel. Os usos que os químicos industriais já faziam do bromo podem mostrar como o mundo chegou perto desse destino.

Na década de 1980 (respire fundo) bromotrifluorometano e bromoclorodifluorometano — seus nomes comerciais sendo Halon-1301 e Halon-1211, respectivamente — passaram a ser usados de modo extenso em sistemas de combate a incêndios, sobretudo em galerias de arte e museus onde a utilização de água poderia causar danos. Como esses produtos são dez vezes mais potentes na destruição do ozônio do que os CFCs, eles foram banidos pelo Protocolo de Montreal, mas o bromo ainda é liberado na atmosfera como consequência da atividade humana, principalmente seu uso em pesticidas agrícolas.

Assim, o que poderia ter acontecido se os BFCs tivessem sido preferidos pela indústria no lugar dos CFCs? Um indício do dano que poderia ter ocorrido pode ser percebido pelo que os CFCs estão fazendo agora. Como consequência do buraco que abriram na camada de ozônio, as pessoas que vivem ao sul dos 40° experimentam um grande aumento na incidência do câncer de pele. A 53°S, Punta Arenas, no Chile, é a cidade mais ao sul em toda a Terra. Desde 1994 as taxas de incidência do câncer de pele subiram 66%. Mesmo nas latitudes mais baixas — e mais perto dos grandes centros populacionais —, as mudanças na incidência do câncer são evidentes. Nos Estados Unidos, por exemplo, a chance de ter um melanoma era de 1 para 250 há apenas 25 anos. Hoje em dia, é de 1 para 84. A radiação ultravioleta também causa danos aos olhos e sua incidência também está subindo. Os pesquisadores estimam que os homens — e tudo o mais que tiver olhos — experimentarão um aumento de 0,5% na incidência de cataratas para cada 1% de decréscimo na concentração do ozônio. Como 20% das cataratas são devidas ao dano pelo ultravioleta, a taxa de cegueira provocada por cataratas deve subir rapidamente, sobretudo entre os que carecem de meios para se proteger. Um terceiro grande impacto na saúde humana vem da capacidade dos UVs de danificarem o sistema imunológico. Isso se manifestará como um aumento geral de doenças nas comunidades atingidas. Entre os grupos mais vulneráveis, como os *inuit,* esses impactos já estão sendo sentidos.

E não são apenas os corpos humanos que são afetados pelos UVs, pois o impacto do seu aumento também será sentido através do ecossistema. As plantas unicelulares microscópicas que formam a base da cadeia alimentar dos oceanos serão severamente afetadas pelo ultravioleta, assim como as larvas de muitos peixes, das anchovas às cavalas. De fato, qualquer criatura que cresça no espaço aberto está correndo risco, e um novo estudo mostra que o risco aumenta (para 90% de mortalidade) se o aumento do ultravioleta for acompanhado de um aumento na salinidade e na temperatura do mar.[225]

Algumas espécies marinhas são tão vulneráveis que, sem o ozônio estratosférico, entrariam em rápido declínio, precipitando o colapso dos ecossistemas oceânicos. Já observamos a grande vulnerabilidade das larvas de anfíbios ao aumento do UV. Seu destino é apenas um sintoma inicial do que pode ter acontecido em terra, pois todos os ecossistemas são vulneráveis. E nem a agricultura escaparia de seus efeitos. A produtividade de certas colheitas, como ervilhas e feijões, por exemplo, diminui de 1% para cada 1% extra de radiação UV recebida.

Se os seres humanos tivessem achado o bromo mais barato ou mais conveniente de usar do que o cloro, é bem provável que, na ocasião em que Paul Crutzen e seus colegas fizeram sua descoberta, o mundo inteiro já estivesse experimentando uma incidência sem precedentes de câncer, cegueira e milhares de outras doenças. Nosso suprimento de alimentos teria entrado em colapso, e nossa civilização estaria sob uma tensão intolerável. E não teríamos ideia de qual era a causa até que fosse tarde demais para agir.

Durante uma década depois de Crutzen e sua equipe publicarem seu trabalho, ligando os CFCs ao declínio do ozônio, o problema foi ficando pior e, no entanto, os cientistas não conseguiram reunir provas suficientes de que o palpite de Crutzen estava certo. Mas tamanhas eram as implicações do esgotamento do ozônio que as imagens coloridas do buraco do ozônio mostradas nas telas dos televisores do mundo inteiro convenceram milhares de pessoas da necessidade de agir, ainda que por precaução. Os políticos foram bombardeados com cartas pedindo que os produtos fossem banidos. A DuPont era a empresa responsável por sua fabricação e, em retaliação, ela e outros produtores lançaram uma maciça campanha publicitária, destinada a desmerecer a ligação, na época tênue, entre seus produtos e o problema — e tinham um ponto a seu favor, já que a ciência ainda não conseguia fornecer uma prova conclusiva do efeito nocivo dos CFCs.

Todavia, o sentimento do público sobre a questão não foi acalmado e, apesar dos gemidos de protesto da indústria sobre os custos, representantes de vinte países encontraram-se em Viena, em 1985, e assinaram a Convenção de Viena para a Proteção da Camada de Ozônio. Como o atual Protocolo de Kyoto o documento foi descrito como "uma impotente manifestação de esperança".[70] Em 1987, contudo, quando foi anunciada a prova científica da ligação entre os CFCs e a destruição do ozônio, esta deu origem ao Protocolo de Montreal, no qual os governos do mundo concordavam em abandonar os produtos químicos nocivos.

Hoje sabemos o que estava em jogo na aprovação do Protocolo de Montreal. Se ele não tivesse sido aprovado, em 2050 as latitudes médias do Hemisfério Norte (onde a maioria dos humanos vive) perderiam a metade de sua proteção ultravioleta, enquanto latitudes equivalentes no Hemisfério Sul perderiam 70%. Mas, como foi feito, em 2001 o Protocolo tinha limitado o dano real a cerca de 1/10 disso.

Desde a sua assinatura, o Protocolo foi reforçado duas vezes — em 1990 e 1992. E, curiosamente, a redução dos CFCs foi conseguida sem prejuízo para as companhias envolvidas ou para a economia global. Talvez seja difícil acreditar que um controle governamental pode ser bom para a economia, mas pense como a Nortel, uma empresa de telecomunicações dos Estados Unidos, se beneficiou da regulamentação. Ela tinha usado os produtos como agentes de limpeza e, no final da década de 1980, foi forçada a investir 1 milhão de dólares em novos equipamentos. Mas, assim que os sistemas de limpeza reprojetados entraram em operação, eles economizaram 4 milhões de dólares em custos de eliminação de resíduos químicos e compra de CFCs.[209] Além disso, a rápida adoção pelos Estados Unidos dos regulamentos para reduzir a emissão de CFCs deu às firmas americanas uma vantagem sobre o resto do mundo no desenvolvimento de novas alternativas químicas.[236]

Como no caso de Kyoto, nem todos os países aderiram inicialmente ao Protocolo de Montreal. De fato, a China continua a fabricar CFCs e pode continuar poluindo até 2010, quando pelo tratado deve cessar a produção. Apesar de tais exceções, o Protocolo de Montreal assinala um momento importante no desenvolvimento da sociedade humana, pois representa a primeira vitória da humanidade sobre um problema de poluição. Hoje há esperança de que tenhamos vencido essa ameaça particular, já que em 2004 o buraco do ozônio sobre a Antártida diminuiu 20%. Como o tamanho do buraco aumenta e diminui de ano para ano, ainda não podemos ter certeza de que esse decréscimo sinaliza o fim do problema. Não obstante, os cientistas estão otimistas de que em cinquenta anos a camada de ozônio terá voltado à sua espessura original.

Alguém poderia pensar que, diante de um sucesso desses, as nações da Terra teriam sido estimuladas a usar um mecanismo semelhante para abordar a mudança climática. No início havia um grande entusiasmo em relação a um tratado internacional para limitar as emissões dos gases do efeito estufa. Assim, o que aconteceu?

24

A ESTRADA PARA KYOTO

> Entre aquelas nações que afirmam ser as mais civilizadas, aqueles que professam ser guiados por um conhecimento das leis da natureza, aqueles que mais glorificam o avanço da ciência, encontramos a maior apatia, o maior descaso em continuamente tornar contaminada esta necessidade sumamente importante para a vida.
>
> Alfred Russel Wallace, *Man's place in the universe*, 1903.

O Protocolo de Kyoto talvez seja o tratado internacional mais duramente contestado já concretizado, o que parece estranho quando consideramos seus modestos objetivos. Os dois grandes motivos para isso são econômicos e políticos.

No mundo desenvolvido, a utilização da energia está crescendo à taxa de 2% ao ano ou menos e, com taxas de crescimento tão baixas, o único meio de um setor (como vento, gás ou carvão) crescer é tomar parte do outro setor. Kyoto terá uma grande influência no resultado dessa disputa, e uma luta furiosa está acontecendo entre os vencedores e perdedores em potencial.

O tratado também é um grande divisor de águas, colocando de um lado aqueles que estão certos de que ele é essencial para a sobrevivência da Terra, e do outro aqueles que se opõem ferozmente por motivos econômicos e ideológicos. Muitos nesse grupo acham que Kyoto não tem uma postura política realista e é economicamente errado. Outros acreditam que toda a questão da mudança climática é besteira.[125]

Durante sua longa gestação, Kyoto foi frequentemente declarado morto ou se desejou que ele morresse.[128] Contudo, no dia 16 de fevereiro de 2005, noventa dias depois de a Rússia assinar o tratado (elevando o número de países que o ratificaram para 55, e a proporção de emissões dos países-membros acima de 55%), o Protocolo entrou em vigor. Os Estados Unidos, a Austrália, Mônaco e Liechtenstein permanecem fora dele, mas, como acontece na criação de qualquer grande bloco econômico, as pressões para aderir agora aumentarão continuamente. Kyoto encontra-se em sua infância, mas mesmo agora está claro que ele vai influenciar todas as nações pelas próximas décadas.

O caminho para Kyoto começou em 1985 com uma conferência científica em Villach, na Áustria, que produziu a primeira avaliação séria da magnitude da mudança climática que o mundo enfrenta. Seguiu-se, em junho de 1988, um encontro em Toronto, do qual participaram trezentos cientistas e autoridades de 48 países. Embora não tivesse nenhum valor especial, essa reunião logo ficou conhecida como um “chamado à ação” para reduzir as emissões de CO_2 em 2005 a 20% dos valores de 1988. Nenhuma outra ação global foi tomada até a Rio 92, quando 155 nações assinaram a Convenção das Nações Unidas para a Mudança Climática, a qual estabeleceu o ano 2000 como a data para os países signatários reduzirem suas emissões aos níveis de 1990. Esse objetivo era demasiado otimista, como vemos agora.

Depois de cinco anos de longas negociações, em 11 de dezembro de 1997, os signatários da Convenção da ONU chegaram a um novo entendimento sobre como as emissões seriam reduzidas. Conhecido como Protocolo de Kyoto (porque foi negociado na cidade japonesa do mesmo nome), ele estabeleceu dois fatores importantes. O estabelecimento de limites para emissão de gases do efeito estufa para os países desenvolvidos e acordos para a troca das emissões dos seis mais importantes gases do efeito estufa, uma troca avaliada agora em 10 bilhões de dólares.[133] Com todos os países unidos no acordo, só restava a ratificação para colocá-lo em vigor.

Como o CO_2 é o mais significativo dos gases do efeito estufa, pode-se pensar que Kyoto estabeleceu uma produção nacional de carbono para os países signatários, estabelecendo uma nova moeda — uma espécie de “dólar do carbono”, cujo comércio permitirá às indústrias reduzirem as emissões com eficácia. Parecia um esquema razoável, e, no entanto, só no final de 2004, seis anos depois do acordo inicial, um número suficiente de países assinou o tratado e o colocou em vigor.

A crítica mais dura a Kyoto talvez seja a de que é um tigre desdentado. E isso é sem dúvida verdadeiro, pois a aceleração da mudança climática é agora tão grande que o objetivo de Kyoto, de reduzir as emissões de CO_2 em 5,2%, é pouco mais do que irrelevante. Por sinal, aqueles que ficaram fora de Kyoto estão fazendo ainda pior: a Comissão de Política Energética dos Estados Unidos sugere a adoção de um esquema de troca de carbono que, em suas palavras, “não vai nem chegar perto do que é exigido aos Estados Unidos pelo Protocolo de Kyoto”.[226]

Se vamos estabilizar o nosso clima, os objetivos de Kyoto precisavam ser aumentados 12 vezes: cortes de 70% das emissões em 2050 são necessários para manter o CO_2 atmosférico no dobro dos níveis pré-industriais. Os defensores do Protocolo, contudo, sabem como tem sido difícil conseguir mesmo esse tratado impotente, e eles acreditam que tentar conseguir cortes mais profundos nesse estágio seria fatal para um consenso ainda frágil. E com o exemplo da Convenção de Viena para os CFCs em mente, estão certos de que Kyoto estabelece um diálogo que pode levar a alguma coisa verdadeiramente significativa.

Outra preocupação é a produção de carbono estabelecida pelo Protocolo para os países participantes, que é calculada em relação aos níveis de emissão de 1990 e variam entre 92% e 110%. A questão torna-se complexa quando a economia dos países é levada em consideração, pois as nações do Leste Europeu sofreram um colapso econômico desde 1990 e estão produzindo 25% menos CO_2 do que naquela época. Com os seus limites de Kyoto estabelecidos em 8% menos do que os níveis de 1990, eles têm créditos de carbono valiosos para negociar. Esses créditos, que não contribuem em nada para diminuir a mudança climática, são conhecidos como "ar quente", eles constituem um desperdício substancial em dólares e oportunidades para reduzir as emissões. Existe outro problema aqui, já que muitos economistas afirmam que os ex-países comunistas não devem receber um fluxo contínuo de dólares de carbono unicamente por causa de sua pobre *performance* econômica.

Como objetivo do primeiro período do tratado (2008-12), a União Europeia tem uma meta de carbono de 8% menos do que foi emitido em 1990. A Austrália, por outro lado, tem uma meta 8% *maior* do que o emitido naquela época. Só a Islândia se saiu melhor do que isso, conseguindo um aumento de 10% — ainda que a Noruega tenha obtido um aumento de 1% e os Estados Unidos, 3%. Será que esse foi um resultado justo, e como ele foi conseguido? Alguns afirmam que as variações refletem os custos reais do cumprimento do acordo para os países envolvidos, enquanto outros veem uma manobra política em ação. Essa complexa questão envolve detalhes das economias nacionais que estão muito além do objetivo deste livro. Mas ao buscar entender o que aconteceu, podemos examinar um único caso bem documentado como exemplo — o "acordo especial" que a Austrália negociou para si mesma —, e cujos elementos se aplicam a todas as concessões já feitas.

A Austrália tem a maior emissão *per capita* de gases do efeito estufa de todos os países industrializados — 25% mais alta que a dos Estados Unidos quando são levadas em conta todas as fontes — e o crescimento das emissões australianas durante a última década foi maior que o de todos os outros países da OCDE.[118] A delegação australiana que foi a Kyoto argumentou que isso se deve às circunstâncias especiais da Austrália — que incluem uma pesada dependência dos combustíveis fósseis, necessidades especiais de transporte (por ser um continente muito grande e pouco povoado) e um setor de exportação de energia intensiva. Isso tudo somado, eles declararam, criava um custo proibitivamente alto para atingir sua meta de Kyoto e portanto eram necessárias concessões.

Noventa por cento da eletricidade da Austrália são gerados pela queima do carvão. Isso é mais uma questão de escolha que de necessidade, entretanto, pois a Austrália também tem 28% do urânio do mundo, a melhor jurisdição geotérmica do planeta e uma superabundância de recursos solares e de ventos de alta qualidade. A preocupação com a mudança climática vem sendo debatida no país há trinta anos, e a crescente dependência da nação em relação ao carvão e o consequente alto custo da mudança para uma economia menos dependente em carbono são, agora nos parece, o resultado de decisões econômicas erradas. Será que um país devia ser recompensado por isso?

O argumento do transporte também é fraco, pois, ainda que a Austrália seja vasta, sua população é extremamente urbanizada; assim, 60% do combustível transportado são usados em áreas urbanas. E quanto às exportações de energia intensiva, a Austrália não está mais exposta, nesse aspecto, do que a Alemanha, o Japão ou a Holanda — todos fortes defensores de Kyoto.[118] A dependência do carvão, as dificuldades de transporte e a vulnerabilidade do setor de exportação aumentam o custo e, de acordo com o Departamento de Recursos Econômicos e Agrícolas (ABARE), a carga econômica colocada por Kyoto sobre a Austrália é substancial.

Usando o chamado modelo econômico MEGABARE, o departamento previu que o custo nacional bruto real da Austrália ficaria entre 0,25% e 0,5% ao ano se um corte nas emissões no estilo europeu fosse implementado. Isso foi considerado uma notícia chocante pelo então ministro dos Minérios e da Energia, senador Warwick Parer, que declarou no parlamento que isso custaria a uma família australiana de quatro pessoas cerca de "7.600 dólares" ao ano — algo que o eleitorado jamais aceitaria. O economista John Quiggin, da Universidade Nacional da Austrália, examinou cuidadosamente o MEGABARE e revelou que era uma distorção. Ele demonstrou que, se a economia australiana crescer numa média de 3,5% ao ano, durante as próximas décadas, os 7.600 dólares seriam tirados dos gastos de uma família média, que somariam 1,86 milhão![240]

Além disso, se o país ratificasse Kyoto, descobriu Quiggin, os australianos teriam que esperar até 1º de março de 2025 para a sua renda *per capita* dobrar — no lugar de 1º de janeiro daquele ano —, um atraso de meros dois meses.[118]

Os resultados do MEGABARE, apresentados durante as negociações em Kyoto, também entram em conflito com uma infinidade de outros estudos que a Austrália escolheu não promover. Embora diversos em suas suposições, esses estudos mostram que a Austrália poderia cortar seu consumo de energia e atingir a meta de Kyoto sem nenhum prejuízo. À medida que o estudo MEGABARE passou a ser examinado minuciosamente, foram revelados documentos, sob a Lei Australiana da Liberdade de Informação, que dava conta de como foi financiado, na base de 400 mil dólares, pelo Conselho Australiano do Alumínio, Rio Tinto, Mobil e outros grupos com interesses, todos com participação no comitê que produziu o estudo.[118]

Tamanha foi a resistência do governo australiano a Kyoto que o senador Robert Hill (que liderou a delegação como ministro para o Meio Ambiente) sabia que só um acordo favorável ao seu país seria aceito. Nenhum consenso tinha sido alcançado na hora prevista para o fim das negociações, e o relógio da conferência parou à meia-noite enquanto os delegados argumentavam pela madrugada adentro. Quando o texto foi lido pela última vez, o senador Hill se levantou e apresentou uma nova questão: no caso da Austrália, o desmatamento devia ser considerado. Seu raciocínio era que, ao proteger as florestas, a Austrália estava armazenando CO_2. E, como o desmatamento tinha declinado desde o ano-base de 1990, isso era equivalente ao "ar quente" do Leste Europeu e daria à indústria australiana a opção de deixar tudo do jeito como estava. Enfrentando a possibilidade de ou concordar com o pedido ou ver o acordo desmoronar, os delegados aceitaram a concessão.[118]

O senador Hill foi aplaudido de pé quando voltou ao seu país, e no entanto a Austrália continua se recusando a assinar Kyoto, enquanto afirma que vai atingir suas metas do mesmo modo! Se você acha isso confuso, não se preocupe, o resto do mundo também acha. É fácil ficar irritado com essa abordagem interesseira e desorganizada das negociações, mas devemos nos lembrar de que o resultado pode ter sido nada mais do que um acordo comercial razoável. Mesmo assim, a Austrália vai amargar um prejuízo, pois seus acionistas vão perder 150 milhões de dólares por ano, porque créditos de carbono não estão sendo negociados nas bolsas australianas. Pense também que o Japão — que compra carvão da Austrália — deve agora comprar créditos para compensar emissões resultantes da queima deste carvão, um custo que, sem dúvida, será repassado para os mineiros de carvão australianos. Mas, como a Austrália não ratificou Kyoto, nenhum crédito será criado lá. Em lugar disso, o benefício dos créditos irá para um terceiro país — talvez a Nova Zelândia.

Assim, o que pode ser dito, em resumo, sobre as metas de carbono destinadas às nações signatárias de Kyoto? Talvez elas não sejam nem inteiramente justas ou imparciais: mas foi o que ficou acertado, assim qualquer debate sobre se são justas ou não é acadêmico. Só quando o tratado amadurecer e forem estabelecidos compromissos para futuras datas-alvo haverá uma chance de revisão.

Outra importante objeção apresentada pelos opositores de Kyoto é a questão da viabilidade do seu dólar-carbono. Pode-se argumentar que o desenvolvimento de uma nova moeda global de cima para baixo é muito arriscado para ser aceitável. Afinal, o fundamento de qualquer moeda é a confiança — nesse caso a confiança em que o vendedor do crédito de carbono fará o que for necessário para reduzir suas emissões de carbono. Que garantia real teremos de que florestas serão plantadas e cuidadas, ou de que uma infraestrutura industrial poluidora será desmantelada como resultado da venda dos créditos de carbono? Mesmo com a boa vontade de todos os lados, tais esquemas podem fracassar porque nações como a Rússia, onde os créditos podem ser gastos, não dispõem de instituições legais ou regulatórias para garantir o cumprimento.

Os que defendem a nova moeda argumentam que, embora os riscos de criar um dólar-carbono sejam grandes, os benefícios em potencial são ainda maiores, porque o comércio do carbono pode reduzir drasticamente os custos do cumprimento das metas de emissão.[131] E o uso de um comércio de emissões como ferramenta para diminuir a poluição tem um bom antecedente. O sistema foi inventado nos Estados Unidos em 1995, para enfrentar a poluição pelo dióxido de enxofre resultante da queima do carvão. Mostrou-se muito bem-sucedido e foi adotado desde então por um certo número de poluidores.[133] Por exemplo, a Chicago Climate Exchange, um esquema de comércio voluntário atuante em desenvolvimento de mercados para o dióxido de enxofre, comercializou mais de 1 milhão de toneladas de CO_2 nos primeiros meses de existência desse comércio de carbono (até 1º de julho de 2004).[235]

É assim que o comércio de emissões funciona: um centro regulador impõe a necessidade de uma licença para o poluente e limita o número de licenças disponíveis. As licenças são concedidas numa base proporcional aos poluidores, ou vão a leilão. Emissores que terão um alto custo para reduzir sua poluição irão então comprar licenças daqueles que podem fazer a transição com mais facilidade. Os benefícios do sistema incluem sua transparência e facilidade de administração, o preço baseado no mercado que ele cria (o que encoraja os ajustes estruturais), as oportunidades para novos empregos e produtos que ele também cria, e a baixa no custo da redução dos poluentes.[133]

Existem dois meios de se criar uma nova moeda: de cima para baixo ou de baixo para cima, e os signatários de Kyoto se decidiram pelo método de cima para baixo. As dificuldades tornam-se aparentes quando examinamos como esquemas ambiciosos semelhantes têm sido implementados.

A União Europeia, por exemplo, implantou o euro de cima para baixo, mas só depois de criar um forte banco central para lidar com a nova moeda, e um conjunto estrito de regras que muitos países europeus têm dificuldades para seguir. Por outro lado, o Acordo Geral sobre Tarifas e Comércio (GATT) foi criado de baixo para cima, através de uma série de acordos bilaterais entre parceiros de confiança que foram colocados sob esse guarda-chuva multilateral.[119] Alguns economistas argumentam que isso resultaria num dólar-carbono mais estável. Imaginam a criação de uma moeda de carbono através de uma série de acordos entre parceiros e, como no caso da Organização Mundial de Comércio, novos parceiros seriam acrescentados à medida que provassem ser de confiança.

Esse método de baixo para cima tem muitos méritos intrínsecos, mas há duas razões muito boas pelas quais não deve ser tentado. A primeira é o tempo. Levou cinquenta anos para criar o GATT, e nós não temos esse tempo para criar um dólar-carbono. O segundo é o esforço que já foi feito para criar um dólar-carbono de cima para baixo. Mudar as coisas agora poderia destruir o único mecanismo global existente para lidar com o problema da mudança climática.

Uma questão final que deve ser abordada é a extensão do tratado. Os americanos, durante o estabelecimento de Kyoto, exibiram uma grande ansiedade quanto à exclusão do mundo em desenvolvimento dos controles imediatos. Embora seja verdade que as emissões de muitos países em desenvolvimento não tenham sido limitadas, é razoável notar que países em "transição" — como a Ucrânia, a República Tcheca, a Bulgária e a Romênia — o foram. A exclusão do mundo em desenvolvimento, afirmam os americanos, daria a eles uma vantagem econômica injusta. Em 25 de julho de 1997, o Senado dos Estados Unidos aprovou uma resolução — 95 votos a zero — declarando que rejeitará qualquer tratado que não imponha "novos compromissos programados específicos para limitar ou reduzir as emissões de gases do efeito estufa da parte do Mundo em Desenvolvimento com o mesmo período de obediência".[119] O senador republicano pelo Mississippi Trent Lott resumiu o sentimento no Senado quando declarou: "Com o que os países em desenvolvimento vão contribuir? O que os nossos vizinhos do México vão fazer para deter o aquecimento global? Nada. E quanto às outras pretensas nações em desenvolvimento, como a Coreia, a China, a Índia e o Brasil? O tratado as deixa de fora."[119]

Esses pontos de vista são importantes, pois são o motivo declarado pelo qual a maior economia do mundo se recusa a ratificar Kyoto, e, sem o envolvimento dos Estados Unidos, o impacto do tratado sobre a mudança climática continuará sendo fraco.

O discurso do senador Lott apela para um dos instintos mais básicos da humanidade — a suspeita de ser trapaceado pelos outros. Assim, será que as nações em desenvolvimento realmente estão embarcando sem pagar a conta? Alguns especialistas acreditam que existem motivos válidos para excluir os países em desenvolvimento da primeira rodada. Em primeiro lugar, o princípio natural de justiça: o mundo desenvolvido foi o maior criador do problema até agora, assim deve carregar a maior parte do peso. Existe também o exemplo do sucesso do Protocolo de Montreal com os CFCs. Os países em desenvolvimento inicialmente não eram obrigados a cumpri-lo, e no entanto ele se revelou uma realização notável ao lidar com o perigo apresentado pelo buraco na camada de ozônio.

Um dos maiores temores envolvendo a exclusão dos países em desenvolvimento, nos Estados Unidos e na Austrália, é que os empregos possam ir para eles. De todas as indústrias, a mais vulnerável a um aumento no custo da eletricidade é a produção de alumínio.[118] Os governos são alvo de um *lobby* vigoroso para construir mais usinas de energia movidas a carvão para produzir eletricidade a preços baixos. Mas mesmo isso não é o suficiente. As residências australianas pagam de 12 a vinte centavos por quilowatt-hora de eletricidade, enquanto as produtoras de alumínio pagam em torno de dois centavos, o que significa que uma parte importante da conta de eletricidade de todos é um subsídio direto aos produtores de alumínio.[118] Com semelhantes distorções em vigor, não está claro que exportar tais indústrias será ruim para o ambiente ou para a economia nacional. Além disso, é imperativo fazer com que os produtores paguem um preço razoável pela energia que consomem, de outro modo as forças de mercado jamais poderão induzi-los a limitar suas emissões. Dados os problemas de Kyoto, parece melhor taxar as emissões nas chaminés, e no entanto essa solução simples e efetiva não encontra apoio nem na Austrália nem nos Estados Unidos.

É de suma importância compreender que o Protocolo de Kyoto é o único tratado internacional vigente para combater a mudança climática. Para aqueles que pedem o seu abandono ou que o criticam, há duas perguntas: com o que você propõe substituir Kyoto? E como espera conseguir apoio internacional para a sua alternativa?

25

CUSTO, CUSTO, CUSTO

> É inconcebível que a humanidade, com todas as suas nobres realizações, suas aspirações e sua boa vontade fique indiferente ao grito da comunidade climática. A luta para reparar o clima será certamente enfrentada em vários campos de modo a assegurar a estabilidade dos sistemas climáticos. O mais importante, no entanto, é o fato de que devemos, de modo imperativo, mudar nossas atitudes e aceitar, viver de modo modesto e realista — por causa do futuro — que não nos pertence mas que temos tomado das gerações futuras.
>
> Yadowsun Boodhoo, presidente da Comissão de Climatologia da Organização Meteorológica Mundial, *World Meteorological Organization Bulletin*, 2003.

Os governos dos Estados Unidos e da Austrália dizem que se recusam a ratificar Kyoto devido ao custo proibitivo. Uma economia forte, acreditam, oferece a melhor garantia contra todos os choques futuros e ambos se mostram hesitantes em fazer qualquer coisa que possa retardar o crescimento econômico.

Talvez você pense que isso provocou uma análise cuidadosa dos custos da ratificação *versus* os custos da não ratificação. Mas nada disso aconteceu de fato. No lugar da análise, têm sido apresentadas estimativas loucamente variáveis feitas por um conjunto de grupos especiais de interesses, e foram essas estimativas que nortearam o debate. Pense na estimativa feita por William

Lash para o Centro de Estudos dos Negócios Americanos. Lash diz que a ratificação significaria uma queda no crescimento dos salários de 5% a 10%, um aumento de 86% nos custos domésticos da energia, um corte na renda média da família americana de 2.700 dólares, uma redução de 25% no consumo doméstico de combustíveis fósseis (equivalente a interromper permanentemente todo o tráfego rodoviário, ferroviário, aéreo e marítimo) e um aumento nos custos de produção das fazendas entre 10-20 bilhões de dólares.[211]

O Departamento de Energia dos Estados Unidos também enxerga altos custos — em torno de 378 bilhões de dólares anuais, e no entanto o governo Clinton calculou o custo da ratificação em 1/400 disso — 1 bilhão de dólares por ano. Do outro lado estão aqueles — incluindo uma coalizão de grupos de interesse público — que afirmam que pode haver um benefício econômico na ratificação. Eles dizem que os Estados Unidos poderiam assinar o tratado e ainda assim ver as contas domésticas de energia caírem em 530 dólares por residência, por ano.[212]

Algumas indústrias também vislumbram baixos custos. Adair Turner, ex-diretor-geral da Confederação Britânica da Indústria, declarou:

> Se os combustíveis renováveis custarem três vezes o valor dos preços atuais dos combustíveis fósseis, o impacto de uma mudança britânica para uma base renovável, em 2050, reduziria a renda nacional naquele ano em apenas 4%. Isso reduziria o crescimento anual, de hoje até aquela data, em apenas 1/10 de 1% — o que significa que poderíamos atingir em 2052 o padrão de vida que seria obtido em 2050.[235]

Na Austrália, o "Relatório de trabalho sobre energia sustentável", do Grupo Allen de Consultoria, feito em 2003, mostrou que, com uma política sábia, incluindo estratégias de eficiência energética e um gerenciamento seguro da demanda, a criação de um setor de energia renovável pode ter um efeito econômico positivo e criar empregos no campo.[237] E seu estudo da classificação energética cinco estrelas "das residências de Victoria mostra que há benefícios significativos, para a economia, em uma mudança de investimento no suprimento de energia para a melhoria da eficiência".[238]

Com as estimativas indo da ruína nacional ao benefício geral, como o leitor inteligente, sem formação em economia, vai descobrir a verdade? Felizmente existe um guia certo disponível a todos nós — o guia da experiência passada.

O economista Eban Goodstein fez uma análise detalhada das projeções passadas dos custos regulatórios relacionados com uma variedade de indústrias. Goodstein mostrou que, em cada caso, quando comparados com os custos reais que foram pagos, as estimativas estavam bastante inflacionadas.[209] Seus exemplos vão dos asbestos ao vinil, e em todos os casos, exceto um, o custo estimado de uma mudança regulatória foi pelo menos o dobro do custo realmente pago, enquanto que, em alguns casos, as estimativas foram ainda mais exageradas. Esta inflação das estimativas se manteve, a despeito de a projeção ser feita pela própria indústria ou por um assessor independente, o que sugere uma fonte sistemática de erro.

Goodstein afirma que o motivo dessa discrepância é que os economistas têm dificuldade de antever os meios inovadores adotados pela indústria ao cumprir com os novos regulamentos. Em alguns casos elas abandonam por completo os velhos processos e adotam novos, mais eficientes, enquanto em outros as indústrias transformam totalmente seus negócios. As projeções, em contraste, acham que tudo vai continuar do mesmo jeito, absorvendo a carga dos custos. A análise de Goodstein de custos projetados *versus* custos reais nas limpezas ambientais fornece outro resultado interessante. Em seus estudos, essas tarefas são quase sempre subestimadas — em alguns casos gritantemente —, o que nos leva a perguntar se os economistas que calculam essas estimativas são ignorantes das questões ambientais, ou, o que é pior, têm uma posição antiambientalista.

Experiências como as documentadas por Goodstein levaram outros economistas, como William Nordhaus, de Yale, e Dale Jorgensen, de Harvard, a afirmar que a redução de emissões necessária para cumprir com a primeira meta de Kyoto (até 2012) será modesta. Isso nos deveria assegurar que o cumprimento de Kyoto — e até cortes mais profundos nas emissões — não vai levar nossos países à ruína. Ele pode até, a longo prazo, fazer bem à economia, ao direcionar os investimentos para uma nova infraestrutura. E, no entanto, o custo do cumprimento do tratado é apenas metade da equação e, para tomar uma decisão bem fundamentada sobre Kyoto — ou propostas mais radicais —, precisamos saber o custo de não fazer nada. Nem o governo dos Estados Unidos nem o da Austrália fizeram este cálculo, embora agências do governo norte-americano estejam acumulando dados que dão alguma indicação de quais serão esses custos.

O Centro Nacional de Dados Climáticos lista 17 eventos climáticos ocorridos entre 1998 e 2002 que custaram mais de 1 bilhão de dólares cada. Eles incluem secas, enchentes, temporadas de incêndios, tempestades tropicais, chuvas de granizo, tornados, ondas de calor, tempestades de gelo e furacões; o mais dispendioso, com um custo de 10 bilhões de dólares, foi a seca de 2002.[117] Isso sugere que o custo de não fazer nada em relação à mudança climática é tão grande que a incapacidade de calculá-lo destrói o argumento.

Durante as últimas quatro décadas a indústria de seguros tem sofrido o impacto dos prejuízos resultantes de desastres naturais, dos quais o do El Niño de 1998 oferece um ótimo exemplo. Paul Epstein, da Escola Médica de Harvard, calcula que, nos primeiros 11 meses daquele único ano, os prejuízos relacionados com o clima totalizaram 89 bilhões de dólares, com a morte de 32 mil pessoas e 300 milhões de desabrigados. Isso foi mais do que o total de prejuízos sofridos em toda a década de 1980.[197]

Desde a década de 1970 as perdas das seguradoras têm aumentado a uma taxa em torno de 10% ao ano, chegando a 100 bilhões de dólares em 1999. Perdas nessa escala ameaçam a própria estrutura do nosso sistema econômico, pois um aumento anual de 10% nas contas de estragos significa que o prejuízo total vai dobrar a cada sete ou oito anos. Essa taxa de aumento implica que, em 2065, ou antes disso, a conta dos prejuízos resultantes da mudança climática vai igualar-se ao valor total de tudo o que a humanidade produziu ao longo de um ano.[197]

Ilustrativo do aumento do custo do seguro é a situação do dono de uma casa situada na Flórida. Com os eventos climáticos extremos aumentando, eles agora pagam um "deduzível" (a quantidade deixada para pagar no caso de um desastre) em seguros ligados ao clima de cerca de 100 mil dólares. Ambas, as seguradoras e as tendências do clima, sugerem que os donos de casas em outros lugares, cujo deduzível relacionado ao clima fica agora na faixa das centenas de dólares, poderão em breve enfrentar deduzíveis de milhares ou dezenas de milhares de dólares. As contas crescentes resultam sobretudo das leis da física. Pense, por exemplo, no impacto da velocidade do vento. Um aumento na velocidade do vento durante uma tempestade de 75-90 km/h para 90-110 km/ aumenta em 650% os danos aos prédios.[130] Escaladas semelhantes se aplicam a eventos extremos tão diversos como furacões, incêndios florestais, enchentes e ondas de calor. Com todos os aumentos projetados, a rápida escalada das contas de seguros é inevitável.

Mesmo se os custos não subirem a 10% ao ano, o problema continuará substancial. Em 2001, a Munich Re, a maior companhia resseguradora do mundo (resseguradoras fazem o seguro das seguradoras e assim estabelecem as tarifas de seguros) estimou que, em 2050, a conta global de danos causados pela mudança climática pode chegar a 500 bilhões de dólares. Mesmo com essas estimativas mais conservadoras, os líderes da indústria de seguros duvidam que seu negócio será capaz de absorver os custos por muito mais tempo.[118]

As resseguradoras estão contra-atacando ao rever suas previsões de seguros de indenização profissional dos presidentes de empresas com base em seus esforços para reduzir as emissões de gases do efeito estufa. Jeffrey Ball escreveu no *Wall Street Journal* de 7 de maio de 2003:

> Com toda a discussão de ações potenciais de acionistas contra indústrias emissoras de gases do efeito estufa, a segunda maior firma resseguradora, Swiss Re, anunciou que está analisando a recusa de cobertura, começando com diretores e executivos, a empresas que concluir que não estão fazendo o suficiente para reduzir a emissão de gases do efeito estufa.[235]

Christopher Walker, diretor-gerente de uma unidade da Swiss Re, disse ao *Wall Street Journal*: "Reduções nas emissões vão ser exigidas. Isso está bem claro".[235]

Aqueles que acreditam na eficácia do livre mercado têm sugerido que os governos não devem forçar o controle dos gases do efeito estufa porque as forças do mercado forçarão as indústrias a reduzir voluntariamente suas emissões. Apesar dos esforços das resseguradoras, esse ponto de vista enfrenta dois obstáculos: primeiro, no mundo real vemos poucos sinais de que isso esteja acontecendo. Segundo, pense em como essa "solução" funcionaria se aplicada à taxação. Será que um método de ação voluntária que leva a uma taxa de carbono se sairia melhor?

Com tantas análises demonstrativas de que o crescimento das emissões de gases do efeito estufa são uma séria ameaça a nossa Terra, e com o custo das reduções do dióxido de carbono evidentemente pequeno, você pode se perguntar de novo por que há tanta resistência à ratificação por parte dos Estados Unidos e da Austrália. Parte da resposta, eu acredito, está nas diferenças filosóficas entre esses países e a Europa.

Os Estados Unidos e a Austrália nasceram na fronteira, os cidadãos de ambos os países mantêm crenças profundas nos benefícios da expansão e do crescimento ilimitados. Como resultado disso, ambos têm grandes programas de imigração (o da Austrália cresceu notoriamente em anos recentes), e assim uma alta taxa de crescimento populacional em relação aos seus parceiros europeus — e isso leva a enormes dificuldades para aderir à redução de emissões exigida por Kyoto.

Na caso da Austrália, a diferença entre buscar um programa de imigração que estabilize sua população, ou deixar que ela continue a crescer na base de 70 mil por ano irá aumentar as emissões do país, em 2020, em 65 milhões de toneladas de CO_2 ao ano. De fato, a busca pelo crescimento populacional é o maior impedimento para que a Austrália atinja as metas de Kyoto, e assim também a principal causa para a necessidade de concessões. Em outras palavras, Kyoto questiona as filosofias subjacentes a sociedades como a americana e a australiana, que se agarram ao mito do crescimento ilimitado.

Existe, contudo, algo mais na relutância da humanidade em enfrentar a mudança climática. Se os cientistas estivessem prevendo um retorno iminente da era do gelo, tenho certeza de que a reação seria mais forte. "Aquecimento global" cria a ilusão de um futuro aquecido e acolhedor que é profundamente atraente, pois somos, em essência, uma espécie tropical que se espalhou por todos os cantos do globo, e o frio tem sido o nosso maior inimigo. Desde o início nós o associamos ao desconforto, à doença e à morte, enquanto o aquecimento é a essência de tudo o que é bom — amor, bem-estar e a própria vida.

Nossa reação evolutiva à ameaça do frio é vista mais claramente nos jovens. Crianças retiradas de lagos gelados, horas depois de caírem neles, têm sobrevivido porque, ao longo de milênios, nossos corpos desenvolveram defesas contra a ameaça sempre presente de gelar até a morte. E, é claro, as mães, mesmo na nossa era moderna, fazem tudo o que podem para proteger seus filhos do frio. Mas, no mundo de hoje, esse modo de pensar pode ser perigoso, porque nas sociedades industrializadas a síndrome da morte súbita na infância (SIDS) é uma ameaça muito maior para os pequenos do que o congelamento e, em muitos casos, ela tem sido atribuída ao aquecimento excessivo dos bebês. Colocar uma criança para dormir deitada de costas reduz o risco da SIDS, mas os motivos até agora não ficaram claros. Os fisiologistas agora acham que um fator poderoso é que o calor se perde mais rapidamente do peito e do estômago do que das costas, e com o estômago pressionado de encontro à cama, a transferência de calor é prejudicada.[199] Gargantas inflamadas têm sido associadas à SIDS e, como em qualquer infecção bacteriana, elas causam febre, sobrecarregando ainda mais os mecanismos de liberação de calor da criança.

Nossa profunda resistência psicológica a pensar que "calor" pode ser ruim permite que sejamos iludidos quanto à natureza da mudança climática. E aqueles que exploram essa cegueira humana têm deixado muitas pessoas — até as bem instruídas — confusas. Isso é o resultado do relacionamento pouco saudável, e em alguns casos corrupto, existente entre o governo e a indústria. E é nesse mar de lama que precisamos mergulhar agora.

26

PESSOAS EM ESTUFAS NÃO DEVIAM CONTAR MENTIRAS

> O Diabo pode citar a escritura para seus propósitos
> Uma alma maligna produzindo um testemunho sagrado
> É como um vilão sorridente
> Com uma maçã podre no coração
> Oh, que boa aparência tem a falsidade!
>
> William Shakespeare, *O mercador de Veneza.*

É nos Estados Unidos, e especificamente no segundo governo Bush e seu apoio à indústria, que a oposição à redução das emissões de gases do efeito estufa se tornou mais virulenta. O setor americano da energia está cheio de empresas bem estabelecidas e ricas que usam sua influência para combater a preocupação com a mudança climática, desmerecer quem os desafia e se opor a movimentos para maior eficiência energética. O fato de, na década de 1970, os Estados Unidos serem líderes mundiais e inovadores na conservação de energia e na tecnologia dos ventos e das células fotovoltaicas e hoje serem apenas seguidores é um testemunho de seu sucesso. É quase impossível superestimar o quanto essas indústrias têm feito nas últimas duas décadas para impedir que o mundo tome medidas sérias para combater a mudança do clima.

O campo de batalha onde esta luta tem ocorrido é tanto a arena da opinião pública e das manobras políticas de gabinetes quanto o mercado de ações, e grande parte da propaganda da indústria é bastante hábil. A ameaça de uma mudança climática tem feito parte da consciência pública há décadas. Já em 1977 o *New York Times* exibia uma manchete dizendo: “Cientistas temem que o uso excessivo do carvão possa provocar mudanças adversas no clima”.[70] Mas foi somente no final dos anos 1980 — quando o Protocolo de Montreal demonstrou que controles podiam ser aplicados às emissões nocivas e começaram a surgir iniciativas para restringir os gases do efeito estufa — que a indústria embarcou em uma guerra de propaganda.

Entre os primeiros a agir estavam os produtores americanos de carvão. Fred Palmer, então diretor da Western Fuels (hoje vice-presidente da Peabody Energy, o maior produtor de carvão do mundo) liderou uma campanha — alimentada, ao que parece, por suas crenças pessoais — de que a atmosfera da Terra é “deficiente em dióxido de carbono” e que produzir mais traria uma era de verão eterno. Num movimento semelhante ao de um diretor de empresa de armamentos argumentando que a guerra nuclear seria boa para o planeta, a Western Fuels queria liderar o ataque para criar um mundo com CO_2 atmosférico em torno de mil partes por milhão.[81]

Os pontos de vista de Palmer serviram de base para um vídeo de propaganda, *The greening of planet Earth*, que custou um quarto de milhão de dólares para ser produzido, e que promovia a ideia de que “fertilizar” o mundo com CO_2 aumentaria a produtividade das colheitas em 30% a 60%, trazendo assim o fim da fome no mundo. Embora os cientistas rissem de tais alegações descaradas e ridículas, a consciência pública do problema era tal que muitas pessoas foram enganadas. *The greening of planet Earth* teve ampla circulação em Washington pouco antes da Rio 92, e entre aqueles que assistiram ao vídeo estavam o primeiro presidente Bush, e seu chefe de gabinete, John Sununu. Ross Gelbspan, ex-editor do *Boston Globe* e autor de um livro que desmascara os motivos e o financiamento industrial dos descrentes na mudança climática, descobriu que o vídeo tivera um impacto profundo em Washington. Ele afirma que era “o filme favorito” de Sununu, enquanto o secretário de energia de Bush pai, James Watkins, citou o vídeo como fonte confiável em entrevistas sobre a mudança climática.[239]

Com a eleição de George W. Bush, o *lobby* do combustível fóssil ficou ainda mais poderoso e tem conseguido corromper processos dentro da burocracia federal e na consultoria científica. Em junho de 2005, o *New York Times* publicou matéria que revelava como isso tem sido feito. Philip A. Cooney, auxiliar de Bush e lobista da indústria do petróleo, que luta contra o controle dos gases do efeito estufa, removeu ou alterou descrições de pesquisas climáticas que cientistas do governo e seus supervisores (incluindo importantes autoridades do governo de Bush pai) já tinham aprovado. Muitas das alterações feitas por Cooney apareceram nos relatórios finais, e seu efeito geral foi o de minimizar a preocupação com a mudança climática.[241] Na contagem mais recente, uma dúzia de relatórios importantes sobre a mudança no clima foram suprimidos, alterados ou desconsiderados pela Casa Branca, incluindo um estudo de dez anos feito pelo IPCC, já revisado por cientistas e pedido pelo governo do pai de Bush, estudos da Academia Nacional de Ciências, da Administração do Oceano e da Atmosfera e da Nasa.[110] Em setembro de 2002, a Casa Branca liberou o relatório anual do Departamento de Proteção Ambiental com toda a seção sobre mudança climática suprimida.

O apoio do governo norte-americano às tolices defendidas por Fred Palmer e sua turma não é necessariamente um reflexo da capacidade intelectual dos envolvidos e sim de sua capacidade de serem comprados. Os donos de minas de carvão doaram 20 milhões de dólares para a causa republicana no ano 2000, e desde então acrescentaram mais 21 milhões de dólares, garantindo que o acesso da indústria ao vice-presidente Cheney e seu comitê secreto da energia é sem paralelos.[110] Em 2001, Quin Shea, lobista do Edison Electric Institute, disse numa conferência a portas fechadas que o governo Bush "queria desesperadamente queimar mais carvão. Carvão é nosso amigo" — e para fazer isso eles teriam que passar por cima das exigências da Lei do Ar Puro e da Água Pura. E nesse aspecto o governo tem sido ótimo pois, como brincou Shea, pode passar algum tempo antes que a indústria tenha outro presidente como "Bush, ou Átila, o Huno".[110]

Tentativas da indústria de obter influência política não ficam restritas aos Estados Unidos. A Austrália é o maior exportador de carvão do mundo e os industriais naquele país também têm sido muito ativos. A Rio Tinto, que é a maior companhia de mineração do mundo, é dona das minas de carvão australianas e também uma prodigiosa consumidora de energia para fundição. O principal tecnólogo da Rio Tinto, dr. Robin Batterham, foi nomeado cientista-chefe do governo australiano pela administração Howard, e como tal presta assessoria em questões de mudança climática. Mais representativa da antipatia do governo australiano pela redução das emissões foi a nomeação, em 1996, do senador Warwick Parer como ministro dos Minérios e da Energia. Antes de entrar na política, Parer era alto executivo da Utah Mining, um dos maiores produtores de carvão da Austrália. Ele entrou para o Senado australiano em 1984, mas permaneceu sendo presidente da Gerenciadora da Mina de Carvão de Queensland até se tornar ministro. Em março de 1998 foi revelado que possuía 2 milhões de dólares em ações das três principais minas de carvão de Queensland. Tratava-se de uma transgressão do primeiro-ministro, mas Parer — que demitiu seu secretário de imprensa por não declarar a posse de ações — continuou no governo. Só em outubro daquele ano ele calmamente renunciou ao ministério, antes de deixar o Senado em fevereiro de 1999.[118] Sua influência estava longe de ter terminado, pois foi então nomeado pelo governo Howard para chefiar uma revisão do setor energético.

A indústria do carvão não agiu sozinha no trabalho de ocultar os perigos da mudança climática. O maior dano talvez tenha sido feito pela Global Climate Coalition, um *lobby* da indústria fundado em 1989 por cinquenta corporações do petróleo, gás, automóveis e indústria química. Durante os 11 anos de sua existência, essa corporação gastou 60 milhões de dólares em doações políticas, e outros milhões em propaganda. O propósito declarado da Global Climate Coalition era "lançar dúvida sobre a teoria do aquecimento global".[115] Ela espalhou desinformação e dúvida sempre que pôde, e entre suas táticas mais eficientes para espalhar o pânico foi afirmar que a mudança climática acrescentaria cinquenta centavos por galão ao preço da gasolina nos Estados Unidos. Seu maior sucesso contudo foi sua influência na incapacidade da conferência do Rio de Janeiro, a Rio 92, de adotar medidas fortes para proteger todos os seres humanos dos perigos da mudança climática.

Mas, à medida que os indícios da mudança se solidificavam, a agenda da Global Climate Coalition foi reavaliada por alguns de seus membros. A DuPont deixou o grupo em 1997; presumivelmente porque aprendera, a partir de sua experiência com o Protocolo de Montreal, que o controle dos poluentes pode ser bom para os negócios. Alguns meses depois a BP também saiu. Pouco depois de tomar essa decisão, o presidente da BP, lorde Browne de Madingley, disse: "Podemos ter deixado a Igreja em termos de mudança climática. Mas é quase impossível expressar a profundidade do apoio dentro da companhia para a posição que tomamos."[118]

A Global Climate Coalition desmoronou em março de 2000 quando a Texaco desertou, deixando o grupo com tão poucos membros que deixou de ser eficiente. Entre os que permaneceram até o amargo fim estavam a Exxon, Mobil, Chevron (uma empresa petrolífera) e a General Motors. O *site* da coalizão na internet permanece ativo e é cheio de material enganoso como sempre foi. Ao visitar essa página me ocorreu a semelhança com um dinossauro cujo cérebro foi irreversivelmente danificado, mas que ainda cambaleia, espalhando destruição enquanto se arrasta para seu túmulo.

A extensão da divisão da indústria em relação à mudança climática foi revelada em Davos, Suíça, no início do ano 2000, quando os líderes mundiais dos negócios declararam que a mudança climática é a maior ameaça enfrentada pelo mundo. No final daquele ano, uma pesquisa feita entre quinhentos executivos pela *Fortune* revelou que 34% apoiavam a ratificação do Protocolo de Kyoto, enquanto apenas 26% se opunham.[118] Coalizões positivas da indústria começam agora a ser formadas, com sete grandes empresas americanas da energia e indústria estabelecendo a Parceria para Ação Climática, que compromete todas elas com a redução das emissões abaixo da meta nacional de Kyoto. Isso é uma notícia confortadora. No entanto, grupos reacionários surgiram em todo o mundo para ocupar o espaço deixado pela implosão da Coalizão Global do Clima.

Um dos mais influentes é o Grupo Lavoisier, baseado na Austrália, que foi estabelecido em abril do ano 2000 e realizou sua primeira conferência um mês depois sob a liderança do ex-ministro das Finanças do governo

Hawke, Peter Walsh. A palestra inaugural foi dada por Hugh Morgan, então presidente da Western Mining Corporation, uma das maiores empresas de mineração da Austrália, agora parte da BHP. Entre as muitas afirmações ultrajantes do Grupo Lavoisier está a de que o IPCC é uma conspiração mantida por centenas de cientistas do clima de modo a distorcer seus resultados e garantir o financiamento de suas pesquisas. (Essa afirmação, singularmente espúria, aliás, parece ter agradado ao escritor Michael Crichton, cujo romance, *Estado de medo,* a utiliza como tema principal.)

Vários outros grupos que contestam a questão da mudança climática incluem a Greening Earth Society, de Fred Palmer, Frontiers of Freedom (fundada pelo senador republicano Malcolm Wallop, do Wyoming), a Cooler Heads Coalition (responsável pelo *site* da internet globalwarming.org), o Institute of Public Affairs (um grupo de direita baseado em Melbourne) e o US Science and Environment Policy Project, há muito ligado a Fred Singer, membro da Igreja de Unificação do reverendo Sun Myung Moon. Uma breve pesquisa por "mudança climática" no Google traz mais exemplos, incluindo "Myths of Global Warming", da www.biblebelievers.org.au, e "Globaloney Warming", da Liberty Australia.[121] Nesses *sites* aprendemos que o aquecimento global é uma fraude na qual a maioria dos cientistas não acredita e que "forças poderosas estão usando este mito na dialética hegeliana".[122]

Essa retórica é frequentemente usada para confundir o leitor desinformado, embora às vezes esses grupos levem um pouco além os seus argumentos. A Declaração de Leipzig é um exemplo particularmente interessante. Esse documento foi publicado em 1995, escrito por Fred Singer e supostamente apresentando as assinaturas de 75 cientistas das principais universidades apoiando o ponto de vista de que a mudança climática não é uma ameaça. Uma investigação revelou, no entanto, que a maioria das assinaturas apresentadas não era de cientistas, ou era de cientistas que não tinham assinado a declaração.[118] O ceticismo é um elemento indispensável na pesquisa científica, mas quando sua intenção é enganar, no lugar de esclarecer, não temos ceticismo e sim fraude.

Algumas das indústrias que se opõem à ação contra a mudança climática usam táticas que fazem lembrar as que foram usadas pela indústria do tabaco e dos asbestos. Elas constantemente desafiavam ou encobriam as pesquisas apontando uma ligação entre seus produtos e o câncer, conseguindo assim comprar mais algumas décadas de gordos lucros. Cigarros e amianto podem matar indivíduos, mas as emissões de CO_2 ameaçam o nosso planeta. Os Fred Palmers do mundo já conseguiram duas décadas de gordos lucros, mas o custo para o resto de nós foi astronômico. E outra década de lucros semelhantes pode nos custar o planeta.

Vamos agora interromper esse catálogo de infâmias para examinar o trabalho do Painel Intergovernamental sobre Mudança Climática. O IPCC não é um grupo da indústria ou de lobistas. Foi estabelecido em 1988 e é uma entidade subsidiária do programa de meio ambiente das Nações Unidas e da Organização Meteorológica Mundial. Seu funcionamento ilustra como a indústria usa seus representantes para atrasar e suavizar o trabalho vital realizado pelo grupo. O Terceiro Relatório de Avaliação (TAR) do IPCC foi apresentado no ano 2001 e é o resultado do trabalho de 426 especialistas, cujas conclusões foram avaliadas (duas vezes) por 440 revisores e supervisionadas por 33 editores, antes de serem, finalmente, aprovadas pelos delegados de cem países. Como você pode imaginar, o relatório é tão insípido quanto água e se restringe ao menor denominador comum.

Para entender por que isso acontece, é preciso conhecer o *modus operandi* do IPCC e seus membros. Ele abrange cientistas, especialistas e representantes de governos, e embora a indústria não esteja diretamente representada, ganha uma voz efetiva através dos representantes de países dependentes de combustíveis fósseis, como os Estados do Oriente Médio e os Estados Unidos. A estrutura singular do IPCC permite que esses delegados exerçam uma influência indevida, pois a organização trabalha em busca de um consenso. Encontrei cientistas que eram membros do IPCC no Centro Hadley, no final de 2004. Eles descreveram os dias cansativos dedicados à argumentação sobre palavras ou expressões irrelevantes. Cada palavra dos enormes relatórios da organização, eles afirmaram, tinha que ser debatida com as delegações da Arábia Saudita, dos Estados Unidos e da China — respectivamente o maior exportador de petróleo, o maior consumidor e o maior usuário de carvão do mundo —, ávidos em atrasar o progresso e suavizar qualquer declaração.

Jeremy Legett, que testemunhou as negociações que levaram ao relatório de 2001, diz que, quando pressionado a dar os motivos das mudanças pedidas, o chefe da delegação saudita, Mohammed al-Sabban, disse: "Os ganhos com petróleo da Arábia Saudita chegam a 96% de nossas exportações. Até que exista um indício mais claro do envolvimento humano na mudança climática, nós não vamos concordar com o que significa uma taxação sobre o petróleo."[224] Essas atitudes são desmoralizantes para os especialistas que sabem que o destino do nosso planeta se encontra em jogo. O resultado disso é que os pronunciamentos do IPCC não representam a ciência geral, não são nem boa ciência, e sim a ciência do mais baixo denominador comum.[70] E no entanto, apesar de suas falhas, os relatórios de avaliação do IPCC, apresentados a cada cinco anos, são considerados pela mídia e pelos governos precisamente porque representam uma visão de consenso. Se o IPCC diz alguma coisa, é bom acreditar — e dar o desconto de que, provavelmente, as coisas são muito piores do que eles dizem.

E quanto às outras indústrias que desempenham um papel ativo no combate à mudança climática? Uma das primeiras empresas a se desligar da Global Climate Coalition foi a BP, cujo executivo-chefe, lorde John Browne, há muito tempo assumiu uma postura clara e imparcial em relação à mudança climática. Sob sua liderança, a BP avançou "além do petróleo", fazendo um corte de 20% em suas próprias emissões de CO_2 e tendo lucro com isso. E a BP é agora um dos maiores produtores de células fotovoltaicas do mundo. Lorde Browne acha que "a redução dos gases do efeito estufa é um problema solucionável e agora é hora de ir além do debate de Kyoto".[111]

Esse compromisso de encarar o problema do clima deve ser visto num contexto mais amplo do envolvimento britânico com a questão, e que começa com James Lovelock. Foi Lovelock que, como cientista e estudioso independente e bem-sucedido, ganhou respeito daqueles com uma visão de livre mercado para o mundo. Ele convenceu a primeira-ministra Margaret Thatcher a levar o assunto a sério. Muito antes de os ambientalistas estarem conscientes da mudança climática a senhora Thatcher defendia uma redução nas emissões de CO_2.

O sucessor de Thatcher, Tony Blair, embora do lado oposto da política, tem sido ainda mais ativo. De fato, de todos os líderes políticos atuais, ele tem o maior domínio dos aspectos científicos do assunto. Num pronunciamento recente à indústria britânica, Blair declarou:

> A emissão dos gases do efeito estufa está provocando o aquecimento global em um ritmo de início significativo, que está se tornando alarmante e é simplesmente insustentável a longo prazo. E com longo prazo não quero dizer daqui a séculos. Quero dizer no tempo de vida de meus filhos certamente, e possivelmente no meu próprio. E com insustentável não quero dizer um fenômeno que cause problemas de ajustamento. Quero dizer um desafio tão grande em seu impacto e irreversível em seu poder destrutivo que altera radicalmente a existência humana...
>
> Não há dúvida de que agora é hora de agir.[112]

Em 2003, as emissões da Grã-Bretanha tinham caído 14% abaixo dos valores de 1990, o que possibilita que a redução de 20% pedida para 2010 esteja ao alcance da nação. Além disso, o Relatório da Comissão Real Britânica sobre Poluição Ambiental e Energia concluiu que o Reino Unido precisa reduzir as emissões em 60% em 2050, e isso está sendo levado a sério. Como disse Blair, "existem imensas oportunidades de negócios no crescimento sustentável e na mudança para uma economia de baixa produção de carbono" — uma visão sustentada pela expansão em 36% do crescimento econômico nacional durante o período em que as emissões caíram 15%.[112] Etapas significativas desse período incluem o estabelecimento do Pacto do Carbono (que ajuda as indústrias a lidar com o uso da energia), uma obrigação dos fornecedores de energia de produzir 15,4% de sua energia de fontes renováveis e investimentos significativos no desenvolvimento da energia das ondas e das marés.

A Grã-Bretanha também está analisando a expansão de sua capacidade em energia nuclear, e com a nação tendo assumido a liderança do G8 no início de 2005, espera-se que outras iniciativas no combate à mudança climática sejam implementadas. Em Davos, em janeiro de 2005, Blair sinalizou para a Casa Branca de Bush que, se ela espera mais apoio na guerra contra o terror, deve também apoiar a guerra contra a mudança climática.

Pelo mundo afora a maioria das indústrias e dos governos está se posicionando a meio caminho entre Bush e Blair, e um grande grupo de empresas está lentamente mudando sua posição. Nem mesmo a maioria das indústrias de combustível fóssil discutem — pelo menos publicamente — a veracidade das previsões climáticas, mas tentam assegurar ao público que não há urgência na questão. O mundo ainda tem vinte anos, dizem eles, antes que seja necessária uma mudança, e a essa altura as coisas já terão "começado a ser resolvidas".

Existem até mesmo os que chegam a afirmar que o mundo pode queimar todo o combustível fóssil e ainda assim evitar a mudança climática. Essa afirmação é um risco, porque, se for falsa, então cada quilograma de carbono retirado do solo, na tecnologia atual, é um passo irreversível em direção a uma era geológica hostil — na qual a civilização vai lutar para sobreviver. Agora é hora de olharmos como a indústria acha que isso pode ser feito.

27

SOLUÇÕES DE ENGENHARIA?

Quando examinamos tudo isso, a única solução razoável é a captura do CO_2, porque é a única que nos permite continuar usando os combustíveis fósseis e não danificar o clima. Permite-nos usar plenamente os recursos de hidrocarbonos.

Vice-presidente, dr. Philippe Lacour-Gayet (Schlumberger Ltda.), discurso ao plenário da Conferência da Indústria do Petróleo, 2004.

Na década de 1980, o problema do aquecimento global já parecia tão grande que a indústria, e mesmo alguns cientistas, começaram a pensar em soluções de engenharia. E aqui estamos falando de verdadeira engenharia planetária — mudar o equilíbrio do carbono no planeta Terra de um modo que afetará cada organismo vivo —, e no entanto esses projetos de engenharia estão sendo propostos e testados na ausência de qualquer mecanismo global para regular e aprovar tais atividades.

Por esse motivo, e devido à desconfiança inerente a tais soluções, a reação da maioria dos grupos ambientalistas a essas iniciativas tem sido morna, no melhor dos casos. E no entanto todos concordamos que enfrentamos uma séria crise que pode exigir ações heroicas para ser superada. Com muitos desses programas ainda no estágio teórico ou de testes, o melhor que podemos fazer é examinar o progresso até o momento, e o lugar para começar é no oceano Austral.

Um dos programas mais ambiciosos propostos para livrar o mundo do excesso de CO_2 envolve a fertilização do oceano Austral com limalha de ferro. A ideia é que o ferro é o nutriente em escassez na água do mar, e seu suprimento é especialmente escasso no oceano Austral. Experiências em pequena escala mostram que um pó de limalha de ferro pode estimular um crescimento espetacular no plâncton, que capta o CO_2 das águas superficiais e, quando morre, é levado para as profundezas do oceano. Ventos carregam poeira rica em ferro dos desertos do mundo para os oceanos em grande escala; assim, dizem os defensores da ideia, o acréscimo da limalha de ferro é apenas uma extensão de um processo natural.

Em abril de 2004, Ken Buesseler, do Instituto Oceanográfico Woods Hole, e seus colegas relataram os resultados da experiência do ferro no oceano Austral.[75] Três navios rastrearam o destino do carbono em um trecho de 15 quilômetros quadrados de oceano dentro do círculo polar antártico, que tinha sido "fertilizado" com limalha de ferro. A mesma região havia sido fertilizada em ocasiões anteriores e, durante a experiência, a limalha de ferro foi lançada a cada quatro dias, durante 17 dias. Depois de fertilizações anteriores, o plâncton tinha crescido bem, mas não houve indício de que o carbono tivesse se movido das camadas superficiais, para o mar profundo, onde poderia ser armazenado. Esse é um estágio crítico no processo, pois, a menos que o plâncton morto afunde, o carbono que ele absorveu será simplesmente liberado na atmosfera. Na experiência documentada por Buesseler, algum carbono afundou para camadas compreendidas entre 50 e 100 metros; mas será que isso foi suficiente para justificar o custo?

Como Buesseler e seus colegas documentaram, "o uso de um trecho de 1.000 quilômetros quadrados, durante 21 dias, resultou num aumento do fluxo a 100 metros de profundidade de 1.800 toneladas de carbono, em resposta a 1,26 tonelada de ferro".[75]

Eles estimam, contudo, que apenas 900 toneladas (aproximadamente a metade) desse carbono ficarão presas no fundo do oceano. E, levando em consideração que o homem está liberando 13 bilhões de toneladas (13 gigatoneladas) de carbono por ano, a eliminação de apenas 900 toneladas através de um processo caro e tedioso é, de fato, um resultado muito pobre. "É difícil ver como a fertilização do oceano com uma eficiência tão baixa de exportação de carbono pode chegar a resolver nosso problema de desequilíbrio global de carbono", concluíram os pesquisadores. Mesmo com um resultado mais positivo, um efeito colateral indesejado pode ser fatal para a implementação em grande escala: quando fertilizados, certos tipos de plâncton crescem à custa de outros, o que pode levar a um desequilíbrio nos oceanos e a uma perda da biodiversidade.

Enquanto alguns pesquisadores fertilizam as camadas iluminadas do oceano, outros têm bombeado CO_2 comprimido diretamente nas profundezas do mar. Essa tecnologia foi proposta ainda em 1977, e para alguns é a grande esperança de curar o mundo da doença do carbono. O professor Takashi Ohsumi, do Instituto de Pesquisa de Tecnologia Inovadora do Japão, estima que o CO_2 das usinas de energia pode ser concentrado e liquefeito a um custo em torno de cinquenta dólares por tonelada (embora outros estudos indiquem que cem dólares por tonelada é mais realista) e que "não existe barreira técnica para a implementação dessa opção, seja dissolvendo o CO_2 na água ou colocando-o no fundo oceânico".[91] Embora não existam "barreiras técnicas", estudos preliminares indicam que o bombeamento de CO_2 liquefeito diretamente no oceano causa severos danos colaterais.

James Barry, do Monterey Aquarium, e seus colegas estudaram uma coluna de CO_2 líquido liberada diretamente no solo oceânico em frente à Califórnia, a uma profundidade de 3,5 quilômetros.[91] Eles observaram "altas taxas" de mortalidade entre organismos nas vizinhanças da coluna de gás, que parece ter sido causada pela acidificação da água do mar (seu PH aumenta de 1,5 unidade). A equipe de Barry prevê altas taxas de mortalidade para criaturas marinhas onde quer que essa tecnologia seja usada.

O dr. Ulf Riebesell do Leibnitz Institut für Meerewissenschaften, em Kiel, na Alemanha, relata que, à medida que as concentrações de CO_2 no oceano crescerem, a biodiversidade será afetada de várias maneiras. Espécies que produzem conchas de calcita, por exemplo, terão dificuldade de sobreviver na água mais ácida que o CO_2 cria. O ácido também pode prejudicar o crescimento e a reprodução de lulas e certos peixes.[93] Apesar desses sinais de alerta antecipados, o professor Ohsumi parece pensar que "ela vai ficar bem, companheiro" como dizem os australianos e que nós devemos prosseguir com "a injeção de CO_2 em grande escala necessária para produzir uma alteração do ecossistema".[91]

À medida que a brilhante ideia de jogar o CO_2 no mar começou a se apagar, a indústria do carvão adotou a ideia de bombeá-lo no subsolo. O processo, conhecido como geossequestro, é enganosamente simples em seu método: a indústria simplesmente enterraria de novo o carbono que escavou. Na verdade, a história dessa tecnologia parece até agora impecável, pois as empresas de gás e petróleo têm bombeado CO_2 no subsolo há anos, com o campo petrolífero de Sleipner, no mar do Norte, sendo o exemplo mais frequentemente citado. O incentivo fornecido por uma taxa de 40 dólares por tonelada de emissão de CO_2 imposta pelo governo da Noruega faz com que uma grande parte do CO_2 que vem com os hidrocarbonetos seja separado em uma forma altamente concentrada e bombeado de volta para as rochas. Em alguns outros poços pelo mundo afora (mas não em Sleipner), o CO_2 é bombeado de volta para a reserva de petróleo, facilitando a manutenção da pressão do poço, o que ajuda a recuperar o óleo e o gás e torna toda a operação mais lucrativa. Afirma-se que "a maior parte" do CO_2 fica no subsolo, mas aplicar esse modelo à indústria de carvão não é tão fácil.

O problema do carvão começa na chaminé. O fluxo de CO_2 que sai de lá é relativamente diluído, tornando sua captura irrealizável. A indústria do carvão tem apostado seu futuro num novo processo conhecido como gaseificação do carvão. Essas usinas de energia parecem mais fábricas químicas do que usinas de carvão convencionais. Nelas, a água e o oxigênio são misturados com o carvão para criar monóxido de carbono e hidrogênio. O hidrogênio é usado como fonte de combustível, enquanto o monóxido de carbono é convertido num fluxo concentrado de CO_2. Essas usinas não são de operação barata: cerca de 1/4 da energia que elas produzem é consumida só para mantê-las funcionando. Todas as indicações sugerem que construí-las em escala comercial será dispendioso e que vai levar décadas para que elas se tornem uma contribuição significativa na produção de energia.

Vamos presumir que algumas usinas serão construídas e que o CO_2 será captado. Para cada tonelada de antracito queimado, em torno de 3,7 toneladas de CO_2 são geradas. Se esse volumoso resíduo pudesse ser bombeado de volta para o subsolo, embaixo da usina de energia, isso não importaria muito, mas as rochas que produzem o carvão frequentemente não servem para armazenar CO_2, o que significa que o gás deve ser transportado. No caso das minas de carvão de Hunter's Valley na Austrália, por exemplo, ele deve ser levado por cima da cordilheira Great Dividing e centenas de quilômetros para o oeste.

Depois que chega ao seu destino o CO_2 precisa ser comprimido até assumir uma forma líquida para ser injetado no solo — uma etapa que consome 20% da energia produzidos pela queima do carvão em primeiro lugar. Então um buraco com 1 quilômetro de profundidade precisa ser perfurado e o CO_2 é injetado nele. Daí em diante a formação geológica precisa ser monitorada cuidadosamente; porque, se escapar, o gás pode matar. Os mineiros de antigamente conheciam o CO_2 concentrado como gás sufocante, o que é um nome adequado porque ele asfixia instantaneamente suas vítimas.

O maior desastre recente provocado pelo CO_2 aconteceu em 1986, na República dos Camarões, na África Central. Um lago-cratera vulcânico conhecido como Nyos expeliu bolhas de CO_2 no ar parado da noite e o gás acomodou-se em torno das margens do lago, onde matou 1.800 pessoas e incontáveis milhares de animais selvagens e domésticos. Ninguém está sugerindo injetar CO_2 em regiões vulcânicas como Nyos, assim os depósitos de CO_2 criados pela indústria têm pouca probabilidade de causar um desastre semelhante. Mesmo assim a crosta da Terra não é um receptáculo criado para armazenar CO_2, e o depósito precisa durar milhares de anos, de modo que o risco de um vazamento deve ser levado a sério.

Um dos elementos mais perturbadores sobre essa questão é que os governos dos Estados Unidos e da Austrália, entre outros, estão discutindo com a indústria, nesse momento, a portas fechadas, a respeito dos riscos que devem ser aceitos em nome de seus eleitores e quanto a indústria vai arcar.

Até mesmo o volume de CO_2 gerado por um país de população esparsa como a Austrália desafia a compreensão. Imagine um monte de tambores de

200 litros, com 10 quilômetros de comprimento e 5 de largura, empilhado até a altura de dez tambores. Isso significaria mais de 1,3 bilhão de tambores, o número necessário para conter o CO_2 que se derrama diariamente das 24 usinas geradoras de energia a carvão da Austrália, que fornecem energia elétrica para 20 milhões de pessoas. Mesmo se comprimido em forma líquida, essa produção diária ocuparia 1 quilômetro cúbico e a Austrália é responsável por 2% das emissões globais! Imagine injetar 50 quilômetros cúbicos de CO_2 liquefeito na crosta da Terra a cada dia do ano por mais um século ou dois.

Se o geossequestro for praticado na escala necessária para compensar todas as emissões do carvão, o mundo ficaria rapidamente sem reservatórios de grau A perto das usinas de energia, e, sobretudo se as empresas de eletricidade não forem responsabilizadas por danos resultantes de vazamentos, a pressão levará à utilização de reservatórios de grau B, C, D e E. E mesmo as necessidades do carvão são, em grande escala, desprezíveis, porque existem reservas suficientes de combustíveis fósseis na Terra para criar 5 trilhões de toneladas de CO_2. Um volume de "bolo" tão prodigioso, para citar o exemplo do vice-presidente da Schlumberger, Philippe Lacour-Gayet, que parece impossível enfiá-lo na Terra sem que o planeta sofra uma indigestão fatal. Tudo isso sugere que o melhor cenário para o geossequestro é o de que ele vai desempenhar um papel pequeno (no máximo uns 10% em 2050) no futuro energético do mundo.

Como é necessário agir agora para combater a mudança climática, o público e o mercado precisam ver provas do potencial do geossequestro. A indústria do carvão devia estar construindo usinas de gaseificação com geossequestro como teste da viabilidade econômica e tecnológica desse método. No entanto, apesar de ofertas de ajuda governamental, muito pouco está acontecendo nessa área. Uma reação típica é o pronunciamento de Lacour-Gayet, em 2004, de que o problema com Kyoto é que ele nos força a tomar medidas agora "quando ainda não é necessário".[174]

Além disso, a avaliação de Lacour-Gayet de que o custo do geossequestro é de apenas 10% do valor da energia produzida é inacreditável, dado que 20% do valor calórico do combustível queimado é necessário apenas para comprimir o CO_2 de modo que este possa ser injetado no solo.[174] E imagine o custo de construir uma nova geração de usinas de energia a carvão gaseificado, a separação, a armazenagem, tubulações, compressores e poços de injeção.

Os políticos têm sido seduzidos pelas promessas da indústria do carvão. Em 2001, o então principal cientista da Austrália disse ao Conselho Científico do primeiro-ministro, numa sessão a portas fechadas, que o geossequestro aumentaria o custo da geração de energia com carvão em apenas cinco dólares por megawatt-hora. E no entanto a Agência Internacional de Energia já relatava custos dez ou vinte vezes maiores. Depois desse encontro, o governo australiano criou um fundo de pesquisa de 500 milhões de dólares para tecnologias de baixa emissão, precisamente ajustado em suas metas para acomodar o geossequestro. É meio bilhão de dólares que nunca serão partilhados de modo justo entre todas as opções energéticas para garantir o melhor resultado para o país.

O que está em jogo nesse debate é revelado por um único exemplo. De acordo com as projeções da Abare (agosto de 2004), a Austrália deve aumentar sua geração de energia em mais de 50% até 2020 (uma taxa de crescimento lenta se comparada com a da China) e a indústria do carvão quer garantir a maior fatia possível do bolo. Se eles conseguirem construir as usinas, as grandes empresas terão pelo menos meio século de gordos lucros pela frente, mas a oposição está crescendo. Muitos consideram que a construção de novas usinas elétricas a carvão, em qualquer lugar, é a coisa mais prejudicial que se pode fazer em relação ao futuro da Terra. Carl Pope, do Sierra Club, comenta a situação nos Estados Unidos:

> Se forem aprovadas e construídas, estas usinas terão uma vida útil operacional de mais de sessenta anos. Suas emissões de dióxido de carbono, por si sós, vão prejudicar drasticamente a capacidade americana de reduzir suas emissões. Elas também irão esvaziar o mercado para a energia eólica e solar. Assim, se forem construídas, nós estamos fritos.[243]

Existem outras formas de geossequestro vitais para o futuro do planeta, e não envolvem riscos. A vegetação da Terra e os solos servem de reservatórios para imensos volumes de carbono e são elementos críticos para o ciclo do carbono. O desenvolvimento da agricultura tem usado em grande parte esse recurso, e hoje em dia o mundo está desflorestado em grande parte e seus solos, exauridos.

O carbono no solo pode ser aumentado por meio de técnicas de agricultura sustentável e criação de animais, pois isso aumenta o solo fértil (sobretudo carbono). Um bocado de carbono — em torno de 1.180 gigatoneladas — se encontra atualmente armazenado desse modo; mais de duas vezes o que é armazenado pela vegetação viva (493 gigatoneladas), e armazenar mais parece ao mesmo tempo simples e desejável.[136] Existe uma esperança real aqui, pois um grande número de iniciativas, do mercado de adubos orgânicos ao controle sustentável de pastagens, estão começando a ser adotadas no mundo inteiro.

Um aspecto desse sistema que está sendo buscado vigorosamente por algumas indústrias é a armazenagem de carbono em florestas e produtos florestais de vida longa. Isso envolve a plantação de florestas ou evitar o desmatamento (de modo que o carbono não seja liberado). O governo da Costa Rica tem um programa para salvar meio milhão de hectares de floresta tropical da ação da indústria madeireira, o que lhe trouxe créditos de carbono equivalentes à quantidade de CO_2 que teria entrado na atmosfera se as florestas tivessem sido perturbadas.[12] Outro exemplo é a iniciativa da BP de financiar a plantação de 25 mil hectares de pinheiros no oeste da Austrália, para compensar as emissões de sua refinaria perto de Perth.[109] Embora sejam destinadas ao corte e ao uso, as florestas plantadas podem ser um bom depósito de carbono a curto prazo, porque a mobília e as casas que elas produzem têm uma vida longa, e porque as raízes das árvores derrubadas (junto com seu carbono) permanecem no solo. O potencial para armazenar carbono nas raízes tem sido, todavia, contestado por pesquisadores que descobriram que o movimento do carbono nas raízes é muito mais lento do que se imaginava, tornando a captura por esse meio menos eficiente do que o previsto.

Existe, entretanto, uma preocupação maior quanto à armazenagem de carbono derivado de combustíveis fósseis nas florestas e no solo. O carbono do carvão está aprisionado, com segurança, há centenas de milhões de anos, e teria ficado lá por outros milhões se não fosse desenterrado.[172] No entanto, o carbono preso nas florestas e no solo não deve ficar fora de circulação por mais do que alguns séculos. De fato, ao trocar a armazenagem no carvão pela armazenagem em árvores, estamos trocando um título garantido por uma promissória sem valor.

É claro que as soluções de engenharia para o problema do carbono não são nem tão simples, nem tão eficientes em relação aos custos como a indústria gostaria. Mas os cientistas continuam trabalhando no problema de depósito seguro para o carbono, e talvez encontrem uma solução. Fala-se até na criação de fotossíntese artificial para captar o carbono diretamente da atmosfera.

Embora tais propostas sejam baseadas em tecnologias existentes, há tantos obstáculos que a sua implementação em uma escala suficiente para combater a mudança climática certamente não vai chegar antes de 2050. Isso é bom para algumas indústrias, porque permite que os governos continuem a gastar bilhões de dólares dos contribuintes em tais esquemas, e como as soluções se encontram a médio e longo prazo, a indústria pode aparentar estar fazendo alguma coisa e assim reter a sua licença social para funcionar. Enquanto isso, a concorrência dos combustíveis menos ricos em carbono se torna mais simples e mais barata a cada dia.

28

OS ÚLTIMOS PASSOS NA ESCADARIA PARA O CÉU?

> Queimar gás natural ou petróleo libera apenas a metade do dióxido de carbono [da queima do carvão], mas o gás não queimado é um causador de efeito estufa vinte vezes mais potente que o CO_2. Até mesmo um pequeno vazamento neutralizaria a vantagem do gás.
>
> James Lovelock, *Independent*, 24 de maio de 2004.

Para os integrantes da indústria petroquímica e automobilística, a solução para o problema da mudança climática encontra-se na subida de uma escadaria metafórica dos combustíveis, na qual cada degrau contém uma quantidade cada vez menor de carbono.

Ontem, diz o argumento, foi o carvão, hoje é o petróleo e amanhã será o gás natural, com o Nirvana sendo alcançado quando a economia global fizer a transição para o hidrogênio — um combustível que não contém nenhum carbono.

Embora esteja agora em andamento, a transição do petróleo para o gás levou algum tempo para chegar. Durante muitos anos as empresas petrolíferas consideraram o gás natural como um resíduo volátil, para ser queimado ou então bombeado de volta para o subsolo de modo a aumentar a pressão na cabeça do poço.[86] Devido ao seu maior conteúdo de hidrogênio, o gás queima de modo mais quente e limpo do que o petróleo, por isso sempre foi um material valioso. A tecnologia para transportá-lo de modo seguro e barato, porém, não existia.

Uma das maiores desvantagens do gás é a sua baixa densidade, o que o torna volumoso e propenso a vazamentos. É preciso um volume de gás do tamanho de uma casa para produzir a mesma energia de um barril de petróleo; assim, barris — ou navios petroleiros — nunca foram uma opção para o seu transporte. Tubulações eram a solução óbvia, mas um gasoduto adequado custa 1 milhão de dólares para cada 1,6 quilômetro instalado, o que significa que, até recentemente, investir um dólar em petróleo produzia o dobro do lucro do mesmo dólar investido em gás.

Avanços tecnológicos no manuseio do gás, a alta dos preços do petróleo, a ameaça da escassez e a demanda por um combustível mais limpo para substituir o carvão combinaram-se para mudar a economia do gás, e hoje em dia ele é um grande negócio. O avanço tecnológico mais importante envolve a refrigeração do gás, de modo que ele se transforme num líquido super-resfriado, o que permite o transporte a um custo razoável, em navios especialmente construídos, por longas distâncias. Com o desenvolvimento de um comércio internacional por via marítima e as grandes corporações dispostas a investir bilhões nos gasodutos necessários, o gás parece ser o combustível preferido para o século XXI.[86]

Embora seja um combustível mais caro do que o carvão, o gás tem muitas vantagens que o tornam ideal para a produção de eletricidade. Usinas de energia movidas a gás custam a metade do que é gasto para construir os modelos a carvão, e são de muitos tamanhos. No lugar de ter uma usina elétrica grande e distante, como acontece no caso do carvão, uma série de pequenos geradores, movidos a gás, pode ser espalhada pela área, reduzindo os custos de transmissão. Podem também ser ligados e desligados rapidamente, o que os torna ideais para suplementar fontes intermitentes de energia como a energia solar e eólica. Além disso, usinas de ciclo combinado, que queimam o gás para mover uma turbina e então captam as emissões ultraquentes do escapamento para gerar mais eletricidade, são extremamente eficientes na conversão de combustível em energia. Se acopladas a processos industriais de utilização do calor (chamados de cogeração) podem atingir níveis de eficiência de 80%. Tudo isso levou lorde Browne, presidente da BP, a comentar que "um dólar investido hoje na capacidade de geração a gás produz três ou quatro vezes a quantidade de eletricidade que o mesmo dólar investido na capacidade de geração a carvão".[86]

Cerca de 90% das novas usinas elétricas norte-americanas são movidas a gás, e pelo mundo afora ele está se tornando o combustível favorito. Apesar disso, o gás não é isento de problemas, incluindo questões de segurança com a possibilidade de ataques terroristas contra gasodutos e grandes usinas a gás. E, como o metano é um poderoso gás do efeito estufa, seu potencial de vazamento deve ser abordado: partes da infraestrutura do gás — como as velhas tubulações de ferro usadas para distribuir o gás através das cidades — são com efeito propensas a vazamentos.

O gás é o terceiro degrau na escadaria para o céu da mudança climática, mas mesmo se todas as usinas elétricas a carvão da Terra fossem substituídas por usinas a gás, a emissão global de carbono seria reduzida em apenas 30%. Assim, apesar dessa redução, se ficarmos parados nesse degrau da escadaria, ainda enfrentaremos uma mudança climática maciça. Nesse cenário, é imprescindível uma mudança para o hidrogênio; mas qual é a probabilidade de ela acontecer?

Na década de 1970, o eletroquímico australiano John Bockris cunhou a frase "economia do hidrogênio", e desde então, para muitas pessoas, o hidrogênio parece ser a solução mágica para os problemas de aquecimento global. "Reduzida a sua descrição minimalista", escreveu Bockris, "'a economia do hidrogênio' significa que o hidrogênio seria usado para transportar energia dos recursos renováveis (fontes solares e nucleares) através de grandes distâncias; e para armazená-la (para suprir as cidades) em grande quantidade."[120] Mas como costuma acontecer, há um bocado de problemas quando examinamos soluções desse tipo.

A fonte de energia da economia a hidrogênio é a célula de combustível. Basicamente ela é uma caixa sem partes móveis, que recebe hidrogênio e oxigênio e produz água e eletricidade. Embora pareça um engenho mágico, dificilmente pode ser considerada uma tecnologia nova. A primeira célula de combustível a hidrogênio, conhecida como "pilha termovoltaica", foi construída por *Sir* William Grove na década de 1830. Sua célula parecia uma bateria-padrão, de ácido e chumbo, já que usava o ácido sulfúrico como eletrólito, mas, no lugar de eletrodos de chumbo, ela usava de platina, que acelera a reação do hidrogênio com o oxigênio, gerando a eletricidade. O uso de um catalisador tão caro foi um empecilho no desenvolvimento da tecnologia, mas hoje em dia existem vários tipos de células de combustível que usam outros materiais. Mas, seja qual for a sua composição, as células de combustível a hidrogênio podem ser divididas em dois tipos: células estacionárias, usadas para produzir eletricidade, e as usadas no transporte.

As células mais promissoras para a produção estacionária de eletricidade são conhecidas como células de combustível carbonado derretido, que usam carbonato de potássio derretido no lugar do ácido sulfúrico, e níquel no lugar da platina. Elas atuam a uma temperatura em torno dos 650° C e, embora altamente eficientes (com uma eficiência elétrica em torno de 50%), levam algum tempo para atingir a temperatura operacional. Também são bem grandes — um modelo de 250 kilowatts é do tamanho de um vagão ferroviário —, o que as torna inadequadas para o uso em veículos.

Vários projetos de demonstração baseados nessa tecnologia já existem, e uma célula de hidrogênio estacionária, comercial (usando uma tecnologia anterior) tem operado nos Estados Unidos desde 1999. Está previsto que uma redução nos custos, resultante da economia de escala, logo levará a um uso mais amplo dessas células.[120] Embora isso represente um tremendo avanço tecnológico, não faz nada de imediato para reduzir as emissões de CO_2, já que o hidrogênio usado hoje em dia vem da recomposição do gás natural. E, como parte da energia no gás é consumida no processo, e todo o CO_2 que ele produz é liberado na atmosfera, de uma perspectiva climática seria melhor queimar o gás diretamente na geração de eletricidade.

Mas vamos pensar no hidrogênio como um combustível para o transporte. Certos fabricantes de veículos, incluindo a Ford e a BMW, planejam introduzir no mercado carros com motor de combustão interna a hidrogênio. O governo Bush tem planos de investir 1,7 bilhão de dólares para construir o FreedomCAR movido a hidrogênio. Mesmo assim, o uso de hidrogênio como combustível para o transporte encontra-se num estágio de desenvolvimento ainda mais rudimentar do que a tecnologia das células estacionárias.[120]

O tipo de célula de combustível mais adequada para uso em meios de transporte é conhecido como célula a combustível por membrana de troca de prótons. Ela é muito menor do que a célula de carbonato derretido e age a 66°C, estando pronta para a ação assim que a chave é ligada para a ignição. Contudo, essas células exigem um hidrogênio muito puro. Nos protótipos atuais, ele é produzido por um "reformador" embutido que converte gás natural ou gasolina em hidrogênio; novamente de uma perspectiva climática, seria melhor queimar esses combustíveis para impulsionar o motor. A melhor eficiência obtida com a célula de membrana de troca de prótons é de 35% a 40% — aproximadamente a mesma do motor de combustão interna padrão.

Os fabricantes de veículos esperam eliminar o reformador exigido pelos protótipos e planejam abastecer os veículos a partir de "bombas" de hidrogênio nos postos de gasolina. Existem vários modos para se fazer isso. O que se assemelha mais ao sistema atual de abastecimento de veículos envolve a produção do hidrogênio num ponto central remoto e sua distribuição para os postos de abastecimento. E é aí que as dificuldades envolvidas no transporte de um combustível de densidade tão baixa ficam evidentes.

O meio de transporte ideal seria em caminhões-tanque que carregassem hidrogênio liquefeito, mas, como a liquefação ocorre a -253°C, refrigerar o gás a esse ponto torna-se um pesadelo econômico. O uso da energia do hidrogênio para liquefazer um quilograma de hidrogênio consome 40% do valor do combustível. O uso da rede de energia elétrica dos Estados Unidos para fazer isso consumiria de 12-15 kilowatts-hora de eletricidade, o que liberaria quase 10 quilogramas de CO_2 na atmosfera. Cerca de 3,5 litros de gasolina contêm a energia equivalente de um quilo de hidrogênio. Queimá-lo libera a mesma quantidade de CO_2 se usarmos a rede elétrica para liquefazer o hidrogênio; assim, a mudança climática resultante do uso de hidrogênio liquefeito é tão ruim quanto dirigir um carro comum.

Uma solução seria pressurizar o hidrogênio apenas parcialmente, o que reduz o valor do combustível consumido a 15%, e os recipientes usados para transporte podem ser menos especializados. Mas, mesmo usando recipientes aperfeiçoados de alta pressão, um caminhão de 40 toneladas (40 mil quilogramas) só poderia entregar 400 quilos de hidrogênio comprimido, o que significa que seriam necessários 15 caminhões desse tipo para entregar o mesmo valor energético de combustível de um caminhão-tanque de gasolina de 26 toneladas. E, se essas carretas de 40 toneladas transportassem o hidrogênio por 500 quilômetros, o custo de energia do transporte consumiria cerca de 40% do combustível transportado.

Outros problemas surgem quando você abastece seu carro. Um tanque de combustível especial, que transportasse hidrogênio a 5.000 *psi* (perto do limite máximo para recipientes pressurizados), teria que ser construído e seria dez vezes maior do que um tanque de gasolina. E, mesmo com os melhores tanques, cerca de 4% do combustível seriam perdidos em evaporação a cada dia. Um bom exemplo da taxa de perda de hidrogênio por evaporação acontece sempre que a Nasa abastece o ônibus espacial. Seu tanque principal leva 100 mil litros de hidrogênio, mas um extra de 45 mil litros deve ser gasto em cada reabastecimento para contrabalançar a taxa de evaporação.[120]

Tubulações são outra opção para o transporte do hidrogênio mas, como no caso do gás, elas são muito caras — devem ser grandes e feitas de material resistente ao hidrogênio (que torna o aço, por exemplo, muito quebradiço). Também devem ter uma alta integridade, porque o hidrogênio vaza com facilidade. Mesmo se a rede de gasodutos existente pudesse ser reconfigurada para transportar hidrogênio, o custo de criar uma rede a partir de unidades centrais de produção até os postos de gasolina do mundo seria astronômico.

Talvez o hidrogênio possa ser produzido a partir do gás natural no posto de gasolina, o que eliminaria as dificuldades de transporte, mas tal processo produziria 50% mais CO_2 do que se usarmos o gás para abastecer o veículo. Teoricamente o hidrogênio poderia ser gerado em casa, usando-se a energia da rede elétrica, mas o preço da eletricidade para uso doméstico e o alto custo da geração de hidrogênio e das unidades de purificação fazem com que essa opção tenha um custo proibitivo. Além disso, a eletricidade em países como os Estados Unidos é derivada principalmente da queima de combustíveis fósseis, assim a produção caseira de hidrogênio nas circunstâncias atuais resultaria num aumento maciço das emissões de CO_2.

E existe outro perigo associado à produção caseira de hidrogênio. O gás é inodoro, propenso a vazamentos, altamente combustível e queima com uma chama invisível. Os bombeiros são treinados para usar vassouras de palha para detectar um incêndio de hidrogênio; quando a palha explode em chamas, o incêndio foi encontrado.

Mas vamos imaginar por um momento que todos os problemas de entrega relacionados ao hidrogênio foram solucionados e você se encontra no volante de seu novo carro a hidrogênio com tração nas quatro rodas. Seu tanque de combustível é grande e esférico, porque à temperatura ambiente o hidrogênio ocupa 3 mil vezes mais espaço do que a gasolina. Agora pense na possibilidade de uma chamada em seu telefone celular, a eletricidade estática gerada por escorregar sobre o assento, ou mesmo uma tempestade elétrica a 1,6 quilômetro de distância produzirem carga suficiente para incendiar o seu tanque de combustível. Quando vista dessa perspectiva, a ideia de um acidente com um carro movido a hidrogênio nem chega a ser uma preocupação. Até mesmo colocar seu carro na garagem traz problemas. As normas atuais para armazenagem de hidrogênio nos Estados Unidos são dispendiosas, exigindo — entre outras coisas — caros equipamentos à prova de explosão e de ventilação.[120] Isso significa que, a menos que as normas sejam relaxadas, toda a infraestrutura, de garagens a túneis rodoviários, exigirá modificações.

Mesmo se o hidrogênio se tornasse seguro, ainda restaria uma questão colossal de poluição por CO_2, que é exatamente o oposto do que queremos fazer. O único modo de uma economia a hidrogênio ajudar a combater a mudança climática é se a rede elétrica for abastecida inteiramente por fontes sem carbono. E isso significa a aceitação de um investimento em uma série de tecnologias que vão da solar à nuclear. Estranhamente, nem o governo americano, nem os fabricantes de veículos têm mostrado interesse em estabelecer as bases para este pré-requisito necessário a uma transição para uma economia movida a hidrogênio.

PARTE 5

A SOLUÇÃO

29

BRILHANTE COMO O SOL, LEVE COMO O VENTO

> Quando começamos a avaliar as mudanças catastróficas, todo um novo debate se inicia. Se não sabemos como as atividades humanas vão afetar a fina camada provedora de vida que deu origem e nutre a nossa civilização, e se não conseguimos imaginar de maneira confiável como essas mudanças geofísicas em potencial vão afetar a civilização e o mundo ao nosso redor [...] não deveríamos ser ultraconservadores e nos inclinarmos em direção à preservação do mundo natural à custa do crescimento econômico e do desenvolvimento? Será que nos atrevemos a colocar o bem-estar da humanidade acima da preservação dos sistemas naturais e confiar que a engenhosidade humana nos salvará caso a natureza nos atinja de maneira cruel?
>
> William Nordhaus, *Climate change*, 1996.

Uma das decisões vitais na nossa guerra contra a mudança climática é se devemos centrar nossos esforços no transporte ou na rede de eletricidade. Muitos afirmam que deveríamos fazer as duas coisas, e eu concordaria com eles se tivéssemos tempo e os recursos. Mas, quando encaramos a realidade do grande esforço necessário para deter as emissões de carbono de uma ou de outra, descarbonizar a rede de energia vence. Pois, se isso for conseguido, poderemos usar a energia renovável, assim gerada, para descarbonizar o transporte.

Os pesquisadores Steven Pacala e Robert Socolow, da Universidade de Princeton, examinaram a possibilidade de o mundo dispor das tecnologias necessárias para fazer funcionar uma rede de eletricidade com a extensão, escala e confiabilidade da que temos atualmente, e ao mesmo tempo fazer cortes profundos nas emissões de CO_2. Eles identificaram 15 tipos básicos de tecnologias, indo do sequestro de carbono à energia eólica, energia solar e nuclear, que podem desempenhar um papel importante. Não precisamos usar todas essas tecnologias, mas pelo menos a metade delas se quisermos controlar as emissões de carbono mundiais por pelo menos os próximos cinquenta anos.[161] "Isso certamente detona a ideia de que precisamos pesquisar por muito tempo antes de começar", é o modo como Socolow resume seu trabalho. Os muitos exemplos de governos e empresas do mundo inteiro que cortaram suas emissões (em até 70%, no caso de algumas prefeituras britânicas) enquanto ao mesmo tempo experimentavam um forte crescimento econômico mostram que Socolow está certo: a grande campanha de terror das empresas petrolíferas e de carvão, afirmando que tudo é difícil e muito caro, está sendo desmascarada rapidamente.

As tecnologias se dividem em dois conjuntos: as que atualmente fornecem energia de modo intermitente; e aquelas que podem produzir um fluxo de energia contínuo em quaisquer circunstâncias. De todas as fontes de energia intermitente, a mais madura e economicamente competitiva é a eólica, e em nenhum outro lugar ela foi buscada com mais vigor do que na Dinamarca, o lar da moderna indústria eólica.

Quando os dinamarqueses decidiram investir na força dos ventos, o custo da eletricidade produzida dessa maneira era muitas vezes maior que o da produzida por combustíveis fósseis. Contudo, o governo da Dinamarca viu o seu potencial e apoiou a indústria até os custos se reduzirem. Hoje a Dinamarca é o líder mundial na produção de energia eólica e na construção de turbinas, e o vento agora fornece 21% da eletricidade consumida naquele país. Um aspecto notável do modo como a energia eólica foi desenvolvida naquele país é que 85% da capacidade estão nas mãos de indivíduos e de cooperativas, e assim a energia fica, na prática, nas mãos do povo.

Em vários países a energia eólica já é mais barata que a eletricidade gerada por combustíveis fósseis, o que ajuda a explicar a taxa de crescimento fenomenal dessa indústria, de 22% ao ano.[126] Estima-se que a força dos ventos poderia suprir 20% das necessidades energéticas dos Estados Unidos, e sua economia é tal que a meta do governo Clinton, de produzir 5% das necessidades da nação com vento, em 2020, ainda pode ser atingida. Nos próximos anos, o preço unitário da energia eólica deve cair outros 20-30%, o que a tornará ainda mais eficiente em relação aos custos.

Contudo, reconhece-se amplamente que a energia eólica tem uma grande desvantagem — o vento nem sempre sopra, o que significa que ela não é confiável. Isso mascara uma realidade mais complexa, pois, embora o vento não sopre com a mesma estabilidade, se você usar um sistema regional é razoavelmente certo que o vento estará soprando em algum lugar. Assim, quanto mais dispersas estiverem, mais as turbinas de vento se assemelharão à carga básica dos fornecedores a carvão. Uma implicação é que existe muita inatividade na geração de energia eólica, pois frequentemente haverá várias turbinas ociosas para cada uma funcionando em capacidade total.

No Reino Unido, as turbinas geram em média apenas 28% de sua capacidade ao longo de um ano. Para determinar como essa desvantagem é significativa, devemos nos lembrar que todas as formas de geração de energia têm algum grau de inatividade. No Reino Unido a energia nuclear funciona em torno de 76%, as turbinas a gás, 60% e as de carvão, 50% do tempo. A alta inatividade do vento, contudo, é contrabalançada por sua alta confiabilidade: as turbinas de vento se quebram com muito menos frequência e são de manutenção mais barata que as usinas elétricas a carvão.[132] Uma proposta para reduzir a inatividade é usar energia eólica excedente para bombear ar comprimido no solo, de onde ele poderia ser retirado, mais tarde, para impulsionar geradores. Outro meio é criar hidrogênio, que pode ser usado para abastecer células de energia estáticas em ocasiões de escassez de vento.

Infelizmente a energia eólica tem sido prejudicada pela imprensa com alegações de que as turbinas de vento matam os pássaros, são barulhentas e prejudicam a paisagem. A verdade é que qualquer estrutura elevada representa um perigo potencial para os pássaros, e as primeiras torres de vento de fato potencializavam o risco. Tinham uma estrutura em vigas de metal que permitia que os pássaros fizessem ninho nelas, mas agora foram substituídas por modelos de paredes lisas e fechadas. Além disso, se avaliarmos todos os riscos, os gatos matam muito mais pássaros nos Estados Unidos do que as fazendas de vento.[132] E, se continuarmos a queimar carvão, quantos pássaros não vão morrer em consequência da mudança climática? Quanto à poluição sonora, pode-se manter uma conversa na base de uma torre eólica sem precisar erguer o volume da voz, e os novos modelos reduzem ainda mais o ruído. Quanto à alegada poluição visual, a beleza está nos olhos de quem vê. O que é mais feio — uma fazenda de vento ou uma mina de carvão e central termoelétrica? Além disso, nenhuma dessas questões deveria decidir sobre o destino do nosso planeta.

A partir do vento, vamos nos voltar para três tecnologias importantes que exploram diretamente a energia do Sol: são os sistemas solares de água quente, os engenhos solares térmicos e as células fotovoltaicas. A água quente solar é a mais simples e, em muitas circunstâncias, é o método mais barato de usar a energia do Sol em residências: isso faz dela o melhor meio para se conseguir uma grande economia na conta de eletricidade doméstica. Os sistemas solares de água quente ficam em um telhado voltado para o norte (no Hemisfério Norte eles são voltados para o sul) e captam os raios do Sol para aquecer a água. Isso não exige manutenção e, para garantir que a água quente esteja disponível sempre que necessário, elas incluem um reforço a gás ou eletricidade.

Usinas de energia solar térmicas produzem grande quantidade de eletricidade — muito mais do que uma residência poderia usar —, e funcionam concentrando os raios do Sol sobre coletores solares pequenos e altamente eficientes. Seu nome vem do fato de produzirem eletricidade e calor, o calor sendo usado, com frequência, para algum propósito associado ao tratamento da água. Existem muitos projetos no mercado atual, e estão rapidamente atingindo preços acessíveis. No futuro, usinas de energia solar térmicas devem competir com o vento por uma fatia da produção de energia, e as duas são parceiras perfeitas nesse aspecto, pois se o vento não está soprando, há uma boa chance de o Sol estar brilhando.

E finalmente existe a tecnologia que a maioria das pessoas reconhece como a verdadeira energia "solar": células fotovoltaicas. Gerar sua própria eletricidade com fotovoltaicas é semelhante a produzir sua bebida num alambique caseiro, já que, depois que você adquire seu equipamento, pode esnobar as multinacionais. Ela também é simples e (a menos que você não esteja conectado à rede elétrica e precise de um conjunto de baterias) sem problemas de manutenção. Os painéis solares vêm com uma garantia de 25 anos e têm boa probabilidade de durar mais de quarenta anos.

Existem vários tipos de células fotovoltaicas no mercado atualmente, mas todas funcionam usando a luz solar que incide sobre elas para gerar eletricidade. Esta eletricidade deve então ser transformada em corrente alternada, na voltagem correta para a sua região, usando-se um conversor. Se você está conectado à rede elétrica, tudo de que vai precisar são esses dois equipamentos e uma tomada, e poderá gerar a sua própria eletricidade. Uma residência média precisa de 1,4 kilowatt (1.400 watts) de energia para suas necessidades, e os painéis de tamanho médio geram de 80 a 160 watts. Dez painéis de tamanho grande suprirão as necessidades, ainda que seja impressionante como você se torna mais econômico (ao poupar muita energia) quando gera a sua própria eletricidade.

As células fotovoltaicas funcionam melhor no verão, quando energia extra para o ar-condicionado é necessária. Isso permite ao dono de células fotovoltaicas ganhar dinheiro com elas: no Japão, é possível vender a própria energia excedente para a rede elétrica por até cinquenta dólares por mês, e esquemas semelhantes existem em outros 15 países.[126] Em 2003, nos países do Norte, a energia solar era em torno de oito vezes mais cara que a convencional, e na Austrália, quatro vezes. Mas o custo das células fotovoltaicas está baixando tão rapidamente que a eletricidade gerada por esse meio deve se tornar economicamente viável já em 2010.

Existem, é claro, muitos tipos de geração de energia que não foram discutidos aqui, incluindo chaminés solares, energia das marés e das ondas, e, em certos locais, todas essas opções estão agora, ou logo estarão, produzindo energia renovável. Se esse setor oferece uma lição, é que não existe solução mágica para descarbonizar a rede de energia: vamos ter múltiplas tecnologias sendo usadas onde existirem condições favoráveis para elas.

30

LÁZARO NUCLEAR?

> Ouvimos o secretário de Estado [John Foster Dulles] se orgulhar de seu malabarismo político — a arte de nos levar até a borda do abismo nuclear.
>
> Adlai Stevenson, *New York Times*, 26 de fevereiro de 1956.

Diz-se com frequência que o Sol é energia nuclear a uma distância segura. Nessa era de crise climática, contudo, o papel da energia nuclear baseada na Terra está sendo revisto, e o que até recentemente era uma tecnologia agonizante, pode voltar a brilhar.

O renascimento começou em maio de 2004, quando organizações ambientalistas do mundo inteiro ficaram chocadas ao ouvir o criador da hipótese de Gaia, James Lovelock, fazer um apelo apaixonado em prol de uma expansão maciça dos programas mundiais de energia nuclear. Lovelock agiu assim, diz ele, porque acredita que a mudança climática está avançando tão rapidamente que a energia nuclear é a única opção disponível para detê-la. Comparou a situação atual com a do mundo em 1938 — à beira de uma guerra e ninguém sabendo o que fazer. Organizações como o Greenpeace e o Friends of Earth imediatamente rejeitaram o seu apelo.

E, no entanto, Lovelock tem um ponto de vista interessante, já que todas as redes de energia precisam de uma geração de "reserva de carga" confiável e ainda existe uma grande dúvida quanto à capacidade das tecnologias renováveis de fornecê-la. A França gera 80% de sua energia de fontes nucleares, enquanto a Suécia obtém a metade de suas necessidades e o Reino Unido, 1/4. A energia nuclear já fornece 18% das necessidades mundiais de eletricidade sem emissão de CO_2. Seus defensores afirmam que ela poderia gerar ainda mais, mas mesmo os planejadores energéticos do governo Bush acreditam que sua parcela será de fato de apenas 10% da produção durante a próxima década.[86]

Ao discutir a energia nuclear como meio de gerar eletricidade, devemos ter em mente que as usinas nucleares nada mais são do que máquinas complicadas e potencialmente perigosas para ferver água, que cria o vapor usado para mover as turbinas.

Como no caso do carvão, as usinas elétricas nucleares são muito grandes — em torno de 1.700 megawatts — e, com um preço inicial de 2 bilhões de dólares a unidade, são de construção cara. A energia que produzem, contudo, é atualmente competitiva com a gerada pelo vento. Como são grandes, muitos fatores relativos à segurança devem ser avaliados, e o processo de aprovação para a construção de uma usina nuclear pode levar uma década, com a construção levando em torno de cinco anos. Com um período de gestação de 15 anos antes que qualquer energia seja produzida, e com um período ainda maior para o retorno do investimento, a energia nuclear não é para investidores impacientes. É isso, tanto quanto a preocupação com a segurança, que explica por que nenhum reator novo foi construído durante vinte anos, seja nos Estados Unidos ou no Reino Unido.

Mas três fatores assombram o público sempre que a energia nuclear é mencionada — segurança, eliminação do lixo e bombas. O horror do desastre de 1986 em Tchernobil, na Ucrânia, foi uma catástrofe de proporções tremendas cujas consequências, duas décadas depois do acidente, continuam crescendo. O câncer da tiroide é uma doença rara, com uma criança em 1 milhão desenvolvendo a doença espontaneamente. Mas 1/3 das crianças que tinham menos de quatro anos quando foram expostas à precipitação de Tchernobil vão ter essa doença. Sete por cento (cerca de 3,3 milhões de pessoas) da população da Ucrânia sofrem de doenças como resultado do derretimento da usina, enquanto que na vizinha Bielo-Rússia, que recebeu 70% da precipitação radioativa, a situação ainda é pior. Só 1% do país está *livre* da contaminação, 25% das terras agrícolas foram colocadas permanentemente fora de produção e cerca de mil crianças morrem por ano de câncer de tiroide. Atualmente, 25% do orçamento da Bielo-Rússia é gasto para combater os efeitos do desastre.[62]

Nos Estados Unidos e na Europa, predominam tipos mais seguros de reatores, mas, como mostrou o incidente de Three Mile Island, ninguém está imune a acidentes ou atos de sabotagem. Com vários reatores nucleares dos Estados Unidos situados perto de grandes cidades, existe uma preocupação real quanto à possibilidade de um ataque terrorista.[110] Ao resumir a situação da energia nuclear, no final de 2004, a Comissão Nacional de Política Energética dos Estados Unidos disse:

> Deseja-se que a probabilidade de uma grande liberação de radioatividade, medida por reator, por ano, seja reduzida dez vezes ou mais [antes de se avaliar a possibilidade de dobrar ou triplicar a capacidade de geração de energia nuclear]. Isso significa melhorar as defesas contra ataque terrorista, assim como contra mau funcionamento ou erro humano.[226]

A gestão do lixo nuclear é outra questão preocupante. A indústria nuclear dos Estados Unidos há muito vê no depósito de lixo altamente radioativo de Yucca Mountain, em Nevada, a solução para o problema. Mas o fluxo de lixo nuclear já chegou a tal proporção que, mesmo se Yucca Mountain começasse a funcionar amanhã, seria preenchido imediatamente e outro depósito seria necessário. Na verdade, a inauguração de Yucca Mountain deve ser retardada durante anos enquanto as ações contrárias ao seu funcionamento se arrastam na Justiça. E o problema do que fazer com as usinas nucleares velhas e obsoletas é quase impossível de se lidar: os Estados Unidos têm 103 centrais nucleares que foram, originalmente, licenciadas para funcionar durante trinta anos, mas agora devem continuar operando pelo dobro desse tempo. Essa velha frota deve estar dando dores de cabeça à indústria, especialmente já que nenhum reator foi desmantelado com sucesso, talvez porque o custo seja estimado em torno de 500 milhões de dólares para cada unidade.

A maioria das usinas nucleares novas estão sendo construídas nos países em desenvolvimento, onde a burocracia é mais frouxa e o controle mais centralizado torna tudo mais fácil. A China vai comissionar duas novas usinas nucleares por ano, durante os próximos vinte anos, o que é bastante desejável, sob uma perspectiva global, pois 80% da energia da China vêm atualmente do carvão. A Índia, a Rússia, o Japão e o Canadá também têm reatores em construção, enquanto já foram conseguidas aprovações para mais 37 no Brasil, Irã, Índia, Paquistão, Coreia do Sul, Finlândia e Japão. Conseguir o urânio necessário para abastecer esses reatores será um desafio, pois as reservas mundiais de urânio não são grandes, e cerca de 1/4 da demanda mundial está sendo suprida com o reprocessamento de armas nucleares inativas. O que nos leva à questão de armas nucleares indo parar em mãos erradas. Como indica a disputa atual em torno do proposto reator iraniano, qualquer um que possua urânio enriquecido tem o potencial de fazer uma bomba. À medida que os reatores proliferam e as alianças se modificam, existe uma probabilidade crescente de que tais armas estejam disponíveis para aqueles que as desejam.

A indústria nuclear espera que os avanços tecnológicos nos levem a tipos de reatores à prova de falhas que produzam eletricidade a um custo equivalente ao do carvão. Novos tipos de reatores incluem os reatores de leito de cascalho, que utilizam urânio de baixo enriquecimento e podem ser construídos numa escala menor do que as usinas convencionais e reatores a água pressurizada, um dos quais será construído em breve na Normandia, França, e que prometem produzir energia mais barata do que o carvão. Como no caso do geossequestro, essas são tecnologias para o futuro.

Qual o papel que a energia nuclear pode desempenhar para evitar o desastre da mudança climática? A China e a Índia devem implementar a opção nuclear com vigor, já que não existem, atualmente, alternativas baratas em grande escala para esses países. Os dois já contam com programas de armas nucleares, assim o risco relativo de proliferação não é grande. No mundo em desenvolvimento, contudo, qualquer expansão maior da força nuclear vai depender da viabilidade de novos tipos de reatores mais seguros.

Existe uma outra opção para a produção contínua de energia. A energia geotérmica tem uma longa história, e no entanto, apesar da considerável quantidade de calor existente entre nossos pés e o manto derretido do planeta, as tecnologias geotérmicas fornecem meros 10 mil megawatts de força no mundo inteiro.

Essa situação lamentável deve mudar logo, pois ao que parece estivemos procurando calor nos lugares errados. A energia geotérmica usada anteriormente vem de regiões vulcânicas onde lençóis de água que fluem através de rochas quentes produzem água superaquecida e vapor. Parece razoável buscar energia geotérmica em tais lugares, mas pense na geologia. A lava dos vulcões só existe em locais onde a crosta terrestre está se partindo, permitindo que o magma suba à superfície. A Islândia, que se formou do fundo oceânico onde a Europa e a América do Norte estão se afastando uma da outra, é um excelente exemplo. Existe bastante calor em tais lugares, mas também tremendos obstáculos para a geração de energia, o maior problema sendo os lençóis de água. Embora muitos corram livremente quando começam a ser usados, eles logo se esgotam, deixando a usina de energia sem meios de transferir o calor da rocha para seus geradores. Na década de 1980, os operadores começaram a bombear água de volta para o solo, na esperança de que ela poderia ser reaquecida e reutilizada. Com muita frequência a água simplesmente desaparecia, pois nas regiões onde a crosta da Terra está sendo rasgada existem muitas falhas verticais, e a água ia para elas em lugar de voltar para a nascente.

Na Suíça e na Austrália, as empresas estão encontrando calor comercialmente utilizável nos locais mais improváveis. Quando fizeram prospecção nos desertos ao norte do Sul da Austrália, as empresas de gás e petróleo descobriram, a quase 4 quilômetros de profundidade, um corpo de granito aquecido a 250°C — a rocha não vulcânica mais quente já encontrada próximo da superfície.

O calor tem sido gerado pela radioatividade natural do granito, que foi mantida naquele local por um cobertor de sedimentos de quase 4 quilômetros de espessura. O que realmente deixou os geólogos empolgados foi que o granito não estava em uma região da Terra onde a crosta estivesse sendo separada, mas onde estava sendo comprimida. Isso levou a uma fratura horizontal e não vertical da rocha. E, o que é ainda melhor, as rochas estão banhadas em água superaquecida sob grande pressão, e as fraturas horizontais indicam que ela pode ser reciclada rapidamente.

Só essa camada rochosa no sul da Austrália deve conter calor suficiente, segundo as estimativas, para suprir todas as necessidades energéticas australianas durante 65 anos, a um custo equivalente do carvão marrom e sem emissões de CO_2. E a reserva é tão vasta que a distância ao mercado consumidor não é problema, pois a energia pode ser bombeada para a linha de transmissão em tal volume que compensa qualquer perda por transmissão.

Com usinas de energia experimentais programadas para construção em 2005, o enorme potencial da energia geotérmica está prestes a ser testado. Geólogos do mundo inteiro estão em busca de depósitos semelhantes, já que pouco se conhece da extensão desse recurso. Existem razões para se acreditar que a Austrália foi especialmente abençoada com esse tipo de energia, pois o continente está se movendo para o norte a uma velocidade de 8 centímetros por ano nos últimos 40 milhões de anos, e quando esbarrou na Ásia, há 15 milhões de anos, enormes forças de compressão foram geradas. Como consequência disso, nas minas australianas de 1 quilômetro de profundidade, os engenheiros precisam enfrentar forças de compressão só encontradas a 5 quilômetros de profundidade na África do Sul.

Embora isso pareça uma descoberta empolgante, devemos ter em mente que, até agora, pouca eletricidade foi gerada por essa forma de calor geotérmico, e mesmo se o projeto for bem-sucedido, provavelmente se passarão décadas antes que essa tecnologia possa contribuir de forma significativa para a rede mundial de energia.

As tecnologias que apresentei colocam a humanidade em uma grande encruzilhada. Serão necessários trilhões de dólares de investimentos para fazer a transição para uma economia sem carbono e, uma vez que embarquemos num caminho de investimento, ele vai adquirir tal impulso que será difícil mudar de direção.

Assim, como será a vida se escolhermos um em detrimento do outro? Nas economias do hidrogênio e de energia nuclear, a produção de energia deve ser centralizada, o que significa a sobrevivência das grandes corporações energéticas. Por outro lado, se buscarmos as tecnologias solares e do vento, abrimos a possibilidade de as pessoas gerarem a maior parte da energia que utilizam, junto com o combustível para o transporte e até mesmo a água (condensando-a do ar).

Se seguirmos essa segunda via, estaremos abrindo uma porta para um mundo que não é visto desde os dias de James Watt, quando um único combustível supria o transporte, a indústria e as necessidades domésticas. A grande diferença é que o combustível estará sendo produzido não por grandes empresas, mas por cada um de nós.

31

DE HÍBRIDOS, MINICATS E RASTROS DE CONDENSAÇÃO

What is that roareth thus?
Can it be a Motor Bus?
Yes, the smell and hideous hum
Indicat Motorem Bum...
How shall wretches live like us
Cincti Bis Motoribus?
Domine, defende nos
Contra hos motores bos!

A. D. Goodley, "The Motor Bus".

Então, como vamos descarbonizar nossos sistemas de transporte? Como algumas formas de transporte, como as viagens aéreas, dependem de combustíveis de alta densidade (combustíveis que armazenam um bocado de força por volume), trata-se de uma questão espinhosa. Algumas tentativas de respondê-la envolvem a produção de combustíveis por encomenda a partir da biomassa ou de outros recursos renováveis, e os mineradores de carvão também investigam a possibilidade de produzir combustíveis específicos para transportes, a partir do carvão.

Entre aqueles que buscam os renováveis, a liderança está com o Brasil, pois sua frota de veículos já roda, em grande parte, com etanol derivado da cana-de-açúcar — que cresce melhor no Brasil do que em qualquer outro lugar. Nos Estados Unidos o etanol é produzido em grande parte a partir do milho, mas a quantidade de combustível fóssil usada para fazer a plantação crescer significa que o uso de etanol derivado do milho, em meios de transporte, faz muito pouco para reduzir a produção de carbono. Se uma fonte altamente eficiente de etanol — talvez o capim-chicote —, puder ser cultivada, a produção teria que englobar 20% de toda a terra produtiva para mover os carros, navios e aeronaves do mundo. E o homem já está consumindo mais recursos planetários do que o sustentável; assim, conseguir essa produtividade biológica extra vai ser muito difícil.

Apesar de tais problemas, os avanços tecnológicos na área dos transportes são tão rápidos que novos caminhos podem ser vislumbrados. E em nenhum lugar isso é tão claro quanto no setor automobilístico do Japão.

Enquanto empresas como a Ford investem no hidrogênio e equipes de advogados para combaterem padrões mais elevados de quilometragem, a Toyota e a Honda têm contratado engenheiros para projetar carros mais eficientes. Como resultado disso, elas introduziram no mercado novas tecnologias que reduzem pela metade o consumo de combustível e abrem caminho para avanços espantosos no futuro.[118] Conhecidos como veículos de combustível híbrido, esses novos automóveis colocam lado a lado um motor a gasolina e um motor elétrico revolucionário.

Dirigir um Toyota Prius pode ser enervante a princípio, pois não existe aquele ronco terrível do motor. No lugar disso, quando parado ou andando devagar no tráfego, o motor a gasolina de 1,5 litro desliga e não começa a funcionar de novo enquanto o carro não acelerar. O silencioso motor elétrico toma o seu lugar, sendo movido, em parte, pela energia gerada pelos freios — energia desperdiçada num carro comum. O Prius tomou de assalto o mercado e, com um tanque que só precisa ser reabastecido a cada mil quilômetros, é o automóvel de seu tamanho que menos produz carbono disponível, e isso não deve mudar nas próximas décadas. Comparável ao Toyota Landcruiser (ou outros veículos de tração nas quatro rodas populares atualmente nos Estados Unidos e na Austrália), o Prius reduz em 70% o consumo de gasolina e as emissões de CO_2. Essa é a mesma quantidade que os cientistas consideram necessária para a economia mundial em 2050, de modo a estabilizar a mudança climática. Se você quer ajudar a combater a mudança climática, não espere pela economia do hidrogênio — compre um carro de combustível híbrido.

Se a rede elétrica for descarbonizada, muitas outras opções de transporte se tornam atraentes. Carros elétricos estão disponíveis há anos, e a França já tem uma frota de 10 mil desses veículos. Mas tecnologias ainda mais empolgantes estão surgindo na Europa, incluindo o carro experimental a ar comprimido em desenvolvimento pelo fabricante Moteur Developpment International, com sede em Luxemburgo.

Esses veículos usam em seus tanques a mesma tecnologia de gás comprimido usada pelos ônibus movidos a metano. Os primeiros modelos a ar comprimido são carros de três assentos conhecidos como MiniCATS, que custam em torno de 10 mil dólares, e os CitiCATS de seis lugares, vendidos por 16 mil dólares. CATS são as iniciais de Compressed Air Technology System, e ambos os modelos devem começar a ser vendidos na França em breve. Eles também terão motores a gasolina híbridos, o que aumentará o seu alcance e desempenho.

Com uma velocidade máxima em torno dos 120 quilômetros horários, eles não são lerdos, e as tecnologias existentes podem proporcionar um raio de ação de 300 quilômetros a 50 quilômetros por hora, enquanto o custo com o reabastecimento fica em 2,50 dólares. O reabastecimento com um compressor comercial leva três minutos, e em torno de três horas e meia com o modelo doméstico. E lembre-se de que esse é o equivalente ao Ford Modelo T dos carros a ar comprimido, e podemos contar com grandes avanços nos próximos anos. E é claro que, sem combustão, o óleo do motor não precisa ser trocado a cada 50 mil quilômetros, e tudo o que sai do cano de descarga é puro ar frio.

Imagine o que um CitiCAT pode significar para uma família que mora na Dinamarca. Ela pode muito bem ter uma participação num gerador de vento, usado para fornecer eletricidade para sua casa, e também usá-lo para comprimir o ar para abastecer o seu carro. Compare isso com uma família americana média, que, mesmo se as opções nuclear ou de hidrogênio se tornarem factíveis, continuará a comprar a eletricidade e o combustível das grandes corporações. Ao combater a mudança climática, podemos não apenas salvar o nosso planeta, mas também abrir caminho para um futuro bem diferente.

E quanto aos outros setores do transporte em expansão, como a navegação e o transporte aéreo? Um dos piores poluentes da Terra é o óleo combustível que move os navios. Nos últimos anos, o volume do transporte marítimo internacional cresceu em 50%, o que significa que os navios cargueiros se tornaram uma fonte importante de poluição do ar.[62] O material que impulsiona esses navios é o resíduo da produção de outros combustíveis, e é tão espesso e cheio de contaminantes que deve ser aquecido antes de passar pelas tubulações do navio. A observação por satélites revela que muitas das rotas de navegação mundiais estão cobertas por nuvens semipermanentes resultantes das emissões de partículas das chaminés dos navios. E no entanto a solução para esse problema é potencialmente fácil; afinal, até pouco mais de um século atrás, o transporte marítimo era movido pelo vento. Usando modernas tecnologias solares e de vento, e motores eficientes, o transporte marítimo pode navegar outra vez sem carbono no meio deste século.

O transporte aéreo exige grande quantidade de combustível de alta densidade, de um tipo que atualmente só os combustíveis fósseis podem fornecer. Ele também tem aumentado de volume a cada ano. Em 1992, as viagens de avião eram a fonte de 2% das emissões de CO_2. E nos Estados Unidos, onde o tráfego aéreo já é responsável por 10% do uso de combustível, o número de passageiros transportados deve dobrar entre 1997 e 2017, fazendo do transporte aéreo a fonte de emissões de CO_2 e óxido nitroso de crescimento mais rápido do país.[62] Do outro lado do Atlântico, em 2030, 1/4 das emissões de CO_2 do Reino Unido podem vir do transporte aéreo.[112]

Mas o coquetel de compostos químicos que forma as emissões dos aviões funciona de maneira oposta. Como a maioria dos jatos modernos voa perto da troposfera, o vapor de água, óxido nitroso e dióxido de enxofre que emitem têm impactos particulares. O óxido nitroso emitido pelos aviões pode aumentar o ozônio na troposfera e na baixa estratosfera e reduzi-lo ainda mais na alta estratosfera; e o dióxido de enxofre terá um efeito resfriador.

Mas o que está se revelando a emissão mais importante é o vapor de água, que pode ser observado como as esteiras de vapor deixadas pelas aeronaves.[82] Sob certas condições, esses rastros dão origem a nuvens cirros. Essas nuvens cobrem em torno de 30% do planeta e, embora a extensão da contribuição dos aviões para a capa de nuvens cirros ainda seja incerta, pode chegar a 1%, e, como se concentra nas latitudes médias do Hemisfério Norte, pode ter um impacto significativo sobre o clima.[82] Se os aviões voassem mais baixo, a formação de nuvens cirros seria cortada pela metade e as emissões de CO_2 baixariam em 4%, enquanto o tempo médio de voo sobre a Europa mudaria em menos de um minuto.[48]

Parece não existir meio, atualmente, de fazer os aviões funcionarem com uma alternativa menos danosa para o combustível fóssil. Sem um retorno aos dias mais calmos das viagens de zepelim, o transporte aéreo vai continuar sendo uma fonte de emissões de CO_2 muito depois de outros setores terem mudado para a economia sem carbono.

O transporte é responsável por 1/3 das emissões globais de CO_2. O transporte por terra e mar pode ser impulsionado facilmente por meios que emitem menos CO_2, e as tecnologias para conseguir isso já existem ou estão surgindo. Já o transporte aéreo cresce rapidamente e não deve ser movido por nada diferente dos combustíveis fósseis. Felizmente, os rastros de vapor dos jatos contribuem para o escurecimento global, assim, pode ser melhor termos jatos voando muito depois de o transporte de superfície virar monopólio dos carros a ar comprimido e navios a vela e energia solar.

32

A ÚLTIMA FATALIDADE?

> Uma fatalidade é definida como alguma coisa que nenhum homem racional poderia imaginar.
>
> A P. Herbert, *Uncommon Law*, 1935.

Ainda neste século vai chegar o dia em que a influência humana sobre o clima superará todos os outros fatores. Então, as empresas seguradoras e as cortes de justiça não poderão mais falar em fatalidade, porque mesmo o menos racional entre nós poderia ter previsto as consequências. E o judiciário enfrentará a culpa proporcional e a responsabilidade por ações humanas resultantes do novo clima. E isso, eu acredito, vai mudar tudo.

Imagine, por um momento, que você é um criador de camelos que vive no Sudão. Durante toda a sua vida você não conheceu outra coisa senão estações ruins, e em desespero levou seus camelos para as terras dos fazendeiros com quem, em outras épocas, você comerciava e celebrava casamentos, e agora seus animais pisam nas plantações e espalham a discórdia.

Por décadas o mundo atribuiu seus problemas ao mau uso que você teria feito dos recursos naturais, e agora você tem sido acusado de genocídio pelo governo mais poderoso do planeta. Mas então você descobre uma prova positiva — até onde a ciência pode fornecê-la — de que a chuva não foi mais abundante porque as nações mais ricas e poderosas têm poluído nosso grande oceano aéreo, e ao fazê-lo colocaram os povos do Sahel em uma situação de fome, pobreza e conflito. Qual é o preço dessa injustiça?

Vamos deixar que essa questão se ramifique para o Ártico, para os fazendeiros politicamente influentes da Austrália, os habitantes dos refúgios costeiros e o resto do mundo e você verá que a mudança climática pode gerar toda uma nova indústria de processos contra aqueles que poluíram de modo consciente e sem preocupação.

As primeiras gotas desse dilúvio já estão começando a cair, e em nenhum outro lugar elas caem mais rápido do que naquele paraíso dos advogados, os Estados Unidos. Em julho de 2003 três estados da Nova Inglaterra anunciaram que iriam processar o governo federal, e em outubro mais dez estados do nordeste tinham se reunido para processar o Departamento Federal de Proteção Ambiental para forçá-lo a controlar o CO_2 como poluente. Foi uma ação bem cronometrada, já que o lobista do carvão e amigo de Cheney, Quin Shea, tinha se gabado em 2001 de que "estamos tomando medidas para rever cada documento da EPA (Agência de Proteção Ambiental) que considere o CO_2 como poluente".[110] Onde essa ação vai terminar não se sabe, mas antes que a justiça decida outras queixas já estão surgindo.

Não será difícil apontar culpados por desastres climáticos num tribunal, pois é possível estimar quantas gigatoneladas extras de CO_2 se encontram na atmosfera, por exemplo, como resultado das atividades da Coalizão do Clima Global. E com isso é possível calcular o quanto eles contribuíram para o aquecimento do planeta. Este aquecimento se traduz num impacto climático ao qual um valor em dólares pode ser atribuído. Tendo em vista as disputas jurídicas envolvendo a indústria do tabaco e do amianto, é fácil imaginar que antigos membros da Coalizão do Clima Global podem ser atingidos por processos semelhantes.

Um desafio jurídico interessante aconteceu no final de 2004, quando os *inuit* buscaram o parecer da Comissão Interamericana de Direitos Humanos sobre os danos provocados pelo aquecimento global à cultura desse grupo de 155 mil pessoas. Os danos são resultantes de uma taxa de mudança climática duas vezes maior do que a média global. Não apenas sua alimentação tradicional — focas, ursos e renas — está desaparecendo, mas a terra onde vivem se desmancha sob seus pés. O vilarejo de Shismaref, no Alasca, está se tornando inabitável devido ao aumento das temperaturas, que reduz o gelo do mar e aquece a *permafrost*, tornando a linha costeira vulnerável à erosão.[156]

Centenas de metros quadrados de terra e mais de uma dúzia de casas foram perdidas para o mar e já existem planos de mudar toda a cidade — a um custo de 100 mil dólares por cada morador.[170]

O problema de Shismaref é tocante. Sua população é de apenas seiscentos adultos, mas eles estão lá há pelo menos 4.000 anos, e seus habitantes parecem destinados a se tornar os primeiros refugiados da mudança climática. O destino deles parece incerto, pois, como dizem,

> o Ártico está se tornando um ambiente ameaçado no sentido de que o gelo do mar é menos estável, padrões anormais de clima estão surgindo, a cobertura vegetal está mudando e os animais não são mais encontrados nas regiões tradicionais de caça nas estações específicas. A paisagem se torna pouco familiar, fazendo com que muitos se sintam estrangeiros em sua própria terra.[156]

Embora a comissão à qual os *inuit* apelaram não tenha força legal, uma decisão favorável permitirá que eles processem o governo dos Estados Unidos em uma corte internacional, ou as corporações norte-americanas em uma corte federal. Em ambos os casos, é provável que os *inuit* tomem como base a Declaração Universal dos Direitos Humanos, a qual declara que "todos têm direito a uma nacionalidade" e que "ninguém deve ser privado arbitrariamente de sua propriedade", e o Pacto das Nações Unidas para os Direitos Civis e Políticos, que declara que "em caso algum uma pessoa deve ser privada de seus meios de subsistência". Em última análise, o processo pode ir muito além disso, pois as mudanças no Ártico são tão imensas que os *inuit* podem ser o primeiro povo a ver sua nação — a terra e o modo de vida que ela mantém — se extinguir.

A morte de uma nação tem implicações extraordinárias, como destaca o antropólogo Jon Barnett, da Universidade de Melbourne, e seu colega Neil Adger: "Para todos os Estados, fazer algo menor do que todo o possível para prevenir a perda de uma entidade soberana é minar a norma mais essencial e poderosa da lei internacional e da política."[157] Até onde eu sei, não existe termo para a extinção de um Estado soberano. Talvez logo tenhamos que inventar um.

Outros habitantes de terras imediatamente vulneráveis às mudanças climáticas são os moradores de cinco países situados em atóis. Atóis são anéis de recifes de coral que cercam uma lagoa, e espalhados em torno da crista do recife existem ilhas e ilhotas, cuja altura média, acima do nível do mar, é de apenas dois metros. Kiribati, Maldivas, ilhas Marshall, Tokelau e Tuvalu — que juntas mantêm uma população de meio milhão de pessoas — são constituídas apenas de atóis.

Como resultado da destruição dos recifes de coral do mundo, da elevação do nível dos mares e da intensificação dos eventos climáticos, parece inevitável que essas nações sejam destruídas pela mudança climática ao longo deste século. Dada a precariedade de sua situação, pode causar surpresa a falta de ação da parte deles nos fóruns internacionais sobre mudança climática. Isso não se deve à preguiça e é o resultado das ameaças de uma das nações que mais emitem CO_2 — a Austrália.

Negociações políticas são frequentemente brutais, mas nos encontros preparatórios para Kyoto a Austrália se comportou de modo particularmente desagradável. O mais condenável foi a coerção feita sobre seus vizinhos das ilhas do Pacífico para que abandonassem sua posição de que o mundo deve tomar "medidas firmes" para combater a mudança climática. "Como somos pequenos, dependemos tanto deles que tivemos que ceder", disse o primeiro-ministro de Tuvalu, Bikenibu Paeniu, depois do Congresso do Pacífico Sul, no qual a Austrália colocou suas exigências em cima da mesa.

No que deve ser um dos comentários mais infames feitos nesse contexto, o principal assessor econômico para mudança climática do governo da Austrália, dr. Brian Fisher, disse em entrevista coletiva em Londres que "é mais eficiente evacuar os pequenos Estados insulares do Pacífico do que exigir que as indústrias australianas reduzam suas emissões de dióxido de carbono".[118] Com essa fria arrogância soando em seus ouvidos, os tuvalianos seguiram o único caminho aberto para eles: negociaram direitos de migração com a Nova Zelândia para toda a sua população no caso de impactos sérios de mudança climática.[157]

Mesmo onde as nações não estão tão ameaçadas pela mudança climática, haverá grandes vencedores e grandes perdedores. Pelas projeções atuais, apenas dois países — Canadá e Rússia — vão colher 90% dos benefícios trazidos pelo aquecimento global para suas colheitas. Enquanto outras regiões, como a África e a Índia, terão pesadas perdas com um pequeno grau de aquecimento.[188] Até mesmo os estudos mais conservadores estimam que triplicará o número de seres humanos sofrendo escassez de alimentos em 2080, e tais mudanças podem colocar em destaque questões de justiça no modo como pensamos no problema.[188] E os problemas de saúde não estarão imunes. À medida que o nosso globo aquece 1 ou 2 graus, a porcentagem de gente exposta aos parasitas da malária subirá de 45 para 60%.[188] O que vai ser das pessoas que vivem hoje em regiões próximas à malária e que certamente serão afetadas? Acrescente a isso a elevação dos mares, a mudança na rota das tormentas, chuvas e ondas de calor e você sentirá todo o espectro de ações legais possíveis num mundo sem fatalidades. Talvez no futuro seja criada uma corte internacional para arbitrar sobre essas questões.

Com tudo isso em mente, é difícil evitar a ideia de que qualquer solução para a crise da mudança climática deve ser baseada nos princípios da justiça natural. Afinal, se os governos democráticos não agirem voluntariamente, de acordo com esses princípios, as cortes podem forçá-los a isso. E nesse caso o princípio do "poluidor paga" vai se tornar supremo, pois este princípio também significa que o poluidor deve compensar a vítima.

Antes do Protocolo de Kyoto, todos os indivíduos possuíam um direito irreprimível de poluir a atmosfera com gases do efeito estufa. Agora, apenas as nações que ratificaram o tratado têm um direito reconhecido internacionalmente de poluir dentro de certos limites. Onde se encaixam os países não signatários? É uma questão que deve estar sendo avaliada nas cortes de justiça do mundo inteiro.

33

2084: A DITADURA DO CARBONO?

> Se o homem prejudicar a capacidade funcional de Gaia até o ponto de inutilizá-la, ele pode acordar um dia e se ver no emprego vitalício de engenheiro de manutenção planetária [...] então, finalmente, estaremos comandando aquela estranha geringonça, a "espaçonave Terra", e qualquer biosfera domada e domesticada que restar será de fato o nosso "sistema de manutenção de vida".
>
> James Lovelock, *Gaia*, 1979.

Paul Crutzen ajudou a salvar o mundo da destruição do ozônio pelos CFCs e por isso ele recebeu o Prêmio Nobel. Com a crescente ameaça da mudança climática, Crutzen está de novo envolvido no debate e já pensa a longo prazo. "Nosso futuro pode bem envolver projetos de geoengenharia em grande escala para otimizar o clima", opinou ele na revista *Nature*, em 2002. É uma ideia que merece ser explorada, e para começar devemos examinar o grande jogo de modificação climática em que a humanidade está envolvida.

Vislumbro três resultados possíveis:

1) Nossa reação para limitar as emissões é muito lenta e descoordenada para evitar grandes mudanças climáticas que destroem os sistemas de suporte de vida da Terra e desestabilizam nossa civilização global. Em consequência, os seres humanos são lançados em uma prolongada Idade das Trevas, muito pior do que qualquer outra que já existiu, pois as armas

mais destruidoras já criadas continuarão a existir, enquanto os meios para regular o seu uso e manter a paz terão desaparecido. Essas mudanças podem começar já em 2050.

2) A humanidade age prontamente — em níveis individual, nacional e corporativo — para reduzir as emissões, e assim evita as consequências climáticas mais sérias. Com base nas tendências atuais, precisaremos começar uma descarbonização significativa de nossas redes de eletricidade em 2030 e ter descarbonizado de modo considerável os meios de transporte em 2050. Se formos bem-sucedidos, em 2150 os níveis dos gases do efeito estufa terão baixado a ponto de Gaia poder controlar novamente o termostato da Terra.
3) As emissões são reduzidas de modo a evitar o desastre total, mas há sério dano aos ecossistemas terrestres. Com o clima do mundo na corda bamba, a concepção de Crutzen de projetos internacionais de geoengenharia torna-se obrigatória. A civilização passará décadas ou séculos oscilando à beira do abismo e, durante esse período, o ciclo do carbono terá que ser estritamente controlado por grandes e pequenos projetos de geoengenharia.

Neste último cenário a humanidade não terá escolha senão estabelecer a Comissão Terrestre para Controle Termostático, algo que pode evoluir facilmente a partir do Protocolo de Kyoto. Vamos imaginar como a comissão lidaria com o CO_2 — o mais significativo dos trinta gases do efeito estufa. Entre suas tarefas mais importantes — e já abordada por Kyoto — será manter o valor do dólar-carbono e arbitrar sempre que os acordos não forem honrados e onde o carbono sequestrado é perdido. Devido às longas escalas de tempo envolvidas em projetos como a plantação de florestas e as propostas de sequestro de carbono, a comissão se verá monitorando dólares-carbono emitidos em 2005 durante séculos futuros.[173]

É provável que a comissão precise usar os oceanos como ferramenta para regular o termostato da Terra. Isso exigirá uma nova cooperação internacional sobre o uso e a soberania oceânica global e é possível que o Ártico e a

Antártida acabem envolvidos por esses novos acordos, que controlarão o último território livre do globo. E, devido à importância dos solos como reservatórios de carbono, a comissão estará profundamente interessada na agricultura e no uso mundial da terra e podemos prever amplas regulamentações referentes a silvicultura, agricultura e outros usos da terra.

E, à medida que a crise climática se aprofundar, a comissão poderá ser chamada para arbitrar naqueles casos em que uma nação esteja sofrendo grande desvantagem como resultado do clima alterado, enquanto outras prosperam. A Austrália, por exemplo, pode se encontrar à beira do colapso como resultado do declínio das chuvas sobre seus principais centros de população e agricultura. Enquanto o Canadá poderá desfrutar colheitas prósperas e invernos amenos como resultado das mesmas mudanças.

Se tal comissão criar raízes, seus poderes e sua influência aumentarão com a crise climática e terá, por necessidade, de invadir questões de soberania.

É difícil imaginar que tais ações, a despeito de sua necessidade para estabilizar o clima global, não serão desafiadas por alguns países. Podemos contar com atrasos e enganos, mas a completa recusa em cumprir as normas também é possível. Como a comissão lidaria com os que ignoram suas regulamentações em detrimento de todos?

Os países que apoiam a comissão podem usar de um conjunto de incentivos, incluindo sanções, que no passado se mostraram indispensáveis para garantir que nenhuma nação pegasse carona nas costas de qualquer tratado internacional. E, para que essas medidas punitivas tenham o efeito máximo, será necessário criar uma corte internacional e — como último recurso — uma força armada internacional para ser usada contra os recalcitrantes. Talvez eles usem capacetes verdes no lugar dos azuis, mas as forças de paz da ONU fornecem um ótimo modelo de como esse braço armado da comissão pode evoluir.

Tão delicada é a nossa atmosfera, e tão vasta é a carga humana agora colocada sobre ela, que o trabalho da nossa comissão não vai parar nos gases do efeito estufa: até uma economia do hidrogênio pode ficar sob sua supervisão. O hidrogênio molecular é um gás do qual se encontram traços na atmosfera, existindo atualmente apenas meia parte por milhão, e com uma duração de apenas dois anos. A futura economia do hidrogênio exigirá o transporte anual de várias vezes a quantidade total de hidrogênio presente na atmosfera hoje em dia, e, como vimos, o hidrogênio é muito suscetível a vazamentos.[178] Ao substituir metade dos combustíveis fósseis atuais pelo hidrogênio, arriscamo-nos a dobrar a sua concentração na atmosfera.

Uma das propriedades mais indesejadas do hidrogênio é a sua capacidade de aumentar a abundância do metano em até 4%. Como a economia do gás é vista como uma transição para a economia do hidrogênio, isso pode ter graves consequências para o efeito estufa num mundo já sobrecarregado com emissões de metano. Além disso, o principal captador de nitrogênio molecular atmosférico são os micro-organismos fixadores de nitrogênio no solo, e as consequências de um aumento de hidrogênio molecular são desconhecidas.[71] Existe até a possibilidade de que, se for usado em grande escala para impulsionar a frota mundial de transportes, o hidrogênio possa afetar o vapor d'água estratosférico, a temperatura do planeta e o ozônio. Como lembraram recentemente os principais pesquisadores desse campo, "a avaliação dos impactos climáticos de uma economia do hidrogênio está apenas no começo".[177]

À medida que as manipulações dos químicos se tornam mais sofisticadas e cresce nossa consciência dos impactos atmosféricos, devemos imaginar que mais e mais processos planetários passem a interessar à comissão. E com tantos problemas para enfrentar alguns comissários podem começar a se sentir como o menino que tapou o vazamento no dique com seu dedo, apenas para encontrar fendas surgindo ao seu redor. Eles certamente perceberão que, enquanto a população humana permanecer tão grande, o fluxo de problemas que ameaçam a segurança do clima será interminável.

É inevitável que chegue o dia em que um comissário sugerirá que seu trabalho poderia ser feito com mais eficiência se eles se concentrassem na raiz do problema — o número total de pessoas no planeta. E com isso a Comissão de Controle Termostático da Terra pode se transformar num governo mundial orwelliano, com sua própria moeda, seu exército e o controle sobre cada pessoa, em cada centímetro do nosso planeta. Por mais horrível que possa parecer esse resultado, se nos atrasarmos em nosso combate contra a crise climática, a ditadura do carbono pode se tornar essencial para a nossa sobrevivência.

Há 250 anos, os arredios homens das terras altas da Escócia, que não conheciam a língua inglesa, o dinheiro ou as calças, guiavam os rebanhos, que eram sua única riqueza, até os mercados das cidades inglesas onde podiam comprar luxos como sal e pólvora. Hoje em dia, nenhum cidadão de um país desenvolvido tem semelhante domínio sobre sua vida, como o daqueles montanheses esquivos, pois somos os descendentes daqueles que trocaram tal "liberdade" por um governo estável, três refeições por dia, transportes fáceis e máquinas sofisticadas que nos alertam para a mudança climática.

E houve época em que abdicamos de mais direitos de modo a enfrentar grandes ameaças. Os pais fundadores dos Estados Unidos da América criaram a maior nação que o mundo já viu, e o fizeram porque temiam uma grande ameaça externa — a Coroa britânica. Criar os Estados Unidos não foi fácil, porque os cavalheiros do Sul, que amavam as corridas de cavalo, o teatro e as plantações com escravos tiveram que submeter-se aos puritanos da Nova Inglaterra, que consideravam tais coisas o trabalho do diabo. Mas, de algum modo, o acordo foi celebrado e, com ele, cada um dos 13 estados signatários cedeu uma porção significativa de sua soberania. Os pais fundadores criaram — com grande sucesso — uma entidade política com força suficiente para enfrentar os desafios da época, e no entanto com salvaguardas suficientes para permitir que a liberdade florescesse.

O homem avançou tanto num período de tempo tão curto que nossa imaginação ainda está, inevitavelmente, ligada ao passado. Talvez, como parece ser o caso de muitos neoconservadores americanos, eles ainda estejam presos à fronteira do Oeste, ou à última grande guerra. Outros se apegam a identidades nacionais e ideologias agora obsoletas. E, como nossa imaginação ainda se agarra a esses cenários desaparecidos, nossa reação à ameaça da mudança climática pode parecer tola. É isso, eu creio, que tem levado alguns conservadores a ignorar a mudança, enquanto ao mesmo tempo protegem, com tanto ciúme, a nossa "liberdade".

Se a indústria do carvão, do petróleo e seus aliados continuarem a impedir o mundo de agir para combater a mudança climática, podemos logo ter uma Comissão de Controle Termostático da Terra. O único meio de evitar tanto a tirania como a destruição é agir como os pais fundadores, juntando todos numa rápida ação coletiva e cedendo o poder suficiente a uma autoridade maior para combater a ameaça. E isso só será eficiente se agirmos agora, antes que a crise chegue ao auge.

34

A HORA É ESSA

> Foi a consideração de nossa maravilhosa atmosfera em suas várias relações com a vida humana, e toda a vida, que me compeliu a esse grito pelas crianças e pela humanidade ultrajada. Vamos resumir tudo nisso. Não vote em ninguém que diga "isso não pode ser feito". Vote apenas naqueles que declaram "isso deve ser feito".
>
> Alfred Russel Wallace, *Man's place in the universe*, 1903.

Se houver ação conjunta no sentido de eliminar as emissões de carbono atmosférico, estou certo de que conseguiremos estabilizar e salvar a nossa criosfera. Podemos salvar nove em cada dez espécies atualmente ameaçadas, limitar a extensão dos eventos climáticos extremos, de maneira que as perdas em vidas humanas e em investimentos sejam uma fração das que estão sendo previstas, e reduzir, quase a zero, a possibilidade de qualquer um dos três grandes desastres ocorrerem neste século.

Mas, para que isso aconteça, indivíduos, indústria e governos precisam agir sobre a mudança climática agora: um atraso de uma década será demasiado. Dados confiáveis indicam que o mundo pode experimentar o fim da era do petróleo barato em algum momento situado entre agora e 2010.[187] Os poucos anos que nos restam antes do início da escassez do petróleo são cruciais para que façamos a transição para uma economia sem carbono. Pois é quando poderemos construir uma nova infraestrutura e novas tecnologias de modo mais fácil e menos dispendioso.

Os que mais sofrem pressão hoje em dia são os presidentes das grandes corporações energéticas. Alguns parecem esperar que a mudança climática desapareça, pelo menos até se aposentarem. Os piores estão agindo agressivamente para que mais usinas termoelétricas a carvão sejam construídas, e sua influência não deve ser subestimada. Mesmo em Nova Gales do Sul, cujo governador é um conhecido ambientalista e que sofre a pior seca de sua história, eles parecem prontos a construir novas termoelétricas a carvão. E isso apesar do fato de as usinas existentes consumirem tanta água quanto 1/5 dos 4 milhões de moradores de Sydney!

Sejam quais forem seus pontos de vista sobre a mudança climática, todos os presidentes de empresas de energia têm algumas coisas em comum. Todos têm suas responsabilidades para com o quadro de diretores, os acionistas e seus empregados e você pode ter certeza de que foram plenamente informados do desastre iminente; não podem alegar ignorância. Além disso, uma reformulação no mercado da energia significa que todos estão cada vez mais vulneráveis ao clima do mercado, motivo pelo qual as atitudes dos consumidores e investidores são tão importantes.

O dilema enfrentado pelos queimadores de carvão é difícil, mas não insolúvel. Assim como as grandes empresas do petróleo investem no gás, as grandes empresas do carvão deviam estar investindo em alguma outra coisa. Parece um argumento difícil quando os preços do carvão chegaram ao auge — mas isso é o que as companhias petrolíferas fizeram e estão fazendo, e pelas mesmas razões: limitação nos suprimentos e nos captadores da poluição indica que nem o petróleo nem o carvão têm futuro a longo prazo. Assim, o que as empresas de carvão poderiam fazer para mudar?

A biomassa (combustível derivado dos refugos das colheitas e de outras matérias vegetais) não passa de um carvão jovem; assim, poderia ser um caminho natural para o setor do carvão investir nessa tecnologia emergente. O escurecimento global indica que vamos precisar tirar CO_2 da nossa atmosfera de forma a estabilizar o clima da Terra. Isso pode ser conseguido queimando biomassa e captando o CO_2 gerado, o que seria um modo de desfazer o dano feito pela indústria no passado. Os mineradores de carvão vão precisar de assistência para fazer a transição para a biomassa, e os governos podem ajudar determinando que uma certa porcentagem de todos os combustíveis queimados sejam biocombustíveis.

Mas será que a indústria abandonaria realmente todas as minas de carvão e reservas não exploradas? Arthur C. Clarke percebeu que as reservas de carvão da Terra são uma ferramenta importante no estojo do engenheiro de manutenção planetária. Ele sabia que os ciclos de Milankovitch não desapareceram e, desde que o clima da Terra não seja atirado em um novo estado ultraquente, dentro de alguns milhares de anos nosso planeta enfrentará um esfriamento que prenunciará a nova era do gelo. O que a humanidade fará então?

Se os governos do mundo tivessem proibido a exploração posterior de novas reservas de carvão, comprando todos os estoques existentes, o carvão que hoje é nosso inimigo talvez se tornasse uma ferramenta poderosa para nos proteger de uma nova era do gelo. O Fundo Arthur C. Clarke de Prevenção à Nova Era do Gelo pode ser incorporado ao Protocolo de Kyoto, e as nações do mundo poderiam contribuir para as compras de carvão de modo proporcional à sua capacidade.

Existem muitas outras coisas que os governos podem fazer para ajudar, tanto o consumidor como a indústria, em seus esforços, locais e globais. O mais importante é banir a construção ou expansão das velhas usinas termoelétricas movidas a carvão, o que enviaria um forte sinal ao mercado quanto à direção futura da produção de energia. Uma boa legislação para eficiência energética é igualmente importante, e devia ser parte do planejamento de todo governo. Isso inclui normas cada vez mais implacáveis sobre a eficiência dos produtos vendidos no mercado, normas rigorosas para as moradias com determinação de um limite para as emissões em nível residencial, uma legislação que encoraje a reforma de equipamentos que reduzam as emissões domésticas, e o projeto de sistemas de transporte visando à eficiência energética. Também é importante que certos subsídios sejam retirados — os grandes usuários de energia, como as fundições, nunca sentirão o impacto dos preços (e assim nunca pensarão seriamente em eficiência) —

enquanto os moradores residenciais continuarem a pagar a conta da energia que eles usam.

Iniciativas para encorajar o uso da energia renovável são igualmente importantes, e podem incluir informar aos fornecedores de energia que eles devem obter parte de sua energia de recursos renováveis (o chamado esquema de metas de energia renovável); descontos para a compra de células fotovoltaicas; assistência na instalação de interconexões de eletricidade que favoreçam as fontes renováveis; e uma legislação que facilite a introdução de renováveis como o vento. Isso é apenas uma amostra do que pode ser feito, e é provável que seu governo já esteja fazendo uma ou duas dessas coisas. (Para uma lista mais ampla veja as ações listadas pela Força Tarefa Internacional da Mudança Climática.)[217]

Pensando no futuro, existe uma forma democrática, transparente e simples de acordo internacional que pode um dia substituir Kyoto. Conhecido como Contração e Convergência (C&C), ele tem sido defendido pelo político britânico Aubrey Meyer há mais de uma década.

De certo modo, o C&C é uma variante ultrademocrática do Protocolo de Kyoto, pois no seu âmago encontra-se a ideia simples de que o único modo justo de reduzir as emissões é dar a cada ser humano o "direito de poluir" com gases do efeito estufa. E, como no caso de Kyoto, esse direito pode ser comercializado, ainda que sob o C&C o volume de comércio será provavelmente muito maior que sob Kyoto. De modo a entender como funciona, vamos usar os americanos como exemplo.

Os americanos emitem três vezes mais CO_2 por pessoa, por ano, do que os europeus, e cem vezes mais do que os cidadãos dos países menos desenvolvidos. No regime do C&C, os cidadãos desses países desenvolvidos precisariam comprar, dos pobres do mundo, créditos de carbono suficientes para cobrir suas emissões. O comércio teria lugar pelo sistema de país para país (no lugar de indivíduo para indivíduo) e representaria uma transferência maciça de riqueza. O estímulo à redução das emissões que isso representa é enorme, e essa é a parte "convergente" da equação, pois ela forçará as emissões de CO_2 de todos os cidadãos a convergirem, a despeito da riqueza de cada um. E como o ponto para o qual elas estão convergindo é muito mais baixo que o atual, isso também representa uma grande contração nas emissões.

Na visão de Meyer, o C&C começa com três etapas:

1) Alcançar um acordo internacional sobre um limite na concentração de CO_2 na atmosfera.
2) Estimar a rapidez com que as emissões precisam ser reduzidas para se alcançar essa meta.
3) Cálculo do "balanço de carbono" total que as etapas 1 + 2 nos dão, e divisão desse total entre a população do mundo num esquema *per capita*.[197]

Como no caso de Kyoto, esse processo também vai necessitar a criação de uma moeda de carbono, que Meyer chama de Ebcus, e a pré-distribuição do Ebcus, afirma, pode ser usada para financiar a tecnologia limpa e zerar dívidas internacionais.[197] E não há motivo para que, numa data futura, o Protocolo de Kyoto não adote as principais inovações do C&C. De fato, de acordo com Meyer, vários signatários do acordo de Kyoto aprovam esse modelo.

O C&C representa uma mudança maior em relação às práticas atuais do que Kyoto. É um remédio forte para uma doença terrível, e como todo remédio forte tem efeitos colaterais em potencial. Um deles é que esse esquema pode acabar com a pobreza do mundo e a divisão norte-sul. Nem todos os aspectos da proposta devem desagradar aos conservadores, já que, ao incluir todos os seres humanos sob seu guarda-chuva, ele acaba com a preocupação em relação aos "caronas" do mundo em desenvolvimento que existe sob Kyoto.

Entre as desvantagens em potencial está o custo inicial para os países industrializados. Também é possível que algumas nações em desenvolvimento possam associar tamanho da população com transferência de riqueza e assim deixar de manter programas de planejamento familiar. Mas nenhum plano é desprovido de falhas e esse, pelo menos, foi apresentado e já recebeu algum apoio.

Alguns podem ver interesses ocultos em ação no C&C, o que traz um obstáculo potencial na estrada para a estabilidade climática: a propensão de certos grupos de arrastar suas convicções ideológicas ao movimento para a sustentabilidade. O *lobby* nuclear já está fazendo isso, assim como o *lobby* do "menos é mais", que acredita que o homem deve reduzir seu consumo geral para que se atinja a sustentabilidade. Ambos os argumentos têm seus méritos, mas derivam de uma base ideológica com o potencial de alienar muitas pessoas, cujos esforços serão necessários para vencer a guerra da mudança climática. Quando se enfrenta uma grave emergência, é melhor ser sincero.

Existem mais dois aspectos que precisam ser apresentados. A pior coisa que os cidadãos do mundo desenvolvido podem fazer é ficar parados até que algo do tipo C&C seja adotado. Precisamos agir agora, e a única coisa responsável que você, como pessoa preocupada, pode fazer é reduzir suas emissões o mais rapidamente possível.

E, por fim, é improvável que os governos façam alguma coisa a menos que o povo exija. Para reforçar a determinação do seu governo em relação à mudança climática, você deve colocar a questão acima de tudo na hora de votar. Como disse Alfred Russel Wallace há um século: "Não vote em ninguém que diga 'não pode ser feito'. Vote apenas naqueles que declaram 'que deve ser feito'." E não se limite a perguntar simplesmente ao seu político qual é a sua posição. Pergunte o que ele está fazendo, pessoalmente, para reduzir suas emissões.

35

DEPENDE DE VOCÊ

Venha então — um leve sussurro em seu ouvido
Não tem esperanças quem nunca temeu
E que nunca duvidou de sua situação
Talvez ele o faça — talvez — muito tarde.

William Cowper, "Truth".

Existe uma coisa que nenhum presidente de empresa pode ignorar — aquela mistura de compradores e vendedores conhecida como mercado. Tenho convicção de que todos os esforços do governo e da indústria vão levar a nada menos que a tomada de posição por parte do bom cidadão e consumidor, e ao lidar com a mudança climática o consumidor está numa situação muito favorável.

Se ainda estivéssemos combatendo os CFCs, os consumidores não poderiam criar um produto alternativo. De fato, a despeito de sua vigilância, na ausência de um acordo internacional como o Protocolo de Montreal, eles provavelmente comprariam CFCs embutidos em objetos como carros e geladeiras. Mas, com o problema do CO_2, a tecnologia pode libertar cada residência do planeta. Em outras palavras, não é preciso esperar o governo agir. Você pode fazer sozinho.

Você pode, em alguns meses, no lugar dos cinquenta anos previstos por alguns governos, conseguir, facilmente, a redução de 70% nas emissões necessária para estabilizar o clima da Terra. Tudo o que é necessário são algumas mudanças na sua vida pessoal, e nenhuma exige grandes sacrifícios.

Entender como usa a eletricidade é a ferramenta mais poderosa em seu arsenal, pois permite que tome decisões efetivas quanto à redução de suas emissões pessoais de CO_2. Para começar, pegue e leia cuidadosamente a conta de energia elétrica. Sua conta está mais alta do que no mesmo mês do ano passado? Se está, por quê? Um telefonema ou um *e-mail* para o seu fornecedor de eletricidade pode esclarecer isso.

E, enquanto estamos nesse problema, pergunte sobre uma opção de energia verde (onde o fornecedor garante que uma porcentagem da energia é proveniente de recursos renováveis). A opção de energia verde pode custar um mísero dólar por semana, e no entanto é altamente eficiente para a redução das emissões. Se o seu fornecedor não oferece uma alternativa verde adequada, chame um concorrente. Mudar a sua fonte de energia elétrica é geralmente uma questão de um único telefonema, e não envolve interrupção no fornecimento ou problemas com a conta. Contudo, se ainda reina um monopólio da energia em sua área, você precisa pressionar as autoridades para criar um mercado livre. Será possível então, ao mudar para uma fonte de energia verde, reduzir as emissões de sua casa a zero. Tudo como resultado de um único telefonema.

Se você quiser agir de modo mais decisivo, o melhor lugar para a maioria das pessoas começa na água quente. No mundo desenvolvido, cerca de 1/3 das emissões de CO_2 resultam da energia doméstica, e 1/3 de uma típica conta de eletricidade doméstica vem do aquecimento de água. Isso é loucura, já que o Sol pode aquecer a sua água de graça se você tiver o equipamento certo. Um investimento inicial é necessário, mas são tantos os benefícios que vale a pena levantar um empréstimo para isso, pois em climas ensolarados, como na Califórnia ou no sul da Europa, o investimento é recuperado em dois ou três anos, e os equipamentos geralmente têm uma garantia de dez anos, o que significa sete ou oito anos de água quente de graça. Mesmo em regiões nubladas, como a Alemanha e a Inglaterra, você ainda receberá vários anos de água quente de graça.[126]

Se quiser reduzir seu impacto ainda mais, comece com os maiores consumidores de energia, que, para a maioria das pessoas, são o ar-condicionado, o aquecimento e a refrigeração. Se está pensando em instalar essas coisas em sua casa, escolha os modelos mais econômicos disponíveis. Uma boa regra é escolher o menor aparelho que atenda às suas necessidades, e avaliar as alternativas: pode ser mais barato instalar um isolamento térmico do que comprar e usar um aquecedor ou refrigerador maior. Pode ser difícil convencer as crianças de que devem desligar os aparelhos quando não estão usando. Um modo de ensiná-los é reunir a família para examinar a conta de eletricidade e estabelecer uma meta de redução. E, quando for atingida, dê para as crianças o dinheiro economizado.

Fiquei tão indignado com a irresponsabilidade dos queimadores de carvão que resolvi gerar minha própria eletricidade, o que se mostrou uma das coisas mais compensadoras que já fiz. Para uma casa de tamanho normal, os painéis solares são a melhor maneira de se fazer isso. Doze painéis de 80 watts foi o número que me permiti comprar, e a quantidade de energia que eles geram, na Austrália, é suficiente para as necessidades de uma casa. Para sobreviver nesse nível, todavia, nossa família é vigilante em relação ao uso da energia, e nós cozinhamos com gás. E eu estou em melhor forma do que antes, porque uso ferramentas manuais no lugar dos modelos elétricos para fazer e consertar coisas. Os painéis solares têm uma garantia de 25 anos (e frequentemente duram até quarenta anos). Com o custo da eletricidade subindo e como eu vou usar a energia grátis que eles fornecem até a minha aposentadoria, eu os vejo como uma forma de pensão extra.

A cidade de Schoenau, na Alemanha, fornece um exemplo diferente de ação direta. Alguns de seus moradores ficaram tão alarmados com o desastre de Tchernobil que decidiram fazer alguma coisa para reduzir a dependência de seu país em relação à energia nuclear. Começou com um grupo de dez pais que davam prêmios para a economia de energia aos seus filhos. Isso se mostrou tão bem-sucedido que logo se transformou num grupo de cidadãos determinados a tirar o controle do suprimento de energia da cidade da KWR, o monopólio que fornecia a eletricidade.

Eles fizeram seu próprio estudo e então levantaram 2 milhões de marcos para construir seu próprio sistema de energia verde. Acabaram conseguindo reunir 6,5 milhões de marcos — o suficiente para comprar a rede elétrica e o gerador de energia da KWR —, e hoje em dia não somente a cidade produz a sua própria energia mas tem um negócio bem-sucedido de consultoria que ensina como despoluir o fornecimento de eletricidade para o resto do país. A cada ano o fornecimento de energia em Schoenau fica mais "verde", e mesmo os grandes consumidores da cidade, como a fábrica de reciclagem de plásticos, estão felizes com os resultados.[221]

Hoje em dia ainda não é viável, para a maioria de nós, dispensar a queima de combustíveis fósseis para o transporte, mas podemos reduzir muito o seu uso. Caminhar sempre que possível é muito eficiente, assim como usar o transporte público. Veículos de combustível híbrido são duas vezes mais eficientes do que um carro padrão, do mesmo tamanho, e trocar o seu carro de tração nas quatro rodas, ou veículo utilitário, por um carro de combustível híbrido, de tamanho médio, reduz suas emissões de transporte pessoal em 70% de uma só tacada.

Para aqueles que não podem ou não querem dirigir um híbrido, uma boa regra é comprar o menor veículo capaz de servir às suas necessidades. Você sempre pode usar um carro alugado nas ocasiões em que precisar de algo maior. E, dentro de alguns anos, se tiver investido em energia solar, poderá comprar um veículo a ar comprimido. Então você estará livre de todos aqueles gastos com gasolina e conta de luz.

Embora nem sempre pareça, os empregados exercem uma influência considerável no lugar onde trabalham. Se você quer ver o seu local de trabalho tornar-se menos poluidor, sugira ao seu empregador que faça uma avaliação do consumo de energia. E lembre-se, se você pode reduzir suas emissões em 70%, o mesmo pode ser feito na empresa onde trabalha. Ao fazer isso, a médio prazo, ela economizará despesas e salvará o meio ambiente. E, como a sociedade precisa tão desesperadamente de defensores — pessoas que possam agir e servir de testemunhas para o que pode ser feito e deve ser feito —, ao assumir tais ações públicas você estará conseguindo resultados que vão além do impacto local.

Enquanto lê essa lista de ações para combater a mudança climática, você talvez esteja descrente de que tais passos possam ter um grande impacto. Mas não apenas o nosso clima global está se aproximando do ponto de desequilíbrio, mas a nossa economia também, pois o setor de energia está a ponto de experimentar o que a internet trouxe para a mídia — uma era em que produtos anteriormente distintos competem uns contra os outros.

Se um número suficiente de pessoas comprar energia de fontes renováveis, painéis solares, sistemas solares de água quente e veículos híbridos, o custo desses itens vai despencar. O que será suficiente para encorajar a venda de mais painéis e geradores de vento, e logo o grosso da energia doméstica será produzido com tecnologias renováveis. Isso exercerá uma pressão suficiente sobre a indústria, que, combinada com a pressão de Kyoto, vai forçar as empresas famintas de energia a maximizarem a eficiência e adotarem as fontes limpas. O que tornará os renováveis ainda mais baratos. E, como resultado disso, o mundo em desenvolvimento — incluindo a China e a Índia — poderá adotar a energia limpa no lugar do carvão sujo. Com uma pequena ajuda sua, agora mesmo, os gigantes em desenvolvimento da Ásia poderão até mesmo evitar uma catástrofe do carbono na qual nós, no mundo industrializado, nos encontramos tão profundamente atolados.

Muita coisa pode sair errado nessa tábua de salvação para a segurança. É possível que os grandes usuários de energia se infiltrem ainda mais nos governos, sufocando o setor de renováveis; ou pode ser que nossa ação seja muito lenta e que a China e a Índia já tenham investido nas fontes fósseis antes de baixar o preço dos renováveis. Ou talvez a taxa da mudança climática se revele acelerada demais e tenhamos que tirar CO_2 da atmosfera.

Como sugerem esses desafios, somos uma geração destinada a viver em uma época muito interessante, pois somos agora os criadores do clima, e o futuro da civilização e da biodiversidade está em nossas mãos.

Fiz o melhor que pude para criar este manual sobre o uso do termostato da Terra. Agora depende de você.

PÓS-ESCRITO

Quando este livro estava para ser impresso, a revista *Science* publicou a prova definitiva do aquecimento global. Um estudo de autoria de James Hansen e seus colegas revelou que a Terra agora absorve mais energia, 0,85 watt extra por metro quadrado, do que irradia para o espaço. Essa é a quantidade de calor emitida por duas lampadazinhas (como as usadas em árvores de Natal) para cada metro quadrado do nosso planeta, e, à medida que adicionamos mais CO_2, a quantidade aumenta. O desequilíbrio energético é pequeno comparado aos 235 watts por metro quadrado recebidos do Sol, mas, ao longo dos anos e décadas, ele vai se acumular, e se for deixado assim por muito tempo vai significar a diferença entre a destruição ou a sobrevivência de nossa espécie. E os cientistas concluíram, cansados, que seu trabalho "implica a necessidade de ações preventivas para evitar a mudança climática".[229] É o que Hansen, um veterano da ciência de mudança climática e das campanhas de conscientização, tem feito nos últimos vinte anos. Talvez agora o mundo preste atenção.

ADENDO

Assim que completei este livro, o furacão Katrina avançou sobre Nova Orleans e mudou a história do clima. Depois o Rita atingiu o Texas e muitos começaram a se perguntar se essas gigantescas máquinas de destruição eram arautos da mudança climática. Enquanto escrevo este texto, no final de setembro de 2005, o diretor do Centro Nacional de Furacões em Miami diz que espera mais tempestades nessa temporada.

Qualquer pessoa que olhe apenas para o número de furacões que atingem as Américas a cada ano pode pensar que o Katrina e o Rita são apenas parte de um ciclo natural. Isso acontece porque existem ciclos na atividade de furacões do Atlântico que mascaram as tendências mais significativas. Ao afetar a Corrente do Golfo, a Oscilação Atlântica Multidécada provoca variações na atividade dos furacões a cada sessenta ou setenta anos.[245] Outro ciclo altera a atividade dos furacões na região a cada década. Ambos os ciclos têm causas complexas relacionadas às correntes oceânicas e ao estado da atmosfera. De modo a enxergar além desses ciclos e vislumbrar as imensas mudanças que estão influenciando o nosso clima, precisamos entender como os furacões se formam, crescem e morrem. Sendo um furacão de categoria 5 — o mais forte e destrutivo que existe —, o Katrina oferece um exemplo marcante do ciclo de vida completo de um furacão.

Como acontece com todos os furacões, Katrina começou como um mero temporal com raios e trovões, nesse caso nas águas cálidas além das Bahamas. Nesse estágio embrionário, o Katrina podia ter sido apenas uma exibição de luz e som não fosse uma configuração particular das condições atmosféricas que ajuda a transformar tempestades em crescimento em eventos climáticos mais poderosos. O primeiro passo nesse processo é o desenvolvimento de uma tempestade tropical. Trata-se de grupos de temporais que giram até formar um vórtice.

Todavia, poucos temporais se transformam em tempestades tropicais, porque a tesoura de vento geralmente destrói o vórtice, ou então a atmosfera turbulenta, ou a baixa pressão na troposfera superior se combinam para evitar a circulação e o crescimento dos ventos. Mas na década passada a tesoura de vento teve pouca força no Caribe, e um sistema de alta pressão tem estado presente na alta troposfera. A atmosfera, assim, permanece estável. Todos esses fatores aumentam a convecção e criam o cenário para o desenvolvimento da tempestade tropical perfeita.[251]

E é nesse ponto do ciclo de vida de um furacão que um oceano morno se torna realmente importante. As tempestades tropicais transformam-se em furacões somente quando a temperatura superficial do oceano está em torno de 26 graus Celsius ou mais. Isso acontece porque a água do mar aquecida se evapora mais rapidamente, fornecendo o volume de combustível — vapor d'água — necessário para impulsionar um furacão.

Os furacões são classificados de acordo com a escala Saffir-Simpson, que vai de 1 a 5. Furacões de categoria 1 não têm a força suficiente para causar danos sérios à maioria dos prédios, mas podem provocar uma elevação de 1,5 metro no nível do mar, inundando a região costeira e danificando infraestrutura malconstruída. Furacões de categoria 3 são mais perigosos. Eles geram ventos de velocidades entre 180 e 210 quilômetros horários e podem destruir *trailers* e arrancar as folhas das árvores. Já os furacões de categoria 5 são algo bem diferente. Quando eles chegam ao continente, ventos de 250 quilômetros por hora asseguram que nenhuma árvore ou arbusto fique de pé. Nem sobram muitos prédios. E, com a elevação do mar chegando a 5,5 metros e começando quatro horas antes de o olho da tempestade chegar, a inundação é muito mais ampla e as rotas de fuga são logo bloqueadas.

Quando o Katrina atingiu a Flórida, no dia 25 de agosto, ele já se havia transformado em uma tormenta de categoria 1, com ventos de 120 quilômetros horários. E mesmo assim o Katrina matou 11 pessoas na Flórida. Os furacões frequentemente se esgotam quando passam sobre terra firme, mas de algum modo o Katrina sobreviveu à travessia da península da Flórida e, no dia 27 de agosto, estava no golfo do México.

Durante o verão de 2005, as águas superficiais da parte norte do golfo estavam excepcionalmente mornas — em torno dos 30 graus Celsius. Isso, por acaso, já é muito quente para tornar a natação agradável. Grandes extensões de água não ficam tão quentes, e as águas do golfo são profundas, o que fornece um grande reservatório de calor. Essas águas contêm vastos volumes de vapor d'água e, durante os quatro dias em que passou pelas águas do golfo, o Katrina cresceu e cresceu até chegar à categoria 5.

Quando se aproximou de Nova Orleans, o Katrina já tinha se reduzido para a categoria 4, e o olho da tempestade passou a 50 quilômetros a leste da cidade. Assim, o Katrina não era a mais violenta das tempestades quando atingiu a cidade, nem conseguiu um impacto direto. E no entanto o efeito foi catastrófico.

Meio milhão de pessoas moravam na cidade, com grande parte da área urbana abaixo do nível do mar — um fator-chave para a vulnerabilidade. Os diques que mantêm afastadas as águas do Mississippi e do lago Ponchartrain foram construídos tendo em mente um clima mais ameno, e não podiam resistir ao impacto de um furacão de categoria 4 ou 5. Com o número de furacões muito poderosos aumentando durante a década passada, era amplamente entendido que a devastação da cidade era uma questão de tempo. Em outubro de 2004 a *National Geographic* publicou matéria alertando para os riscos e, em setembro de 2005, a *Time* novamente enumerou os riscos.

Muitas coisas deram errado em Nova Orleans. Pobreza, uma grande quantidade de pessoas com armas de fogo, incompetência do governo e corrupção, tudo combinado para enfraquecer o esforço de socorro. E houve também a poluição industrial liberada pela enchente da tempestade e os ventos intensos. Em uma região que fornece e refina uma porção considerável da gasolina dos Estados Unidos, os vazamentos eram inevitáveis. Embora ainda não estejam disponíveis as estimativas dos volumes de poluentes liberados, eles devem ter sido consideráveis, pois o Katrina inundou muitas das 140 grandes refinarias que formam o "corredor do câncer" da Louisiana. Esse dano, é claro, foi ampliado pelo Rita, que atingiu o cerne da indústria petroquímica norte-americana no Texas.

Tudo isso nos ensina que muitos dos impactos mais devastadores de qualquer furacão individual não estão relacionados com o aquecimento global. Se o Katrina fosse um pouco mais fraco ou forte, se ele tivesse passado a 50 ou 150 quilômetros da cidade, ou se tivesse chegado uma semana antes ou depois, tudo são fatores acidentais. Mas existe também um indício crescente de que o aquecimento global está mudando as condições atmosféricas e dos oceanos de tal forma que os furacões serão ainda mais destruidores no futuro.

Vamos dar uma olhada primeiro em como o aquecimento global pode estar influenciando a formação de furacões. A Corrente do Golfo é um fator importante aqui, e existe um sinal claro de que o aquecimento global está afetando a sua velocidade. Se essa mudança vai levar a mais atividade de furacões — ou menos —, ainda não está claro. Mas as condições sem dúvida estão mudando. O estado da troposfera superior também é importante, e isso é influenciado pela tropopausa (onde a troposfera e a estratosfera se encontram). Tanto a redução do ozônio como a acumulação de gases do efeito estufa estão mudando a energia da tropopausa de maneiras que podem afetar a formação de furacões. Muitas pesquisas adicionais são necessárias antes que o significado dessas mudanças seja plenamente compreendido, mas o simples fato de elas existirem já deixa os climatologistas preocupados.

O impacto da mudança climática nas últimas fases da vida de um furacão é mais certo. Medidas feitas por satélites revelam que os oceanos estão se aquecendo rapidamente de cima para baixo como resultado do calor proveniente da atmosfera. Os oceanos já esquentaram meio grau Celsius em média, embora em certas áreas — como no golfo do México — o aquecimento tenha sido maior. Em resposta a isso, a quantidade de vapor d'água (combustível do furacão) no ar sobre os oceanos aumentou em 1,3% por década desde 1988.[251] Tanto o oceano mais cálido quanto o aumento de vapor d'água elevam a energia disponível para todo tipo de tempestades, de trovoadas e furacões. Mas é especialmente importante na transformação de tempestades tropicais em furacões, ou na alimentação de furacões de categoria 1 até eles alcançarem a categoria 5. Com esse aumento de combustível de furacão, o Katrina era um acidente iminente.

Uma ligação entre a água do mar morna e a atividade dos furacões foi reforçada recentemente quando geólogos, ao retirar amostras do fundo do golfo de Carpentaria, entre a Austrália e Papua-Nova Guiné, encontraram sedimentos finamente laminados que foram depositados em um imenso lago durante a era do gelo, uma época em que a temperatura superficial do mar era alguns graus mais fria do que agora.[247] Existem muitas semelhanças entre o golfo de Carpentaria e o golfo do México. Ambas as regiões são hoje famosas pelos furacões; assim os cientistas ficaram surpresos ao descobrir que as finas camadas não apresentavam indícios de perturbações por marés de tempestades ou grandes ondas. Isso indica que a pior região de furacões da Austrália não foi perturbada por grandes tormentas durante milhares de anos, quando os oceanos eram um pouco mais frios.

Assim, será o recente aquecimento dos oceanos o responsável pelo aumento de atividade de furacões visto em anos recentes? Em setembro de 2004, o dr. Thomas Knutson, da Administração Nacional da Atmosfera e Oceano (NOAA), e o dr. Robert Toleya, do Centro de Oceanografia Física Costeira de Norfolk, na Virgínia, publicaram um amplo estudo feito em computador demonstrando como os furacões reagiriam ao aumento nos níveis de CO_2 na atmosfera (aumentando assim a temperatura dos mares).[244] Os modelos computacionais presumem que o CO_2 chegará a 760 partes por milhão (cerca de duas vezes os níveis atuais) em 2080. Essa mudança produziria um aumento de 14% na intensidade de um furacão médio, com uma elevação de 8% na velocidade máxima dos ventos de superfície, e um aumento nas precipitações (na área até 100 quilômetros do centro da tempestade) de 18%. Mudanças grandes como essas são capazes de causar danos consideráveis à infraestrutura.

O que surpreende, e deixa cada vez mais perplexos os meteorologistas, é que, no mundo real, já estamos presenciando um aumento na intensidade dos furacões, e os números estão muito além do que é sugerido pelos modelos. O dr. Kerry Emanuel, do Massachusetts Institute of Technology, descobriu que a quantidade total de energia liberada pelos furacões no mundo inteiro aumentou em 60% nas últimas duas décadas.[248] E o dr. Peter Webster, do Georgia Institute of Technology de Atlanta (*Science*), descobriu que grande parte dessa energia está indo para os furacões mais poderosos. Desde 1974 o número de furacões de categoria 4 e 5 quase dobrou.[250]

Alguns cientistas acreditam que a discrepância entre os modelos computacionais e as condições no mundo real indicam, de algum modo, que o aquecimento global não é responsável pelo aumento na atividade dos ciclones. Outros, contudo, acreditam que ela sugere o que eles suspeitam há muito tempo: que os modelos de circulação geral usados para simular mudanças futuras no clima são profundamente conservadores. Se esses pesquisadores estão certos, então o atual desequilíbrio calórico da Terra já foi suficiente para colocar o clima do nosso planeta em uma fase nova e mais perigosa.

Muito depende desse debate científico. Quando o furacão Ivan rugiu através do golfo do México, em 2004, perturbou a produção de gasolina com as ondas mais altas já registradas na região. Elas arrancaram longas extensões de oleodutos submarinos, causando mais danos do que aquilo que foi visto na superfície. A indústria do petróleo considerou que o Ivan era um evento que só aconteceria uma vez a cada 2.500 anos, mas então vieram o Katrina e o Rita. "Estamos presenciando eventos que aconteciam de cem em cem anos se sucederem em poucos anos", disse um executivo da indústria do petróleo.[249] A adaptação a essas mudanças será cara e o investimento só será feito se for necessário.

Cidades são manifestações do clima, pois dependem de serviços que o clima proporciona — incluindo um nível do mar estável, chuvas suficientes e proteção contra eventos climáticos extremos. Furacões como o Katrina podem mudar a topografia do nosso planeta de modo a deixar as cidades vulneráveis ao próximo grande impacto. As ilhas Chandeleur costumavam proteger o delta do Mississippi das águas abertas do golfo do México, porque essa barreira de 70 quilômetros de comprimento, diante da costa da Louisiana, reduzia as ondas e as marés de tormenta. Quando o dr. Lawrence Rouse, da Universidade Estadual da Louisiana, procurou pelas ilhas, depois do Katrina, descobriu que elas "tinham praticamente desaparecido".[246]

Ao mesmo tempo, todo o delta está afundando no oceano, tornando-o ainda mais vulnerável aos eventos climáticos extremos.

O presidente George Bush tem prometido reconstruir Nova Orleans. O custo será enorme e a sabedoria de fazer esse investimento depende muito de as condições que dão origem a furacões poderosos realmente mudarem. Receber bons conselhos a esse respeito, pelo menos da comunidade científica americana, não vai ser fácil, porque o governo Bush tornou claro que não quer ouvir os cientistas que emprega falarem em mudança climática.

O relacionamento entre os cientistas e o governo chegou recentemente ao seu ponto mais baixo. O senador Joe Barton, do Texas, preside o poderoso Comitê da Energia e do Comércio do Senado e é um dos melhores amigos do *lobby* do petróleo. Em junho de 2005 ele usou sua posição para ameaçar três dos mais considerados pesquisadores do clima do país, incluindo o professor Michael Mann, da Universidade da Virgínia e coautor do chamado gráfico do taco de hóquei, que mostra como a temperatura da Terra variou no último milênio. De acordo com o *Washington Post*, Barton escreveu aos cientistas "exigindo informações sobre o que afirma serem falhas metodológicas e erros de dados" em seus estudos sobre o aquecimento global. As cartas de Barton aos cientistas tinham um tom ameaçador. Mann foi informado de que, em menos de três semanas, ele devia fazer uma lista de "todo o apoio financeiro que recebeu em relação a sua pesquisa", e dar a localização "de todos os arquivos de dados relacionados a cada estudo publicado dos quais foi autor [...] fornecer todos os acordos relacionados com [...] verbas relacionadas ou fundos" e entregar "informações detalhadas da mesma forma em cinco outras categorias".[9]

Até mesmo outros republicanos ficaram chocados com essa intimidação crua, e o senador republicano Sherwood Boehlet, de Nova York, por exemplo, escreveu para Barton declarando que o propósito de sua investigação parecia ser "intimidar cientistas no lugar de aprender com eles, e substituir a a avaliação por pareceristas por avaliação política do Congresso".[252] Gente poderosa frequentemente manda matar o mensageiro com más notícias, mas com tanta coisa em jogo, os Estados Unidos seriam mais bem servidos se os cientistas se sentissem à vontade para oferecer conselhos francos e sem nada temer.

Apesar do atual aumento na atividade dos furacões, o impacto total da mudança climática, como previsto pelos modelos computacionais, pode ainda estar a décadas de distância. No entanto, se continuarmos a queimar combustíveis fósseis como agora, esse impacto provavelmente será inevitável. É até mesmo possível que, no novo clima, grandes máquinas de destruição visitem cidades tão afastadas quanto Washington, Nova York, Brisbane e Sydney.

Os furacões têm um impacto tão catastrófico que chamam a atenção para a mudança climática de um modo que poucos fenômenos naturais conseguem. E eles têm o potencial de matar muito mais gente do que o pior ataque terrorista. Viver com o risco crescente de tal devastação deve agir como um lembrete constante de que a omissão no combate à mudança climática tem um alto preço.

LISTA DE VERIFICAÇÃO DA MUDANÇA CLIMÁTICA

AÇÃO		IMPACTO
Mude para uma opção de Energia Verde reconhecida	=	Elimina emissões domésticas do consumo de eletricidade
Instale um sistema solar de aquecimento de água	=	Reduz em até 30% as emissões domésticas
Instale painéis solares	=	Elimina as emissões domésticas derivadas da eletricidade
Use eletrodomésticos eficientes no consumo de energia	=	Até 50% de redução nas emissões domésticas derivadas da eletricidade
Use uma ducha triplo A	=	Até 12% de redução nas emissões domésticas
Use lâmpadas econômicas	=	Até 10% de redução nas emissões domésticas
Verifique a eficiência no consumo e combustível de seu próximo carro	=	Até 70% de redução das emissões do transporte
Caminhe, use a bicicleta ou o transporte público	=	Pode reduzir as emissões dos transportes
Calcule a impressão a carbono	=	Pode eliminar as emissões dos transportes e doméstica
Sugira uma auditoria no local de trabalho	=	Até 30% de redução nas emissões
Escreva a um político sobre a mudança climática	=	Pode mudar o mundo

AGRADECIMENTOS

Este livro não teria sido escrito sem a ajuda de muitas pessoas. Alexandra Szalay foi a primeira a ler, e ao fazê-lo ela o melhorou muito. Rob Purves me encorajou ativamente desde o começo, e uma subvenção da Fundação Purves para o Meio Ambiente tornou possível que eu completasse o trabalho. A Diretoria do Museu do Sul da Austrália, Arts AS, o premiê Mike Rann e o ministro do Meio Ambiente e da Conservação, John Hill, também contribuíram de modo significativo com sua boa vontade em tolerar minhas longas ausências enquanto escrevia. Eles têm a minha admiração e meus agradecimentos.

Sem um convite de Stuart Pimm, da Universidade Duke, para participar da Primeira Conferência Okazaki sobre Extinção e a presença lá de Steve Schneider (que chamou minha atenção para a escala do problema) e Steve Williams (que me levou a compreender o que tudo aquilo significava), eu nunca teria começado. Nick Rowley, Martin Copley, Graeme Morgan, Vicki Pope e sua equipe no Centro Hadley, e Patrick Filmer-Sankey, todos forneceram assistência e ideias e eu sou verdadeiramente grato. Muitos outros cientistas e comentaristas, ao saber que eu estava embarcando nessa tarefa, me enviaram material não solicitado, e vários desses materiais se revelaram inestimáveis.

E como se começa a agradecer àqueles que arranjaram tempo em suas vidas atribuladas para ler a primeira versão do livro? Jared Diamond, Andrew Stock, Peter Cosier, Clive Hamilton, dr. Eugene FitzPatrick, Allan Pring, Greg Rouse, Greg Bourne, Graham Pearman e Nick Palousis e sua equipe do Natural Edge Project, todos os quais forneceram críticas construtivas. Se *Os senhores do clima* ajudar a persuadir seus leitores a reduzir suas emissões de CO_2, isto será devido, em grande medida, aos esforços desses especialistas.

Os pesquisadores-assistentes David Flannery e Noriko Wynn e os ajudantes Emma Flannery e Naomi Wynn fizeram, cada um, um excelente trabalho. Melanie Ostell merece um agradecimento especial por seu cuidado em editar o que foi um manuscrito desafiador. E, finalmente, Michael Heyward, editor e amigo, por seu raro apoio e paciência.

ILUSTRAÇÕES

Agradeço pela permissão de reproduzir material ilustrativo:

FOTOS EM CORES

1. A rã dourada: *copyright* Michael e Patricia Fogden.
2. Embranquecimento de coral: cortesia de Ray Berkelmans, CRC Reef.
3. Karoo: cortesia da South African Turism.
4. O mundo à noite: *copyright* Nasa.
5. O regime de chuvas na Austrália 1950-2003, *copyright* Commonwealth of Australia, reproduzido com permissão.
6. A calota polar: foto Nasa, *copyright* Natural Resources Defense Council.
7. Colapso da Larsen B: *copyright* British Antarctic Survey.

PRETO E BRANCO

Todos os desenhos por Tony Frankhauser.

p. 137 *Gobiodon* Espécie C: *copyright* Glenn Barall.

p. 149 Rã chocadeira gástrica: *copyright* Michael J.Tyler.

p. 189 Comparação do modelo de previsão climática e do clima real: *copyright* The Met Office, UK.

REFERÊNCIAS BIBLIOGRÁFICAS

1. Broecker, W. S. 1995. Cooling the tropics. *Nature* 376, pp. 212-3.
2. Curran, M. A. J. *et al.* 2003. Ice core evidence for Antarctic sea ice decline since the 1950s. *Science* 302, pp. 1203-6.
3. Nash, J. Madeline 2002. *El Niño: unlocking the secrets of the master weather-maker.* Warner Books. Nova York.
4. Pittock, B. (org.) 2003. *Climate change: an australian guide to the science and potential impacts.* Australian Government Greenhouse Office, Canberra.
5. Wallace, A. R. 1903. *Man's place in the universe: a study of the results of scientific research in relation to the unity or plurality of worlds.* George Bell & Sons. Londres.
6. Arrhenius, S. 1896. On the influence of carbonic acid in the air upon the temperature of the ground. *Philosophical Magazine* 41, pp. 237-76.
7. Högbom, A. G. 1894. Om Sannolikheton FöSekulära Forandringar I Atmosfärens Kolsyrehalt. *Svensk Kemisk Tidskrift* 4, pp.169-77.
8. Neidjie, B. 2002. *Gagadju man: Kakadu National Park, Northern Territory, Australia.* J.B. Books. South Australia.
9. Fu, Q. *et al.* 2004. Contribution of stratospheric cooling to satellite-inferred tropospheric temperature trends. *Nature* 429, pp. 55-8.
10. Santer, B. D. *et al.* 2003. Contributions of anthropogenic and natural forcing to recent tropopause height changes. *Science* 301, pp. 479-83.
11. Appenzeller, T. 2004. The case of the missing carbon. *National Geographic* 205/2, pp. 88-117.
12. Saleska, S. R. *et al.* 2003. Carbon in Amazon forests: unexpected seasonal fluxes and disturbance-induced loss. *Science* 302, pp. 1554-7.
13. Wallace, A. R. 1902. *Island Life, or the Phenomena and Causes of Insulas Floras, Including a Revision and Attempted Solution of the Problems of Geological Climates.* Macmillan. Londres.
14. Crutzen, P. J. 2002. The geology of mankind. *Nature* 415, p. 23.
15. Crutzen, P. J. & Stoermer, E. F. 2000. The Anthropocene. *IGBP Newsletter* 41, p. 12.

16. EPCA community members 2004. Eight glacial cycles from an Antarctic ice core. *Nature* 429, pp. 623-8.
17. Richerson, P. J., Boyd, R. & Bettinger, R. L. 2001. Was agriculture impossible during the Pleistocene but mandatory during the Holocene? A climate change hypothesis. *American Antiquity* 663, pp. 387-411.
18. Ruddiman, W. F. 2003. The anthropogenic greenhouse era began thousands of years ago. *Climatic Change* 61, pp. 261-93.
19. Zachos, J. C. *et al.* 2003. A transient rise in tropical sea-surface temperature during the Paleocene-Eocene thermal maximum. *Science* 302, pp. 1551-4.
20. Wells, S. 2002. *The journey of man. A genetic odyssey.* Princeton University Press. Princeton.
21. Karoly, D. *et al.* Detection of a human influence on North American climate. *Science* 302, pp. 1200-3.
22. Urban, F. E., Cole, J. E. & Overpeck, J. T. 2000. Influence of mean climate change on climate variability from a 155-year tropical Pacific coral record. *Nature* 407, pp. 989-3.
23. Schiermeier, Q. 2004. Modellers deplore “short-termism” on climate. *Nature* 428, p. 593.
24. Crump, M. 1998. *In search of the golden frog.* University of Chicago Press. Chicago.
25. Kiesecker, J. M., Blaustein, A. R. & Belden, K. 2001. Complex causes of amphibian population declines. *Nature* 410, pp. 681-4.
26. Laurance, W. F. *et al.* 2004. Pervasive alteration of tree communities in undisturbed Amazonian rainforests. *Nature* 428, pp. 171-5.
27. Parmesan, C. & Yohe, G. 2003. A globally coherent fingerprint of climate change impacts across natural systems. *Nature* 421, pp. 37-42.
28. Pouliquen-Young, O. & Newman, P. 1999. *The implications of climate change for land-based nature conservation strategies.* Relatório final 96/1306, Australian Greenhouse Office, Environment Australia, Canberra, and Institute for Sustainability and Technology Policy, Murdoch University, Perth.
29. Pounds, J. A., Fogden, M. L. P. & Campbell, J. H. 1999. Biological response to climate change on a tropical mountain. *Nature* 398, pp. 611-5.
30. Richards, S. J., Alford, R. A. & Bradfield, K. S. 2003. The great frog decline in Australasia: causes, developments, and conservation. *Evolution and Biography of Australasian Vertebrates*. J. R. Merrick *et al.* Australian Scientific Publishers. Sydney.
31. Root, T. L. *et al.* 2003. Fingerprints of global warming on wild animals and plants. *Nature* 421, pp. 57-60.

32. Savage, J. M. 1970. On the trail of the golden frog: with Warsewicz and Gabb in Central America. *Proceedings of the California Academy of Sciences* 38, pp. 273-87.
33. Thomas, C. D. *et al.* 2004. Extinction risk from climate change. *Nature* 427, pp. 145-8.
34. Visser, M. E. & Holleman, L. J. M. 2001. Warmer springs disrupt the synchrony of oak and winter moth phrenology. *Proceedings of the Royal Society B.* 268, pp. 289-94.
35. Williams, S. E., Bolitho, E. E. & Fox, S. 2003. Climate change in Australian tropical rainforests: an impeding environmental catastrophe. *Proceedings of the Royal Society. B.* 270, pp. 1887-92.
36. Williams, S. E. & Hilbert, D. W. 2005. Climate change threats to the biodiversity of tropical rainforests in Australia, em *Emerging Threats to Tropical Forests.* Barlow, J. & Peres, C. (orgs.). Chicago University Press. Chicago.
37. Berkelmans, R. & Willis, B. L. 1999. Seasonal and local spatial patterns in the upper thermal limits of corals on the inshore Great Barrier Reef. *Coral Reefs* 18, pp. 55-60.
38. Done, T. P. *et al.* 2003. Global climate change and coral bleaching on the Great Barrier Reef. Relatório final a State of Queensland Greenhouse Taskforce através do Departament of Natural Resources and Mines. Australian Institute of Marine Science. Townsville.
39. LeClerq, N., Gattuso, J. P. & Jaubert, J. 2002. Primary production, respiration, and calcification of a coral reef mesocosm under increased partial CO_2 pressure. *Limnology & Oceanography* 47, pp. 558-64.
40. Lough, J. M. 2000. 1997-98: unprecedented thermal stress to coral reefs? *Geophysical Research Letters* 27, pp. 3901-4.
41. Pockley, P. 2003. Human activities threaten coral reefs with "dire effects". *Australian Science*, Jan.-Fev. 2003, pp. 29-32.
42. Wilkinson, C. 2002. Coral bleaching and mortality: the 1998 event four years later and bleaching to 2002. Capítulo 1 em *Status of coral reefs of the world.* Wilkinson, C. (org.) Global Coral Reef Monitoring Network. www.aims.gov.au/pages/research/coral-bleaching/scr2002/scr-00.html
43. Gillett, N.P. *et al.* 2003. Detection of human influence in sea-level pressure. *Nature* 422, pp. 292-4.
44. Hoerling, M. & Kumar, A. 2003. The perfect ocean for drought. *Science* 299, pp. 691-4.

45. Karoly, D. J. 2003. Ozone and climate change. *Science* 302, pp. 236-7.
46. Smith, I. N. *et al.* 2000. South-west Western Australian rainfall and its association with Indian ocean climate variability. *International Journal of Climatology* 20, pp. 1913-30.
47. Wright, J. & Jones, D. A. 2003. Long-term rainfall decline in Southern Australia. *Proceedings National Drought Forum: Science for Drought,* 15-16 de abril de 2003, Brisbane.
48. Williams, V., Noland, R. B. & Toumi, R. 2003. Reducing the climate change impacts of aviation by restricting cruise altitudes. www.geomatics.cv.imperial.ac.uk/html/ResearchActivities
49. Hansen, B., Turrell, W. R. & Østerhus, S. 2001. Decreasing overflow from the Nordic seas into the Atlantic ocean through the Faeroe Bank channel since 1950. *Nature* 411, pp. 927-30.
50. Dickson, B. *et al.* 2002. Rapid freshening of the deep North Atlantic oceans over the past four decades. *Nature* 416, pp. 832-7.
51. Hyubrechts, P. I. & De Wolde, J. 1999. The dynamic response of the Greenland and Antarctic ice sheets to multiple-century climate warming. *Journal of Climate* 12, pp. 2169-218.
52. Schar, C. *et al.* 2004. The role of increasing temperature variability in European summer heatwaves. *Nature* 427, pp. 332-6. www.ncbi.nlm.nih.gov/entrez/query.fcgi?
53. Schwartz, P. & Randall, D. 2004. An abrupt climate change scenario and its implications for United States national security. www.sem.org/climate/pentagon_climatechange.pdf
54. Woodford, J. 2004. Great? Barrier Reef. *Australian Geographic* 76, pp. 37-55.
55. Appenzeller, T. & Dimick, D. R. (com a colaboração de D. Glick, F. Montaigne & V. Morell). 2004. The heat is on. *National Geographic* 206, pp. 2-75.
56. Mastrandea, M. D. & Schneider, S. 2004. Probabilistic integrated assessment of "dangerous" climate change. *Science* 304, pp. 571-4.
57. Dukes, J. S. 2003. Burning buried sunshine: human consumption of ancient solar energy. *Climate Change* 61, pp. 31-44.
58. Kump, L. R. 2002. Reducing uncertainty about carbon dioxide as a climate driver. *Nature* 419, pp. 188-90.
59. Beerling, D. J. *et al.* 2002. An atmospheric CO_2 reconstruction across the Cretaceous-Tertiary Boundary from leaf megafossils. *Proceedings of the National Academy of Science USA* 99, pp. 7844-7.

60. WWF *Living Planet Report 2004*. 9 de outubro de 2004.
61. Knoll, A. H. 2004. *Life on a young planet.* Princeton University Press. Princeton.
62. Blatt, H. 2004. *America's environmental score-card.* MIT Press. Massachusetts.
63. Rind, D. *et al.* 2004. The relative importance of solar and anthropogenic forcing of climate change between Maunder minimum and present. *Journal of Climate* 17, pp. 906-29.
64. Stouffer, R.J. 2004. Time scales of climate response. *Journal of Climate* 17, pp. 209-17.
65. Raymond, P. A. & Cole, J. J. 2003. Increase in the export of alkalinity from North America's largest river. *Science* 301, pp. 88-90.
66. Lackner, K. 2003. Alkalinity export and carbon balance. *Science* 302, p. 985.
67. Mokhov, I. I. *et al.* 2002. Estimation of global and regional climate changes during the nineteenth and twentieth centuries on the basis of the IAP RAS model with considerations for anthropogenic forcing. *Izvestiya Atmospheric and Oceanic Physics* 38, pp. 555-68.
68. Grant, P. R. 1999. *Ecology and evolution of Darwin's finches.* Princeton University Press. Princeton. Edição revista.
69. Dawkins, R. 2004. *The ancestor's tale: a pilgrimage to the dawn of evolution.* Weidenfeld & Nicholson. Londres.
70. Weart, S. R. 2003. *The discovery of global warming: new histories of science, technology and medicine.* Harvard University Press. Massachusetts.
71. Schultz, M. G. *et al.* 2003. Air pollution and climate-forcing impacts of a global hydrogen economy. *Science* 302, pp. 624-7.
72. Thomas, R. *et al.* 2004. Accelerated sea-level rise from West Antarctica. *Science* 306, pp. 255-8.
73. Feely, R. A. *et al.* 2004. Impact of anthropogenic CO_2 on $CaCO_3$ system in the oceans. *Science* 305, pp. 362-66.
74. Sabine, C. L. *et al.* 2004. The oceanic sink for anthropogenic CO_2. *Science* 305, pp. 367-71.
75. Buessler, K.O. *et al.* 2004. The effects of iron fertilization on carbon sequestration in the Southern ocean. *Science* 304, pp. 414-7.
76. Thomas, H. *et al.* 2004. Enhanced open ocean storage of CO_2 from shelf-sea pumping. *Science* 304, pp. 1005-8.
77. Obituário de Alfred Russel Wallace. 1914. *Geographical Journal* 43, p. 91.
78. Bradley, R. S., Hughes, M. K. & Díaz, H. F. 2003. Climate change in medieval time. *Science* 302, pp. 404-5.

79. Lamb, H. H. 1965. The early medieval warm epoch and its sequel. *Palaeogeography, Palaeoclimatology, Palaeoecology* 1, pp. 13-37.
80. Evelyn, J. 1661. *Fumifugium: or, the incovenience of the Aer, and the smoake of London dissipated.* B. White. Londres. Reimpressão, 1772.
81. Freese, B. 2003. *Coal: a human history.* Perseus Publishing. Cambridge. Massachusetts.
82. Penner, J. E. *et al* (orgs.). 1999. Aviation and the global atmosphere. A special report of IPCC working groups 1 and 3, in collaboration with the Scientific Assessment Panel to the Montreal Protocol on substances that deplete the ozone layer. www.grida.no/climate/ipcc/aviation/
83. Yokoyama, Y. *et. al.* 2000 Timing of the last glacial maximum from observed sea-level minima. *Nature* 406, pp. 713-5.
84. Clark, P. U. *et al.* 2004. Rapid rise of sea level 19.000 years ago and its global implications. *Science* 304, pp. 1141-4.
85. Clarke, G. 2003. Superlakes, megafloods, and abrupt climate change. *Science* 301, pp. 922-3.
86. Roberts, P. 2004. *The end of oil: on the edge of a perilous new world.* Houghton Mifflin & Co. Nova York.
87. White, M. E. 1993. *The greening of Gondwana.* Reed Books. Sydney.
88. Manabe, S. & Weatherald, R. T. 1975. The effects of doubling CO_2 concentration on the climate of a general circulation model. *Journal of Atmospheric Science* 32, pp. 3-15.
89. Mitchell, J. F. B. Can we believe predictions of climate change? *Quarterly Journal of Meteorological Society* 130, pp. 2341-60.
90. Ohsumi, T., 2004. Introduction: what is ocean sequestration of carbon dioxide? *Journal of Oceanography* 60, pp. 693-4.
91. Barry, J. P. *et al.* 2004. Effects of direct ocean CO_2 injection on deep sea meiofauna. *Journal of Oceanography* 60, pp. 759-66.
92. Riebesell, U. 2004. Effects of CO_2 enrichment on marine phytoplankton. *Journal of Oceanography* 60, pp. 719-29.
93. Portner, H. O., Langenbruch, M. & Reipschalger, A. 2004. Biological impacts of elevated ocean CO_2 concentrations: lessons from animal physiology and Earth history. *Journal of Oceanography* 60, pp. 705-18.
94. Kita, J. & Ohsumi, T. 2004. Perspectives on biological research for CO_2 ocean sequestration. *Journal of Oceanography* 60, pp. 695-703.
95. Abram, N. J. *et al.* Coral reef death during the 1997 Indian ocean dipole linked to Indonesian wildfires. *Science* 301, pp. 952-5.

96. Munday, P. L. 2004. Habitat loss, resource specialization, and extinction on coral reefs. *Global Change Biology* 10, pp. 1642-7.
97. Hughes, T. P. *et al.* 2003. Climate change, human impacts, and the resilience of coral reefs. *Science* 301, pp. 929-33.
98. Rowan, B. 2004. Thermal adaptation in coral reef symbionts. *Nature* 430, p. 742.
99. Baker, A. C. *et al.* 2004. Coral's adaptive response to climate change. *Nature* 430, p. 741.
100. Ridgwell, A. J., Kennedy, M. J. & Caldiera, K. 2003. Carbonate deposition, climate stability and Neoproterozoic ice ages. *Science* 302, pp. 859-62.
101. Schiermeier, Q. 2004. Global warming anomaly may succumb to microwave study. *Nature* 429, p. 7.
102. Trenberth, K., & Hoar, T. J. 1996. The 1990-1995 El-Niño-Southern oscillation event: longest on record. *Geophysical Research Letters* 23, pp. 57-60.
103. Climate change: observations and predictions. Relatório de Hadley Centre, dezembro de 2003. Met Office, Reino Unido.
104. Climate change scenarios for the United Kingdom. Relatório de Hadley Centre, abril de 2002/UKCIP02 Report. Met Office, Reino Unido.
105. Ho, C. *et al.* 2004. Interdecadal changes in summertime typhoon tracks. *American Meteorological Society* 17, pp. 1767-75.
106. Fyfe, J. 2003. Extratropical Southern Hemisphere cyclones: harbingers of Climate Change? *Journal of Climate* 16, pp. 2802-5.
107. Ray, K. C. S. & De, U.S. 2003. Climate change in India as evidenced from instrumental records. *World Meteorological Organization Bulletin* 52, pp. 53-9.
108. Hollander, J. M. 2003. *The real environmental crisis: why poverty, not affluence is the environment's number one enemy*. University of California Press. Berkeley.
109. Henschke, I. 1999. Essays on global warming and the world response. Reuters Foundation fellowship paper. Oxford.
110. Kennedy, R. F. 2004. *Crimes against nature: how George W. Bush and his corporate pals are plundering the country and hijacking our democracy.* HarperCollins. Nova York.
111. Browne, J. 2004. Beyond Kyoto. *Foreign Affairs*, julho-agosto. www.foreignaffasirs.org/20040701faessay83404/john-browne/beyond-kyoto.html.
112. Blair, T. 2004. Speech on climate change to celebrate the tenth anniversary of HRH the Prince of Wales's Business and the Environment Programme, 14 de setembro de 2004. www.number-10.gov.uk/output/page6333.asp

113. Koch, P. L., Zachos, J. C. & Dettman, D. L. 1995. Stable isotope stratigraphy and palaeoclimatology in the Palaeocene bighorn basin Wyoming, USA. *Palaeogeography, Palaeoclimatology, Palaeoecology* 115, pp. 61-89.
114. Atkinson, A. *et al.* 2004. Long-term decline in krill stock and increase in salps within the Southern ocean. *Nature* 432, pp. 100-3.
115. Beder, S. The decline of the global coalition. *Engineers Australia*, novembro de 2000, p. 41.
116. Lovelock, J. 1979. *Gaia: a new look at life on Earth.* Oxford University Press. Oxford.
117. Lutgens, F. K. & Tarbuck, E. J. 2004. *The atmosphere: an introduction to meteorology.* Pearson Prentice Hall. Nova Jersey. Nona edição.
118. Hamilton, C. 2001. *Running from the storm: the development of climate policy in Australia.* UNSW Press. Sydney.
119. Victor, D. G. 2004. *Climate change: debating America's policy options.* Council on Foreign Relations/Brookings Institute Press. Nova York.
120. Romm, J. J. 2004. *The hype about hydrogen: fact and fiction in the race to save the climate.* Island Press. Washington.
121. Liberty Australia. Globaloney warming. www.alphalink.com.au./~noelmed/gwarming.htm
122. Biblebelievers. Myths of global warming. www.biblebelievers.org.au/green.htm
123. Schelling, T. C. 2002. What makes greenhouse sense? Time to rethink the Kyoto Protocol. *Foreign Affairs* May-June.
124. Swing, J. T. 2003. What future for the oceans? *Foreign Affairs*, setembro-outubro, pp. 139-52.
125. McKibbin, W. J. & Wilcoxen, P. J. 2002. Climate change after Kyoto. *The Brookings Review* 20, pp. 7-10.
126. Girardet, H. 2004. *Cities people planet: liveable cities for a sustainable world.* Wiley Academy. Chichester.
127. Herman, H. 1952. *Brown coal.* State Electricity Commission of Victoria. Melbourne.
128. Schiermeier, Q. 2003. The long road from Kyoto. *Nature* 426, p. 756.
129. Hawkins, D. G. 2004. Global warming: dodging the silver bullet. Apresentação de NRDC. www.iea.org/Textbase/work/2004/zets/conference/presentations/hawkins.pdf
130. Coleman, T. 2003. *The impact of climate change on insurance against catastrophes.* www.actuaries.asn.au/PublicSite/pdf/conv03papercoleman.pdf
131. Europe goes for carbon trading, sort of. *Economist*. 1º de abril de 2004.

132. BCSE 2004. Dispelling the myths about wind. *EcoGeneration* 24, pp. 8-9.
133. Lucy, S. 2004. Emissions trading: is Australia at the tipping point? *EcoGeneration* 25, pp. 12-14.
134. Cox, P. M. *et al.* 2004. Amazonian forest dieback under climate-carbon cycle projections for the twenty-first century. *Theoretical Applied Climatology* 78, pp.137-56.
135. Betts, R. A. *et al.* 2004. The role of ecosystem-atmospheric interactions in simulated amazonian precipitation decrease and forest dieback under global climate warming. *Theoretical Applied Climatology* 78, pp. 157-75.
136. Cox, P. M. *et al.* 2000. Acceleration of global warming due to carbon-cycle feedbacks in a coupled climate model. *Nature* 408, pp. 184-7.
137. Sarkisyan, A. S. 2002. Major advances and problems in modeling long-term world ocean climate changes. *Izvestiya, Atmospheric and Ocean Physics* 38, pp. 664-81.
138. Bindschadler, R. A. *et al.* 2003. Tidally controlled stick-slip discharge of a West Antarctic ice stream. *Science* 301, pp. 1087-9.
139. Verburg, P., Hecky, R. E. & Kling, H. 2003. Ecological consequences of a century of warming in lake Tanganyika. *Science* 301, pp. 1087-9.
140. Matamala, R. *et al.* 2003. Impacts of fine root turnover on forest NPP and soil C sequestration potential. *Science* 302, pp. 1385-7.
141. Dessai, S. *et al.* 2004. Defining and experiencing dangerous climate change. *Climatic Change* 64, pp. 11-25.
142. Bellwood, D. R. *et al.* 2004. Confronting the coral reef crisis. *Nature* 429, pp. 827-33.
143. Pounds, A. J. 2001. Climate and amphibian declines. *Nature* 410, pp. 639-40.
144. Walther, G. R. *et al.* 2002. Ecological responses to recent climate change. *Nature* 416, pp. 389-95.
145. Stokstad, E. 2004. Global survey documents puzzling decline of amphibians. *Science* 306, p. 391.
146. Comiso, J. C. 2003. Warming trends in the Arctic from Clear Sky satellite observations. *Journal of Climate* 15, pp. 498-510.
147. Toniazzo, T., Gregory, J. M. & Huybrechts, P. 2004. Climatic impact of a Greenland deglaciation and its possible irreversibility. *Journal of Climate* 17, pp. 21-33.
148. Shepherd, A. *et al.* 2003. Larsen ice shelf has progressively thinned. *Science* 302: 856-8.

149. Curry, R., Dickson, B. & Yashayev, I. 2003. A change in the freshwater balance of the Atlantic ocean over the past four decades. *Nature* 426, pp. 826-9.
150. Kerr, R. A. 2004. Sea change in the Atlantic. *Science* 303, p. 35.
151. Wolff, E. W. 2003. Whither Antarctic ice? *Science* 302, p. 1164.
152. Kaiser, J. 2003. Warmer ocean could threaten Antarctic ice shelves. *Science* 302, p. 759.
153. Rignot, E., Rivera, A. & Cassasa, G. 2003. Contribution of the Patagonia ice fields of South America to sea level rise. *Science* 302, pp. 434-7.
154. Bentley, C. R. 1998. Ice on the fast track. *Nature* 394, p. 21.
155. Clarke, T. 2002. Record melt in Arctic and Greenland. *Nature News*, dezembro de 2002.
156. Hassol, S. J. 2004. *Impacts of a warming Arctic: Arctic climate impact assessment.* Cambridge University Press. Cambridge.
157. Barnett, J. & Adger, N. 2003. Climate dangers and atoll countries. *Climatic Change* 61, pp. 321-37.
158. Lovelock, J. 2004. Nuclear power is the only green solution. *Independent*, 24 de maio de 2004, p. 31.
159. Hughes, L., Cawsley, E. M. & Westoby, M. 1996. Climatic range sizes of *Eucalyptus* species in relation to future climate change. *Global Ecology and Biogeography Letters* 5, pp. 23-9.
160. Climate change: solutions for Australia. 2004. Australian Climate Group, WWF. Sydney.
161. Pacala, S. & Socolow, R. 2004. Stabilization wedges: solving the climate problem for the next fifty years with current technologies. *Science* 305, pp. 968-72.
162. Boodhoo, Y. 2003. Our future climate. *World Meteorological Organization Bulletin* 52, pp. 224-8.
163. Bell, J. L., Sloan, L.C. & Snyder, M. 2003. Regional changes in extreme climatic events: a future climate scenario. *Journal of Climate* 17, pp. 81-7.
164. Stabilisation and commitment to future climate change. Relatório do Hadley Centre, outubro de 2002. Met Office, Reino Unido.
165. Service, R. F. 2003. As the west goes dry. *Science* 303, pp. 1124-7.
166. Zeng, N. 2003. Drought in the Sahel. *Science* 302, pp. 999-1000.
167. Prospero, J. M., & Lamb, P. J. 2003. African droughts and dust transport to the Caribbean: climate change implications. *Science* 302, pp. 1024-7.
168. Gianni, A., Saravanan, R. & Chang, P. 2003. Oceanic forcing of Sahel rainfall on interannual to interdecadal timescales. *Science* 302, pp. 1027-30.

169. Karoly, D., Riseby, J. Reynolds, A. 2003. Global warming contributes to Australia's worst drought. *Australasian Science*, abril de 2003. www.control.com.au/bi2003/articles243/feat1-243.shtml

170. Whitfield, J. Alaska's climate: Too hot to handle. Nature News Service. 2 de outubro 2003. www.clivar.org/recent/nat_alaska_climate.htm

171. Cook, E. R. *et al.* 2004. Long-term aridity changes in the Western United States. *Science* 306, pp. 1015-8.

172. Kirschbaum, M. U. F. 2003. Can trees buy time? An assessment of the role of vegetation sinks as part of the global carbon cycle. *Climatic Change* 57, pp. 227-41.

173. Herzog, H., Caldiera, K. & Reilly, J. 2003. An issue of permanence: assessing the effectiveness of temporary carbon storage. *Climatic Change* 59, pp. 293-310.

174. Lacour-Gayet, P. 2004. Can the oil and gas industry help solve the CO_2 problem? Íntegra do discurso. *APPEA Journal* 2004, pp. 39-46.

175. Canby, T. Y. 1977. The year the weather went wild. *National Geographic* 152, pp. 799-829.

176. Carbon dioxide levels blow sky high. Agência France-Presse. 30 de março de 2004. www.abc.net.au/science/news/stories/s1076856.htm

177. Prather, M. J. 2003. An environmental experiment with H2? *Science* 302, p. 581-2.

178. Garman, P. *et al.* 2003. The Bush administration and hydrogen. *Science* 302, pp. 1331-3.

179. Kerr, R. A. 2004. Gas hydrate resource: smaller but sooner. *Science* 303, pp. 946-7.

180. Keith, D. W. & Garrell, A. E. 2003. Rethinking hydrogen cars. *Science* 302, pp. 315-6.

181. Environmental management of groundwater: abstraction from the Gnangara Mound. *Western Australia EPA Bulletin* 1139. Waters and Rivers Commission 2004. www.epa.wa.gov.au/docs/1814_B1139.pdf

182. Siegert, M. J. *et al.* 2002. The Eurasian Arctic during the last Ice Age. *American Scientist* 90, pp. 32-9.

183. North Greenland Ice Core Project Members. 2004. High-resolution record of northern hemisphere climate extending into the last interglacial period. *Nature* 431, pp. 147-51.

184. Time and chance. *Economist*, 19 de dezembro de 2003.

185. Deacon, G. Personal, correspondência. Dezembro de 2004.

186. Dickens, G.R. 2004. Hydrocarbon-driven warming. *Nature* 429, pp. 513-5.
187. Leggett, J. The coming crisis. Dezembro de 2004. www.earthscan.co.uk/news/article/mps/UAN/351/v/3/sp/332685698700328405316
188. Hare, W. 2003. Assessment of knowledge on impacts of climate change: contributions to the specification of art. 2 of the UNFCCC.WBGU Materialien. Berlim. Veja também *on-line*.
189. Jones, C. D. *et al.* 2001. The carbon cycle response to ENSO: a coupled climate-carbon cycle model study. *Journal of Climate* 14, pp. 4113-29.
190. Jones, C. D., Cox, P. & Huntingford, C. 2003. Uncertainty in climate-carbon cycle projections associated with the sensivity of soil respiration to temperature. *Tellus* 55b, pp. 642-8.
191. Betts, R. A. 2000. Offset of the potential carbon sink from boreal forestation by decreases in surface albedo. *Nature* 408, pp. 187-90.
192. Bush, M. B., Silman, M. R. & Urrego, D. H. 2004. 48.000 years of climate and forest change in a biodiversity hot spot. *Science* 303, pp. 827-9.
193. Little, C. T. S. & Vrijenhoek, R. C. 2003. Are hydrothermal vent animals living fossils? *Trends in Ecology and Evolution* 18, pp. 582-9.
194. Malthe-Sorenssen, A. *et al.* 2004. Release of methane from a volcanic basin as a mechanism for initial Eocene global warming. *Nature* 429, pp. 542-5.
195. Walker, G. 2004. Frozen time. *Nature* 429, pp. 596-7.
196. Tanser, F. C., Sharp, B. & Le Sueur, D. 2003. Potential effect of climate change on malaria transmission in Africa. *Royal Society of Tropical Medicine & Hygiene* 97, pp. 129-32.
197. Meyer, A. 2000. *Contraction & convergence: the global solution to climate change.* Schumacher Briefing nº 5. Green Books for the Schumacher Society. Devon.
198. Parmesan, C. *et al.* 1999. Poleward shifts in geographical ranges of butterfly species associated with regional warming. *Nature* 399, pp. 579-84.
199. Blumberg, M. S. 2002. *Bodyheat: temperature and life on Earth.* Harvard University Press. Cambridge.
200. Lopez, B. 1986. *Arctic dreams: imagination and desire in a northern landscape.* Scribner & Sons. Nova York.
201. Cogger, H. G. & Zweifel, R. G. (orgs.) 1992. *Reptiles and amphibians.* Southmark Publishers, Nova York.
202. Judah, T. 2005. The Stakes in Darfur. *New York Reviey of Books* LII, pp. 12-6.
203. Quarter of city's water is out of reach. *Australian*, 2 de julho de 2004.
204. Benton, M. *et al.* 2003. *When life nearly died: the greatest mass extinction of all time.* Thames & Hudson. Londres.

205. Ward, P. 2004. *Gorgon: palaeontology, obsession and the greatest catastrophe in Earth's history.* Viking Books. Nova York.

206. Bond, W. J., Woodward, F. I. & Midgeley, G. F. 2004. The global distribution of ecosystems in a world without fire. *New Phytologist* 165, pp. 525-38.

207. Hennessey, K. *et al.* Climate change in New South Wales. Parte 2: Projected changes in climate extremes. CSIRO, novembro de 2004, relatório de consulta para o NSW Greenhouse Office.

208. Cooper, W. & Cooper, W. T. 1994. *Fruits of the rainforest.* Geo Productions. Sydney.

209. Goodstein, E. 1997. Polluted data. *American Prospect* 8, pp. 1-8.

210. Parker, L. 1999. RL30285: global climate change: lowering cost estimates through emissions trading — some dynamics and pitfalls. Relatório de CRS para o Congresso. www.ncseonline.org/nle/crsreports/climate/clim-21.cfm

211. Lash, W. H. 1999. A current view of the Kyoto climate change treaty. Relatório para o Center for the Study of American Business. Washington University. St Louis.

212. Energy innovations: a prosperous path to a clean environment. Relatório da Alliance to Save Energy, American Council for an Energy-efficient Economy, Natural Resources Defence Council, Tellus Institute, e Union of Concerned Scientist. Junho de 1997.

213. Stainforth, D. A. *et al.* 2005. Uncertainty in predictions of the climate response to rising levels of greenhouse gases. *Nature* 433, pp. 403-6.

214. Wright, R. 2005. *A short story of progress.* Text Publishing. Melbourne.

215. Ainsworth, E. A. & Long, S. P. 2005. What have we learned from fifteen years of free-air CO_2 enrichment FACE? A meta-analytic review of the responses of photosynthesis, canopy properties and plant production to rising CO_2. *New Phytologist* 165, pp. 351-72.

216. Gaia and selfish genes: differing perspectives on life. *New York Times* on line: http://endeavor.med.nyu.edu/~strone01/gaia.html

217. Meeting the climate change challenge: recommendations of the International Climate Change Taskforce. Climate Change Taskforce 2005. Institute for Public Policy Research. Londres.

218. Fagan, B. 2004. *The long summer: how climate changed civilization.* Basic Books. Nova York.

219. Flannery, T. (org.) 2002. *Life and aventures of William Buckley.* Text Publishing. Melbourne.

220. Sloan, E. D. 2003. Fundamental principles and applications of natural gas hydrates. *Nature* 426, pp. 353-9.
221. Suzuki, D. & Dressel, H. 2002. *Good news for a change: hope for a troubled planet.* Stoddart Publishing. Toronto.
222. Jarrell, J. D., Mayfield, M. & Rappaport, E. N. 2001. The deadliest, costliest, and most intense United States hurricanes from 1900 to 2000. *NOAA Technical Memorandum NWS TPC-1.*
223. Diamond, J. 2005. *Colapso*: Record. Rio de Janeiro.
224. Leggett, J. Dangerous fiction. Resenha do livro *State of fear*, de Michael Crichton. *New Scientist* 2489, 5 de março de 2005, p. 50.
225. Przeslawski, R., Davis, A. R. & Benkendorf, K. 2005. Synergistic effects associated with climate change and the development of Rocky Shore molluscs. *Global Change Biology* 11, pp. 1-8.
226. Ending the energy stalemate: a bipartisan strategy to meet America's energy challenges. The National Comission on Energy Policy 2004. www.energy-comission.org/ewebeditpro/items/O82F4682.pdf
227. Feidel, S. 1993. Prehistory of the Americas. Cambridge University Press. Cambridge. Segunda edição.
228. Schmittner, A. 2005. Decline of the marine ecosystem caused by a reduction in the Atlantic overturning circulation. *Nature* 434, pp. 628-33.
229. Hansen, J. *et al.* 2005. Earth's energy imbalance: confirmation and implications. *Science* 308, pp. 1341-5. www.sciencemag.org/cgi/content/abstract/1110252v2?
230. Dotto, L. & Schiff, H. 1978. *The ozone war.* Doubleday. Nova York.
231. Overpeck, J., Cole, J. & Bartlein, P. 2005. A "palaeoperspective" on climate variability and change. Capítulo 7 em Lovejoy, T. E. & Hannah, L. (orgs.). *Climate change and biodiversity.* Yale University Press. New Haven.
232. Hoegh-Guldberg, O. 2005. Climate change and marine ecosystems. Capítulo 16 em Lovejoy, T. E. & Hannah, L. (orgs.). *Climate change and biodiversity.* Yale University Press. Newhaven.
233. Sparks, T. H. & Carey, P. H. 1995. The response of species to climate over two centuries: an analysis of the marsham phenological record. *Journal of Ecology* 83, pp. 321-9.
234. Hargroves, K. & Smith, M. 2005. *The natural advantage of nations: business opportunities, innovation and governance in the twenty-first century.* Earthscan. Londres.
235. Chicago climate exchange reaches volume milestone of 1 million tons of carbon dioxide traded. Press-release do Chicago Climate Exchange, 1º de julho de 2004. www.chicagoclimatex.com/news/CCXPressRelease_040701.html

236. Braithwaite, J. & Drahos, P. 2000. *Global business regulation.* Cambridge University Press. Cambridge.
237. Sustainable energy jobs report: a report for the sustainable energy development authority. The Allen Consulting Group 2003, Sydney.
238. Cost benefit analysis of new housing energy performance regulations: impact of proposed regulations report for sustainable energy authority Victoria and Building Comission. The Allen Consulting Group 2002. Melbourne.
239. Gelbspan, R. 1995. *The heat is on: the climate crisis, the cover-up, the prescription.* Perseus Books. Cambridge.
240. Hamilton, C. & Quiggin, J. 1997. Economic analysis of greenhouse policy: a layperson's guide to the perils of economic modelling. Australia Institute. Sydney.
241. Bush aide softened gas links to global warming. *New York Times*, 8 de junho de 2005.
242. Wallace, A. R. 1872. *The Malay archipelago, the land of the orang-utan and the bird of paradise: a narrative of travel with studies of man and nature.* Macmillan. Londres. Quarta edição.
243. And now for something completely different: an in-depth response to "The death of environmentalism". *Grist Magazine*, 13 de janeiro de 2005.
244. Knutson, T. R. & Tuleya, R. E. 2004. Impact of CO_2 — induced warming on simulated hurricane intensity and precipitation: sensitivity to the choice of climate model and convective parameterization. *Journal of Climate* 17:3477-95.
245. Chris Carroll. 2005. In hot water. National Geographic Magazine 208 (2): 72-85.
246. John Vidal. 2005. Tide of pollution swamps industry. *The Age*, 10 de setembro.
247. De Dekker, P. 2001. Late quaternary cyclic aridity in tropical Australia. *Palaeogepgraphy, Palaeoclimatology, Palaeoecology* 170:1-9.
248. Emanuel, K. 2005. Increasing destructiveness of tropical cyclones over the past 30 years. *Nature* 436:686-688.
249. Jad Mouawad. 2005. 110-year storm standards for platform criteria may be revised. *International Herald Tribune*, 16 de setembro.
250. Kerr, R. A. 2005. Is Katrina a harbinger of still more powerful hurricanes? *Science* 309:1807.
251. Trenberth, K. 2005. Uncertainties in hurricanes and global warming. Science 308:1753-4.
252. Ignatius, D. 2005. A bid to chill thinking. *Washington Post*, 22 de julho.

ÍNDICE

Este livro foi composto na tipologia Aldine 401 Bt, em corpo 11/16, e impresso no papel off-set 75 g/m^2 na Yangraf.